深水油气开发装备与技术

顾　问　曾恒一
主　审　梁启康
主　编　黄维平　白兴兰

中　国　海　洋　大　学
上海市船舶与海洋工程学会　组稿
上海研途船舶海事技术有限公司

上海交通大学出版社

内容提要

本书分为海洋深水油气开发装备及其结构技术,而装备又可以划分为结构装备和机械装备两大部分。全书内容分为三篇——基础篇、装备篇和结构篇。其中,基础篇分为两章,第1章 石油工程基础和第2章 海洋石油工程;装备篇分为三章:第3章 钻井装备、第4章 生产装备和第5章 施工装备;结构篇分为五章:第6章 半潜式平台、第7章 张力腿平台、第8章 Spar 平台、第9章 船型结构和第10章 立管系统。

本书比较全面且尽可能详细地介绍了海洋深水油气开发装备在深水油气田开发中的作用、功能及其结构形式,它以全球在役的深水装备为主,便于读者对国内外的深水油气田开发有一个全面和深入的了解。

图书在版编目(CIP)数据

深水油气开发装备与技术 / 黄维平,白兴兰主编.
—上海:上海交通大学出版社,2016
ISBN 978-7-313-16228-1

Ⅰ.①深…　Ⅱ.①黄…②白…　Ⅲ.①海上油气田—油气田开发　Ⅳ.①TE5

中国版本图书馆 CIP 数据核字(2016)第 290828 号

深水油气开发装备与技术

主　　编:黄维平　白兴兰			
出版发行:上海交通大学出版社	地　　址:上海市番禺路 951 号		
邮政编码:200030	电　　话:021-64071208		
出 版 人:郑益慧			
印　　刷:安徽新华印刷股份有限公司	经　　销:全国新华书店		
开　　本:787mm×1092mm　1/16	印　　张:22.5		
字　　数:509 千字	插　　页:6		
版　　次:2016 年 12 月第 1 版	印　　次:2016 年 12 月第 1 次印刷		
书　　号:ISBN 978-7-313-16228-1/TE			
定　　价:120.00 元			

《深水油气开发装备与技术》
编辑委员会

序　言

21世纪被称为海洋资源开发的新世纪,海洋是蓝色聚宝盆和资源宝库,人类生存的地球其表面积的71％是海洋,地球上97.3％的水资源是在海洋中。据估算海洋中的矿物资源和生物资源是陆地的1000倍,是人类可持续发展的宝贵财富。以海洋油气开发利用为代表的海洋工程产业成为当前世界装备产业发展的热点,也是未来海洋工程产业发展的方向。

近年来,在深水油气开发热潮的推动下,越来越多的科研人员加入了深水油气开发装备研究的队伍。因此,编撰一部专业的科普读物是作者的主要目标,也为从事和即将从事深水油气开发装备设计研究的读者、特别是船舶与海洋工程专业的学生提供一本参考书,提供一些创新的启迪。因此,本书的编撰过程中,对国外提出的一些新的结构设计理念进行了全面的介绍和剖分析。

鉴于上述目的和目标,作者将全书内容分为3篇——基础篇、装备篇和结构篇。其中,基础篇分为2章,第1章 石油工程基础和第2章 海洋石油工程;装备篇分为3章:第3章 钻井装备、第4章 生产装备和第5章 施工装备;结构篇分为5章:第6章 半潜式平台、第7章 张力腿平台、第8章 Spar平台、第9章 船型结构和第10章 立管系统。

第1章主要介绍陆域油气田开发的基本方法和主要装备,由于石油开发涉及的内容非常多,专业面非常广,因此,本书主要是围绕海洋油气、特别是深水油气开发装备所涉及的陆域装备内容展开的,包括找油、采油和生产过程。介绍了陆域油气田开发的主要装备,包括装备及其各部分的功能和在油气田开发中的作用。

第2章从陆域油气开发引申到海洋油气开发,简要介绍了海洋油气开发的兴起和发展历史,介绍了海洋油气开发的主要模式并比较了与陆域油气田开发模式的异同;介绍了从滩涂到浅水再到深水的开发模式演变历程;介绍了海洋油气开发的主要潜水和深水装备,包括结构装备及其各部分的功能和作用,为下一篇引出海洋深水油气开发装备作了充分的铺垫。

第3章主要介绍海洋深水油气开发装备中的钻井装备,包括钻井船、半潜式钻井平台、圆筒形钻井平台和钻井隔水管,并对钻井船和半潜式钻井平台的发展演变过程进行了较为详细的介绍。介绍了区分7代半潜式钻井平台的主要性能指标;介绍了国外最新钻井船和半潜式钻井平台的性能参数;列出了全球在役钻井船和半潜式钻井平台的结构参数,以供读者参考;介绍了钻井隔水管各组成部分的结构和功能以及在钻完井过程中的作用。

第4章主要介绍海洋深水油气开发装备中的生产装备,包括半潜式生产平台、张力腿平台、Spar平台和FPSO/FLNG以及生产立管。介绍了不同结构形式的生产平台所适用的开发模式及其配套的立管系统;介绍了不同结构形式的生产平台所适用的海洋环境条件,包括水深范围及环境荷载;列出了全球在役和近期退役的半潜式生产平台、张力腿平台、Spar平台和FPSO/FLNG的主要技术指标与参数,以供读者参考;介绍了不同生产立管系统的功能、用途及其适用的开发模式和水深条件等。

第 5 章主要介绍海洋深水油气开发装备中的海上施工装备,包括起重铺管船、水下建设船、潜水支持船、修井船、增产作业船、半潜运输船和生活平台。介绍了这些施工装备的功能及作业方式;介绍了不同施工装备的船载设备和用途;介绍了不同施工装备的各自性能指标;列出了全球在役施工装备的主要性能指标及参数。

第 3 章～第 5 章按机械装备的功能分类介绍了海洋深水油气开发装备在深水油气田开发中的作用和适用条件,这是石油工程专业所熟悉的内容和编排方式。从第 6 章开始,内容的编排方式将以结构装备为中心展开讨论,并重点介绍结构的特点,剖析开发人员的设计理念。

第 6 章主要介绍半潜式平台的结构形式及各部分的功能,包括半潜式钻井平台、传统湿树半潜式生产平台、深吃水半潜式生产平台、干树半潜式生产平台、半潜式起重平台、半潜式铺管船和半潜式生活平台。介绍了在役半潜式平台不同结构形式的发展演变过程;分析比较了不同功能半潜式平台的结构形式差异及其设计理念;介绍了国内外新型半潜式生产平台的概念设计,分析了其设计思想及理念;介绍了半潜式平台的水动力性能及设计考虑;介绍了半潜式平台的现状及发展趋势。

第 7 章主要介绍张力腿平台的结构形式及各部分的功能,包括张力腿平台的壳体、上部组块及张力筋腱系泊系统的结构组成。介绍了在役张力腿平台壳体结构及张力筋腱的发展演变过程;介绍了不同壳体结构形式的设计理念及适用条件,分析比较了它们的性能及特点;介绍了张力腿平台建造安装方法及其对结构设计的影响;介绍了张力腿平台的水动力性能及设计考虑;介绍了国内外新型张力腿平台的概念设计,剖析了其设计理念及目标;介绍了张力腿平台的现状及发展趋势。

第 8 章主要介绍 Spar 平台的结构形式及各部分的功能与特点,包括 Spar 平台的壳体、上部组块及其系泊系统的结构组成。介绍了在役 Spar 平台壳体结构的发展演变过程;介绍了 Classic Spar、Truss Spar、Cell Spar 和 MiniDOC 的壳体结构形式及适用条件,分析比较了它们的性能及特点;介绍了 Spar 平台建造安装方法及其对结构设计的影响;介绍了 Spar 平台系泊系统的功能及设计方法;介绍了 Spar 平台的水动力性能、特别是涡激运动响应及控制方法;介绍了国内外新型 Spar 平台的概念设计,剖析了其设计理念及目标;介绍了 Spar 平台的现状及发展趋势。

第 9 章主要介绍海洋深水油气开发中的船形和圆筒形壳体装备,包括钻井船、浮式生产储卸油轮(FPSO)、浮式液化天然气处理站(FLNG)、起重铺管船和修井/增产作业船等。介绍了在役的不同功能装备其壳体结构的差异,分析了不同装备的特殊要求与设计理念;介绍了 FPSO 和 FLNG 的不同工艺技术造成的内壳结构差异及设计目标;介绍了不同功能的圆筒形装备结构差异;介绍了 FPSO 的系泊系统、特别是单点系泊系统的结构特点与功能。

第 10 章主要介绍海洋深水油气开发的立管系统,包括钻井隔水管、顶张式采油立管、悬链式输入输出立管和自由站立式组合立管塔及其附属结构,如张紧器和浮力筒等。介绍了各种立管系统的结构形式,在油气开发和生产中的功能与用途;分析了不同立管系统的结构特点和适用条件以及设计理念;介绍了不同立管系统所适用的开发模式及其水面设施;介绍了不同立管系统的安装和铺设方法及其对设计的影响;介绍了不同立管系统的水动力性能及其分析方法；介绍了深水立管系统的现状及发展趋势。

　　本书比较全面地且尽可能详细地介绍了海洋深水油气开发装备在深水油气田开发中的作用、功能及其结构形式，它以全球在役的深水装备为主，便于读者对国内外的深水油气田开发有一个全面和深入的了解。同时，为了起到抛砖引玉的作用，繁荣我国深水油气开发装备设计研究和制造安装事业，书中也对近年来推出的尚处于概念设计阶段的新型结构装备作了初步的介绍，重点剖析了这些创新成果的思想和理念。为读者的创新思维提供借鉴和参考，这也是作者创作这本著作的目的之一。

曾恒一

2016 年 9 月 20 日

前　言

　　终于截稿了，既兴奋又担忧。兴奋的是，10载的努力终有了结晶；担忧的是，尽管积累了 10 年的"深水工程"教学和科研资料，但整理成书时仍感相关信息和知识的匮乏，因此，书中难免存在不准确甚至错误的信息。刚刚接到约稿时虽充满了创作的欲望，却没有成功的信心。毕竟都是从书本和资料中学到的东西，至多也仅做了一点纸上谈兵的研究，而没有实际的工程经验。抱着试试看的心理开始了创作的征程，这其间得到了很多的鼓励，特别是在几次深水油气开发技术与装备研讨会上作嘉宾演讲时，得到了业内同行和参会代表的肯定，这些鼓励给了我很大的信心。记得特别清楚的是一位来自法国船级社的外国友人，用不太标准的中文对我说"讲的很好"，使我信心大增。

　　这本书倾注了我大量的心血，为了保证资料和数据的准确，甚至一个数据或一张照片就要查阅大量的文献资料，频频的出国开会也是为了查找资料。白兴兰是我的学生，曾跟我做过一些研究，接受书稿邀请时她正在巴西作访问学者，我便请她也来参与本书的编写，以便搜集到更多的国外工程资料，丰富本书的内容。尽管如此，本书仍然是纸上谈兵的产物，仍不免存在一些错误和不实的资料，请读者多多批评。

　　在创作过程中，作者有很多的思考和感悟。海洋工程是石油工程、土木工程和船舶工程的交集——石油机械工程与土木和船舶结构工程组成了海洋工程。其中，土木和船舶结构工程是为石油机械工程服务的，做好服务的前提和基础是了解并熟悉服务对象，否则会提供不恰当的服务。为此，本书在开篇介绍了石油工程基础。这还要感谢作者的本科专业背景——石油矿场机械。

　　关于书中的史料和数据需要加以说明，由于不同专业在海洋工程中的作用和任务不同，同一个数据在不同的资料中会有一些差异，如平台的建成时间和服役水深。当一个数据分别来自于建造或施工企业亦或是油公司时，这个数据往往有不同的解释。建造或施工企业是以他们项目交付时间来统计平台的建成时间，那么从平台下水到安装就位可能跨年度，因此给出了不同的建成年代，而油公司往往以生产出第一桶油来定义平台的投产时间，这可能导致又一个建成年代的出现。对于水深,建造或施工企业由于任务的性质,往往掌握平台锚固点的实际水深,而油公司则往往给出的是开发区块的平均水深,从而造成水深的差异。

由于相同的结构可能装载不同的机械装备以及同一类型结构装备的不同结构形式适用与不同的油气藏条件,为了使没有石油背景的读者能够更清楚地了解海洋工程结构的性能,本书分别以"装备篇"和"结构篇"来介绍石油机械装备的功能及其在深水油气开发中的作用和结构装备为机械装备服务的功能和水动力特性。在"装备篇"中重点介绍已建成结构装备的现状、功能及其适用范围,而在"结构篇"中则重点介绍结构装备的构造、原理及其水动力性能,这也是本书的重点。

在中国海洋工程网的支持下,在业内同行的鼓励下,这本专业科普性质的读物就要与读者见面了,十分期待得到读者的反馈信息。

编者

2016 年 9 月 20 日

目　录

第一篇 基础篇

　　为了帮助非石油工程专业的读者、特别是从事海洋工程结构物设计研究的读者能够更好地了解自己所设计的结构物将要实现的功能及其在海洋深水油气田开发中的作用,特别是与钻采装备作业相关的结构设计荷载特征及其取值,因此,在第一篇对石油工程作一简要的介绍,重点介绍涉及油气钻采装备功能及荷载的工艺过程及装备。

　　石油工业包括原油(天然气)生产和成品油及石油化工产品生产,原油和天然气生产为石油工业的上游(Upstream)产业,成品油(汽油、柴油、航空煤油和润滑油等)及石油化工产品(乙烯和化肥等)生产为石油工业的下游(Downstream)产业。油气田开发的最终产品是原油和天然气,因此,也被称为上游产业。而石油炼制的最终产品是各种成品油及石油化工产品,因此,也被称为下游产业。而海洋石油工程是海洋油气田开发,属于上游产业,因此,在基础篇中,石油工程基础的内容仅涉及油气田开发技术与装备。

第 1 章

石油工程基础

1.1　概述

　　现代石油工业的诞生是以 1859 年美国人 Edwin L. Drake(见图 1-1)钻探的第一口陆上油井(见图 1-2)为标志的,历经 150 多年的发展,石油工业已经从陆地延伸到海洋,海洋石油开采也从浅水进入深水。伴随着现代工业技术的不断发展,石油工业得以迅速发展,海洋石油不仅仅是石油工业的陆域延伸,也是海洋工程产业催生和发展的动力与目标。因此,从 Drake 的第一口油井到海洋石油开发,再到今天的深水油气开发,被业界形象地誉为石油工业发展的三次浪潮。

图 1-1　Edwin L. Drake

图 1-2　世界第一口油井

　　海洋石油与陆域石油的开发工艺是相同的,因此,就油气开发工艺而言,其开发工艺装备的功能也是相同的,不同的是装载这些工艺装备的设施,以及为了应对环境条件对开发作业的影响而增加的辅助功能。如陆域油气开发的车载装备在海洋油气开发中则由船舶来承载,非车载的移动装备(钻井装备)则由移动式平台(包括钻井船)来承载,而固定装备(油气处理设备和采油树等)则由固定式平台(包括长期系泊的浮式平台)来支撑。为了减小这些装载设施的运动对开发作业的影响,海洋油气开发装备采用了一些辅助功能来应对,如海洋钻机的垂荡补偿功能。此外,为了克服海水对开发作业的影响,海洋油气开发也有一些特殊的装备,如立管和脐带缆等。因此,为了更好地了解深水油气开发装备的结构形式和性能、掌握深水油气开发装备的设计原理,本书的开篇将对石油开发的工艺及装备作简单的介绍,以便非石油工程专业的读者能够更好地理解深水油气开发装备与技术。

1.2 石油勘探

石油勘探开发的主要环节包括:地质勘察、地球物理勘探、钻井、录井、测井、完井、固井、射孔、采油、修井和增采以及后续的运输和加工。这些环节,一环紧扣一环,相互依存,密不可分。

1.2.1 地质勘察

地质勘察是根据地质知识,利用罗盘、铁锤等简单工具,通过直接观察和研究裸露在地面上的地层、岩石等资料,了解沉积地层及其构造特征,收集所有地质资料,以便查明油气生成和聚集的有利地带和分布规律,达到找到油气田的目的。由于大部分地表都被近代沉积所覆盖,使地质勘察受到很大的限制。但地质勘察仍是一个必不可少的过程,它可以大大地缩小接下来的物探区域,从而降低石油开发的成本。

地质勘查是一种地面地质调查方法,一般分为普查、详查和细测三个步骤。普查工作主要体现在"找"上,其形成的基本图幅是地质图(见图1-3),它为详查阶段找出有含油希望的地区和范围提供依据。详查主要体现在"选"字上,它把普查有希望的地区进一步证实选出更有力的含油构造。而细测主要体现在"定"上,它把选好的构造,通过细测把含油构造具体定下来,编制出精确的构造图(见图1-4)以供进一步钻探,其目的是为了尽快找到油气田。

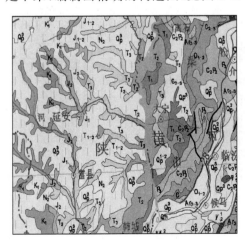

图1-3 地质图

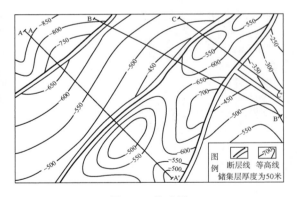

图1-4 构造图

1.2.2 地球物理勘探

地球物理勘探(简称物探)是根据地质学和物理学的原理,通过不同的物理仪器观察地面上各种物理现象,推断地下地质情况,达到找油的目的。根据物理方法的不同,物探包括重力勘探、磁法勘探、电法勘探和地震勘探。

1. 重力勘探

重力勘探以牛顿万有引力定律为基础,利用探测对象与其周围岩/矿石之间的密度差异引起的地表重力加速度值的变化,通过观测和研究重力场的变化规律,查明地质构造、寻找矿藏及探测物的一种物探方法。只要被勘探地质体与其周围岩体有一定的密度差异,就可以用精密的重力测量仪器(主要为重力仪和扭秤)找出重力异常。然后,结合工作地区的地质和其他物探资料,对重力异常进行定性和定量解释,便可以推断覆盖层以下密度不同的矿体与岩层埋藏情况,进而找出隐伏矿体存在的位置和地质构造情况。该方法主要用于探查含油气远景区中的地质构造、盐丘及圈定煤田盆地;研究区域地质构造和深部地质构造;与其他物探方法相配合,寻找油气资源。

2. 磁法勘探

磁法勘探是以探测对象与其周围岩/矿石之间的磁性差异为基础,通过观测和研究天然地磁场及人工磁场的变化规律,查明地质构造、寻找矿藏及探测物的一种物探方法。它主要用于各种比例尺的地质填图;勘察油气构造及煤田盆地;预测成矿远景区;研究区域地质构造;另外,还可以用于寻找铁矿及含磁性矿物的金属矿及非金属矿、确定古人类遗迹、为打捞沉船(车)定位等。

磁力测量和重力测量一样,也分绝对测量和相对测量。绝对测量一般多用于正常场的测量,磁法勘探主要是采用相对测量。磁法勘探的磁力测量有三种不同的方式——地面磁力测量、航空磁力测量和海洋磁力测量。对于油气勘探,磁法勘探的地面测量一般是测定总磁异常量 ΔT,但为了定量解释,也测量它的垂直分量 ΔZ。如对发现磁异常和解释推断有独特作用时,可选择测定其垂向梯度异常量 T_h 或水平梯度异常量 T_x。

3. 电法勘探

电法勘探是以岩/矿石电学性质的差异为基础,通过观测和研究与这些差异有关的电场或电磁场在空间和时间上的分布特点和变化规律,查明地下地质构造和寻找有用矿产的物探方法。

电法勘探分支较多,一般归为两大类:

(1)传导类电法。传导类电法研究的是稳定电场或似稳定电场,包括电阻率法、充电法、自然电场法和激发极化法等。

(2)感应类电法。感应类电法研究的是交流电磁场,统称为电磁法,其中又可分为电磁剖面法和电磁测探法。

4. 地震勘探

在地球物理勘探中,地震勘探是一种极重要的勘探方法。与其他物探方法相比,地震勘探具有精度高的优点和可以了解大面积地下地质构造情况的特点。因此,地震勘探已成为石油勘探中的一种最有效的物探方法,被广泛用于海洋油气勘探。

地震勘探是利用人工产生的地震波在弹性不同的地层内传播规律来勘测地下地质情况的方法。地震波在地下传播过程中,当地层岩石的弹性参数发生变化,从而引起地震波场发生变化,并发生反射、折射和透射现象,通过人工接收变化后的地震波,经数据处理、解释后即可反演出地下地质结构及岩性,达到地质勘查的目的。地震勘探方法可分为反射波法、折射波法和透射波法三大类,目前的地震勘探主要采用反射波法(见图 1-5)。

地震勘探基本上可分为以下 3 个环节：

第一个环节是野外采集工作，该环节的任务是在地质工作和其他物探工作初步确定的有含油气希望的探区布置测线，人工激发地震波，并用野外地震仪把地震波传播的情况记录下来。这一阶段的成果是得到一张张记录地面振动情况的数字式"磁带"。

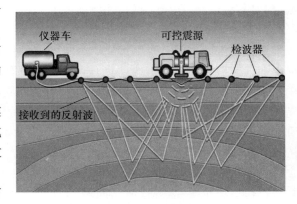

图 1-5　反射波法地震勘探

第二个环节是室内资料处理，该环节的任务是对野外获得的原始资料进行各种加工处理，得出的成果是地震剖面图（见图 1-6）和地震波速、频率等资料。

第三个环节是地震资料的解释，该环节的任务是运用地震波传播的理论和石油地质学原理，综合已掌握的地质和钻井资料，对地震剖面进行深入的分析研究，说明地层的岩性和地质时代，说明地下地质构造的特点；绘制反映某些主要层位的构造图和其他综合分析图件；查明有含油气希望的圈闭，提出钻探井位。

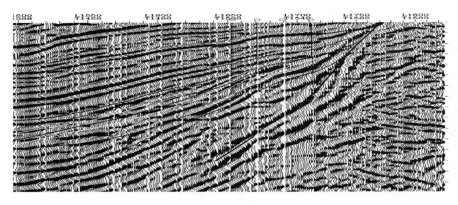

图 1-6　地震剖面图

1.3　钻/完井

1.3.1　钻井

按钻井的目的，可以将油气井分为探井（Wildcat）和开发井。打探井的目的是确认油气藏的存在及有无开采价值，它是物探之后、打开发井之前的一个重要的勘探环节，而打开发井的目的则是开采油气进行石油生产，它是油气田开发的第一个环节。一个地区有无油气，除了各种地质探测外，打口探井更能直观准确地知道油气藏是否存在，如果存在则判定有无商业开采价值。在确认了商业开采价值后，就可以着手打开发井了。如果探井打出工业油流,则完井后可作为开发井使用。

探井包括地层探井、预探井、详探井和地质浅井,其目的是获得油气样本从而测定油藏压力,并测定油气藏区块边缘及油水边缘的深度,同时对油层进行测试。为此,打探井需要提取油气藏的岩芯样本(见图1-7),这是与打开发井最大的区别。因此,打探井采用的是空心钻头[见图1-8(a)]。

开发井包括两类:一类是为采油所钻的采油井、采气井、注水井、注气井,另一类是为保持产量并研究开发过程中地下情况变化所钻的调整井、补充井、扩边井、检查资源井等。由于打开发井不再需要取岩芯,因此,打开发井采用实心钻头[见图1-8(b)、(c)]。

图 1-7 岩芯样本

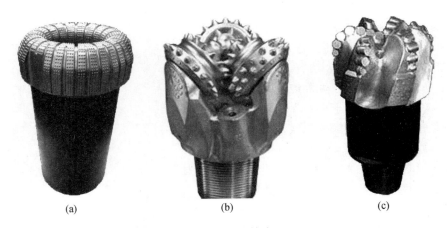

(a)　　　　　　　　(b)　　　　　　　　(c)

图 1-8 石油钻头
(a) 取芯钻头　 (b) 牙轮钻头　 (c) 导向复合片钻头

早期的石油钻井采用顿钻钻井法,又称冲击钻井法。它是利用钻头自高处下落产生的动能冲击井底,从而达到破碎岩石的目的。因此,顿钻钻井的过程就是周期性地提升钻头并下放的过程,在钻头冲击井底的过程中向井下注水,冲刷井底的岩屑和泥土。当井底的碎岩屑积攒到一定数量时,下入捞砂筒排出岩屑,继续钻井。由此可见,"打井"一词形象地描绘了顿钻钻井方法,也许,这正是"打井"一词的由来。顿钻法钻井的破碎岩石和排出岩屑的过程是不连续的,故而效率低、速度慢,远不能适应现代石油钻井特别是海洋钻井优质快速打深井的要求。因此,自20世纪初旋转钻井方法诞生后,顿钻钻井法逐渐淡出了人们的视线。1938年我国玉门油田开发的第一代钻机就是顿钻钻机(见图1-9),它采用钢丝绳提升钻头,因此,也称为钢绳冲击钻机(见图1-10)。目前,在石油钻井行业,旋转钻井已逐渐取代了顿钻钻井。但顿钻钻井具有设备简单、成本低和不污染油层等优点,可用于一些浅的低压油气井和漏失井的钻井。所以,在美国等国家仍有一定数量的油气井用顿钻法钻井,我国陕北地区油井和四川自流井地区的盐井多数是用顿钻法打成的。

图1-9　玉门油田第一代木制顿钻钻机

旋转钻井是利用钻头的旋转能量来切削破碎岩石的,因此,除要求钻头具有足够的硬度和强度外,为了保证持续的钻进,还必须向钻头提供一定的钻压。为此,旋转钻井需要有钻杆,钻杆是旋转钻井的动力传输和钻压提供结构。旋转钻井不同于顿钻钻井的另一个特征是岩屑的排出方法——泥浆循环将岩屑排出井眼。旋转钻井时,钻进的同时高压泥浆从钻杆顶端冲入井底,借助泥浆的冲击力和速度冲洗井底,使岩屑混入泥浆并随泥浆从井壁与钻杆的环空排出井眼。由此可知,钻杆是中空的螺纹连接管状结构(见图1-11),钻头也留有泥浆流出口。为了保证螺纹连接的强度,通常采用增大螺纹接头壁厚(外径增大内径减小,见图1-12)的方法来补偿螺纹削弱的结构强度,且老式钻杆的螺纹接头与钻杆是整体结构,即钻杆两端镦粗(见图1-13)后加工螺纹。随着焊接技术的发展,新型钻杆的螺纹接头(见图1-14)与钻杆是分别制造后通过焊接连接的(见图1-15)。

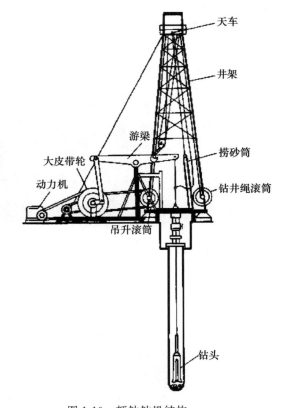

图1-10　顿钻钻机结构

图1-11　钻杆

图 1-12　螺纹接头的内外径变化

图 1-13　镦粗后的钻杆端部

图 1-14　钻杆接头

图 1-15　焊接螺纹接头的钻杆

　　依赖钻头的旋转来破碎岩石创造了岩石破碎的连续作业,而借助与钻进同步的泥浆循环排出岩屑则实现了岩屑排出的连续作业。这意味着,旋转钻井是一个连续的钻进过程。但是,由于钻杆长度的限制,当完成一根钻杆的井眼深度后,需要停钻来接长钻杆。为了减少和缩短接钻杆的停钻时间,通常在地面将 3 根钻杆连接后竖直排放在井架上(称其为立根,见图 1-16)。由于立根的长度约为 30m,因此,旋转钻机的井架高度一般为 40m 左右。如果立根排满井架时(见图 1-17),其风荷载是十分可观的,对于海上浮式钻井平台而言,不仅增大了风倾力矩,而且提高了结构物的重心,从而大大降低平台的稳性。因此,一些海上钻机的立根水平排放在钻井平台/船甲板上,接立根时,由排管机将立根移至钻台并竖起。为了缩短接立根的非钻井时间,新型海上钻机采用了双井架结构(见图 1-18),其中一个井架专门用于排管。

　　旋转钻机有 3 种驱动方式:机械驱动、液力驱动和机械液力混合驱动,其中,机械驱动有两种形式——钻盘驱动和顶部驱动。

　　钻盘驱动是利用电机驱动位于钻台上的钻盘转动,从而带动卡在钻盘内的钻杆转动。为此,钻盘驱动的钻杆需接一根方钻杆(见图 1-19),通过方钻杆滚子补芯(见图 1-20)卡在钻盘上随钻盘转动,如图 1-21 所示。

　　顶部驱动是由安装在水龙头结构上的电机驱动系统(见图 1-22)驱动钻杆旋转并带动钻头转动的,顶部驱动系统(见图 1-23)的出现,使传统的转盘钻井法发生了变革,诞生了顶部驱动钻井方法。顶部驱动钻井装置的旋转钻柱和接卸钻杆立根更为有效,它可以起下 28m 长的立根,减少了钻井过程中 1/3 的上卸扣操作;它可以在不影响现有设备运行的条件下提

立根

钻杆

图 1-16　钻杆与立根

图 1-17　立根排满井架

(a)

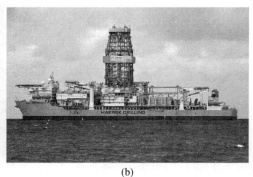

(b)

图 1-18　双井架海上钻机
（a）半潜式钻井平台　（b）钻井船

供比转盘更大的动力，可以连续起下钻、循环、旋转和下套管，还可以采用倒划眼的方法解决卡钻问题。

　　液力驱动是采用具有水力功能的钻具，利用高压泥浆驱动钻具从而带动钻头旋转。液力驱动的钻具有涡轮钻具[见图 1-24(a)]和蜗杆钻具[见图 1-24(b)]，即它们分别采用涡轮（见图 1-25）和蜗杆来实现液体流动动能向机械转动动能的转换。

图 1-19　方钻杆

图 1-20　方钻杆滚子补芯

方钻杆

方钻杆滚子补芯

钻盘

图 1-21　钻盘驱动系统

图 1-22　顶驱钻机

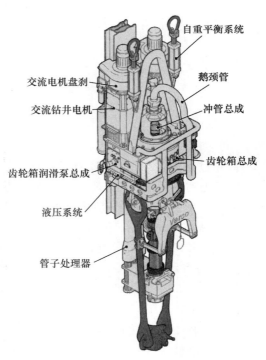

自重平衡系统

交流电机盘刹

鹅颈管

交流钻井电机

冲管总成

齿轮箱总成

齿轮箱润滑泵总成

液压系统

管子处理器

图 1-23　顶驱钻井系统

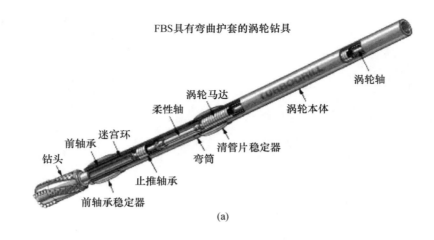

FBS具有弯曲护套的涡轮钻具

涡轮轴

涡轮马达

柔性轴　　　涡轮本体

迷宫环　　　　涡轮本体

前轴承　　　　　　清管片稳定器

钻头　　　　　弯筒

止推轴承

前轴承稳定器

(a)

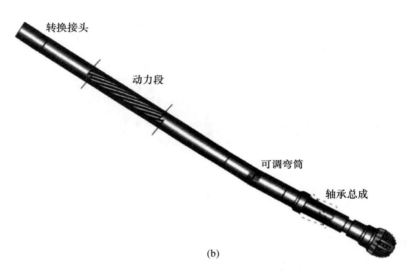

转换接头

动力段

可调弯筒

轴承总成

(b)

图 1-24　水力驱动钻具

（a）涡轮钻具　（b）蜗杆钻具

　　钻井过程中,钻头上需要有足够的压力——钻压将其压到井底岩石上,使钻头能够连续切削岩石而不发生空转。钻压是由钻柱的重量产生的,随着井眼的加深,钻柱重量将逐渐加大,从而超过正常钻井所需的钻压,而过大的钻压将会引起钻头、钻柱和设备的损坏。所以,必需将大于钻压的那部分的钻柱重量悬吊起来,从而使钻压保持在正常的工作范围。

图 1-25　液力驱动钻具的涡轮

　　钻井过程中常会遇到断钻杆、掉钻头、井壁垮塌和卡钻等事故,因此,经常需要配备打捞脱离悬吊钻柱的工具。处理事故的提钻作业对井架的能力是最大的考验,而对于浮式钻井（船）平台,提钻所产生的大钩荷载将影响浮体的设计。

1.3.2 完井

钻井过程结束后，留下的是一个裸井眼，即井壁是钻井状态的裸露地层（井口处下了多层套管，以防止井壁坍塌，见图 1-26）。为了防止油气水的喷出，钻井完成后，钻井液（泥浆）仍留在井眼中，因此，钻井完成后的井眼状态是不能直接采油的，必须进行完井作业。因此，完井是衔接钻井和采油的开发工艺过程，是从钻开油层后的固井、射孔、下油管和排液直至投产的系统工程。完井的目的是建立生产层和井眼之间的良好联通，并能使油气井长期稳产、高产。

由于油藏类型多以及已开发油田中的死油区和厚油层未全部动用，为了能够充分的开采油气藏，目前，已发展了多种完井方法，如射孔完井、裸眼完井、衬管完井、砾石充填完井和人工井壁完井，其中射孔完井、裸眼完井、衬管完井、砾石充填完井较为常见，应用最多的是射孔完井。上述完井方法按照井底结构（封闭式、敞开式、混合式和防砂完井）可进一步划分为：套管/尾管射孔完井、先期/后期裸眼完井、割缝衬管完井、管内砾石充填完井、裸眼砾石充填完井和人工井壁完井。

固井是油气井建设过程中的重要环节之一。其目的是封隔井内的油气水，防止各层介质窜通，保护油气井的技术套管，延长油气井的寿命。固井是将一根套管置入井眼，并用水泥浆将其与裸眼井壁固结（见图 1-27），因此，称其为固井。由于钻井完成后的裸眼井内留有钻井液（防止井喷及油气水窜通），固井时需采用隔离液将钻井液与水泥浆隔离，以便水泥浆在充填技术套管与裸眼井壁之间的环形空间时能够排出钻井液。通常，在注入隔离液之前先泵入冲洗液，目的是稀释和分散钻井液，并清洗井眼、冲刷井壁。因此，冲洗液为密度和黏度较小的液体，一般采用含有分散剂和表面活性剂混合的化学冲洗液。而隔离液一般采用密度和黏度较大的液体，且应稍大于钻井液的密度，以起到良好的隔离效果。在薄弱地层，加入特定的堵漏材料也可预防顶替过程中的水泥浆的漏失。隔离液一般由增黏剂、降失水剂、分散剂、加重剂和水等材料混合而成。

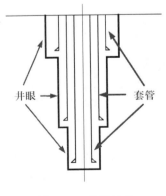

图 1-26　井眼结构

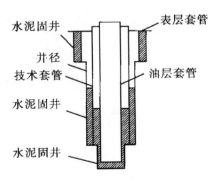

图 1-27　固井后的井眼结构

固井过程中用到的固井设备包括水泥车［见图 1-28（a）］、灰罐车［见图 1-28（b）］、供水车［见图 1-28（c）］、工具车、高压管汇等。其中水泥车是固井作业的主要设备。固井过程中还可用到其他辅助工具，主要指套管件中的附件，包括水泥头、引鞋、浮鞋、浮箍、扶正器、胶塞、分级箍、管外分隔器等。

图 1-28　车载固井设备

（a）水泥车　（b）灰罐车　（c）供水车

射孔完井是指固井后用射孔弹将套管和水泥射穿（见图 1-29），并穿透部分生产层岩石形成油气流的通道，从而联通生产层和井筒的完井方法。

图 1-29　射孔完井

射孔的主要工具是射孔枪。它将几十发甚至几百发射孔弹串在一起，用导爆索引爆进行射孔的工具。按其枪身结构分为两类，若将射孔弹装配在密封的钢管内，则称为有枪身式射孔器（见图 1-30）；若将单个密封的射孔弹用钢丝、金属杆或薄金属带连起来，直接下井射

图 1-30　有枪身射孔器

孔,则称为无枪身式射孔器。

复合射孔技术是集射孔与高能气体压裂于一体的一项高效射孔技术,近年来在国内外得到广泛的应用。它采用复合射孔器(见图1-31)一次完成射孔和高能气体压裂两道工序,做到在射孔的同

图1-31 复合射孔器

时对近井地层进行高能气体压裂,从而改善近井地层导流能力,提高射孔完井效果。

射孔常用的工艺有:电缆传输射孔、过油管电缆传输射孔、油管传输射孔、油管传输射孔与地层测试联作、复合射孔、超正压射孔、定向射孔等传统工艺以及高压水利射孔、水力喷砂射孔和激光射孔等新工艺。

1.4 油气生产

1.4.1 采油

完井后在井口安装采油树就可以采油了,如果油层压力足以使油自喷至地面时,则称之为自喷井。自喷井采油时不需要任何辅助设施就可以将油气从采油树输出至集输站。当油层的能量不足以维持自喷时,则必须采用辅助手段或向油层补充能量,从而将油气举升至井口输出。如果利用机械装置把油气举升至地面实现采油,则称之为机械采油,而采用向油层补充能量维持油层压力的方法采油,则为气举采油,顾名思义,用注气的方法将油举升至地面。向油层补充能量除了注气外,还需要注水,这就是为什么油田开发后期,采出油的含水量越来越高的原因。除了气举采油需要注气外,当产出的气量尚不够生产LNG时,有时也会注入油层。对于极少量不值得回注的气,则采用燃烧的方法处理。

机械采油是采用各种油泵将井下的油提升至地面,并采出油井。目前,采油泵主要分为两大类——有杆泵和无杆泵。有杆泵又称为"抽油机深井泵"或"游梁式抽油机",它是利用地面抽油机悬点的往复运动带动井下柱塞泵将油提升至地面(见图1-32),而抽油机的往复

泵筒总成
Barrel assembly

柱塞总成
Plunger assembly

固定阀总成
Standing valve assembly

图1-32 有杆泵采用

运动是通过抽油杆传递给柱塞泵的。有杆泵采油以游梁式抽油机（俗称"磕头机"）为代表，是人工举升采油的主要装备。基于游梁运动传递机构的结构形式可将游梁式抽油机分为：常规型游梁式抽油机[见图1-33(a)]、异型游梁式抽油机[见图1-33(b)]、旋转驴头游梁式抽油机[见图1-33(c)]和调径变矩游梁式抽油机[见图1-33(d)]。另一类有杆泵是无游梁式抽油机，基于抽油杆运动传递的机械传动系统可将无游梁式抽油机分为，链条式抽油机[见图1-34(a)]、皮带抽油机[见图1-34(b)]和塔式抽油机[见图1-34(c)]等。游梁式抽油机是最早用于采油的有杆泵，因此，技术成熟、工艺配套，且设备装置的故障率低、寿命较长，更加之作业井深和排量能覆盖大多数油井而成为应用最广泛的抽油机。无游梁式抽油机的出现晚于游梁式抽油机，其柱塞泵行程大于游梁式抽油机，因此，它不仅具有游梁式抽油机的特点，而且排量大于游梁式抽油机。由于采用链条和皮带来实现运动形式的转换（转动转换为往复运动，游梁式抽油机采用曲柄连杆机构实现转动与往复运动的转换），而链条和皮带易于磨损，因此，无游梁式抽油机的设备装置故障率高于游梁式抽油机。出砂率较高、气油比高、易结蜡或油气腐蚀性较强的井会降低有杆泵的效率和寿命。

(a)　　　　　　　　　　　　(b)

(c)　　　　　　　　　　　　(d)

图 1-33　游梁式抽油机

（a）常规型游梁式抽油机　（b）异型游梁式抽油机　（c）旋转驴头游梁式抽油机　（d）调径变矩游梁式抽油机

　　无杆泵是不借助机械传动的方式来传递动力的抽油设备，因此，其地面设备和井下抽油泵均与有杆泵有较大的区别。目前，无杆泵的种类很多，如电动潜油离心泵（简称电潜泵）、水力活塞泵和水力射流泵等。无杆泵没有地面与井下的运动传递，电潜泵是通过电缆向井下提供电力来驱动潜油电机使离心泵工作从而实现将原油举升至地面的；而水力活塞泵则是通过地面注入的水流动能来驱动液压马达并带动活塞运动从而将井下原油举升至地面；

(a)　　　　　　　　(b)　　　　　　　　(c)

图 1-34　无游梁式抽油机

（a）链条式抽油机　（b）皮带式抽油机　（c）塔式抽油机

水力射流泵则利用射流原理将地面注入的动力液能量传递给油层从而将井下原油举升至地面。无杆泵的排量高于有杆泵，且水力活塞泵和水力射流泵没有地面与井下的电力输送，因而故障率低。

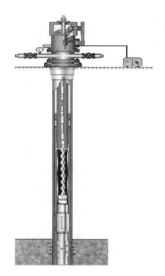

　　螺杆泵是这两类抽油机中较为特殊的一种抽油泵。它通过抽油杆将地面提供的旋转运动传递给井下的螺杆抽油机来实现采油（见图 1-35），因此，从运动传递的形式——机械传动来分类应属于有杆泵。但由于传统有杆抽油机传递的运动形式是往复运动，而螺杆泵为旋转运动，与无杆抽油机的井下抽油泵有相同的运动形式，因此，也有人将其归类为无杆泵。

1.4.2　油气集输

　　油气集输将分散的油井采出的石油和伴生天然气及其他产品集中起来，经油气分离、油气计量、原油净化和稳定、天然气净化、轻烃回收等工艺处理加工后，将合格的产品储存到相应的储罐（见图 1-36）。

图 1-35　螺杆泵采油

　　油气分离是将从油井中采出的原油和伴生天然气分离，以便于后续分别对油和气进行工艺处理。油气分离设备被称为分离器，按分离器的工作原理可将其分为重力分离型、碰撞聚结型、旋流分离型和旋转膨胀型。

　　分离后的原油和天然气分别进行净化处理，原油净化包括脱水和脱砂，天然气净化包括脱除 H_2O、CO_2 和 H_2S。

　　原油稳定则主要是为了脱除原油中挥发性较强的烃组分，以降低原油在常温常压下的蒸汽压力，避免输送和储存过程中的蒸发损耗，提高原油收率。

　　轻烃回收则是将油气处理过程中产生的烃类轻组分收集作为化工原料，以扩大石油化工的原料来源。

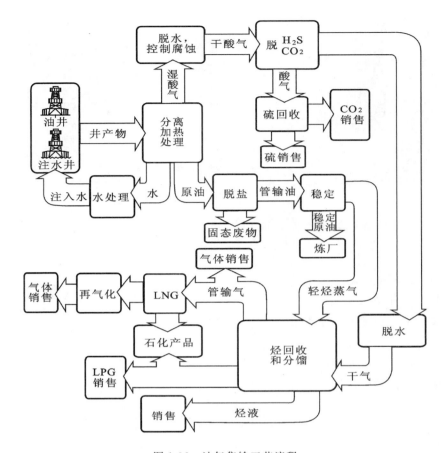

图 1-36　油气集输工艺流程

1.4.3　修井/增产

1.修井作业

在石油与天燃气勘探开发中,修井作业是一个重要环节。油、气、水井在自喷、抽油或注水、注气过程中,经常会发生故障而造成油井减产或停产。如井下砂堵、井筒内严重结蜡,渗透降低,油、气、水层互相串通,生产油井枯竭等油井本身的故障;油管断裂、油管连接脱扣、套管挤扁、断裂和渗透等油井结构损坏;抽油杆弯曲、断裂或脱扣、抽油泵工作不正常等井下采油设备故障。因此,需要通过修井排除故障、更换设备、调整油井参数,以恢复正常生产。即,修井作业是为了确保油井的正常生产而采取的一种油井维护和保养措施,主要包括损害修井、堵水修井和防砂修井。

1)损害修井

当井的产量在一定程度上有所降低时,对油管、井筒、射孔孔眼、储集层孔隙和储集层裂缝的堵塞进行旁通或清除称为损害修井。损害修井是用钢丝绳或油管探井底,以检测套管或裸眼井段中的充填物。解除储集层伤害的方法有:清理、补孔、化学处理、酸化、压裂或这些方法的联合使用。

对于水垢堵塞的油井,可用化学或扩眼的方法清除油管结垢。而对于套管射孔孔眼结垢,可采用补孔方法修复,必要时也可采用化学方法清除残留水垢。对于酸溶性盐垢,可采用酸(盐酸、硫酸)处理,有时也辅之以碱(氢氧化钠和氢氧化钾)、盐(碳酸盐和酸式碳酸盐)及其混合物处理。此外,还有有机酸类和脂类与其他物质的混合物以及螯合剂(EDTA)酸处理。对于酸不溶盐垢,可采用垢壳转换剂,先将垢转为酸溶性物质,然后再用酸处理,也可采用螯合剂处理。

对于蜡堵塞的油井,主要采用机械加热和试剂清蜡等方法修井。井筒和油管内的积蜡多采用机械方法刮除,或用热油或热水循环冲洗及溶剂溶解等方法清除。储集层结蜡或沥清堵塞一般采用溶剂清除,在较低的排量和低压下将溶剂挤入储集层,然后浸泡一夜后返排;也可采用井底加热注蒸汽、热水和热油的方法来清除井筒附近储集层的积蜡,但要注意迅速返排出已被溶解的石蜡或沥清。否则,溶解出的石蜡或沥青可能随着温度的降低而再次沉淀,重新堵塞储集层。此外,一次处理过量可能将井底附近含有大量溶解蜡的热溶液推入较冷的地层深部,蜡重新沉淀出来,造成严重的储集层损害。在储集层原油中,溶解蜡量一般处于饱和状态,没有溶解更多蜡量的能力,有效的办法是采取多次重复处理,逐渐加大处理规模,解除储集层中较深部的积蜡。

对于乳化液或水堵塞造成的储集层损害,可使用表面活性剂减轻损害。在大多数情况下,水堵可在几星期或几个月内自行消除。在砂岩储集层中、利用土酸和表面活性剂进行处理,可较好地消除由乳化液造成的储集层损害;对碳酸盐储集层的原生渗透率损害,一般采用酸液旁通的方法修复,而对于酸压期间形成的乳化液,可采用向裂缝中注入表面活性剂的方法使其破乳。

2)堵水修井

当油气井大量出水时,需进行堵水修井。引起油气井大量出水的原因有:套管泄漏、误射水层、管外窜槽、底水锥进或边水指进、人工裂缝延伸入水层(压裂窜通水层)、人工裂缝延伸到注水井附近(压裂窜通水井)等。常用的堵水修井方法有堵水调剂、降低产量和人工隔板等。

3)防砂修井

防砂方法主要有机械防砂、化学防砂和复合防砂三大类。具体有割缝衬管(筛管)、砾石充填、人工井壁、化学固砂、压裂防砂、射孔防砂。其中,砾石充填是常用的方法。

修井作业的主要设备是修井机(见图 1-37),主要由井架系统、绞车系统和钻台系统组成,故而被称为轻型钻机。因此,钻机也可完成修井作业。修井机不需要泥浆循环系统,且动力小于钻机,故一般采用车载,以便于移动。

修井作业的主要内容包括:

(1)起下作业,如将发生故障或损坏的油管、抽油杆和抽油泵等井下采油设备及工具的提出、修理更换、再下入井内,以及抽吸、捞砂、机械清蜡等。

(2)井内的循环作业,如冲砂、热洗循环泥浆等。

(3)旋转作业,如钻砂堵、钻水泥塞、扩孔、磨削、侧钻及修补套管等。

图 1-37　修井作业中的修井机

2. 增产作业

增产作业是指油气生产过程中为了确保油井的正常生产而采取的一种提高油层出油能力的措施,增产作业包括:酸化、压裂和防砂。

酸化是提高油井产能的一项重要技术,是油井增产的有效措施之一。目前,酸化技术已实现了实时监测,不但可以在现场直接测量出注入量和注入压力,而且可以监测酸化效果,以便及时调整注入量和注入压力,从而提高了酸化效率。同时,随着水平井在油田开发中的大规模应用,水平井酸化技术也获得了成功的应用,进一步提高了水平井的产量。

压裂是提高油井产能的另一项重要技术,也是油井增产的有效措施。目前,压裂技术主要有水力压裂和酸化压裂。

水力压裂是低渗透油田获得经济效益的关键技术,水力压裂能形成线性流动,并改善较深部位储集层的渗透性,对于低渗透油田不压不流的现象,水力压裂是一个提高油井产能的有效措施,因而是低渗透性储集层增加产量的最有效方法,低渗透砂岩储集层可采用水力压裂方法。对于存在地层污染的油井而言,水力压裂也是清除地层污染的关键技术之一。

酸化压裂技术是碳酸盐岩储藏清除地层污染、提高产能的有效手段,该方法集中了酸化和压裂的优点,使酸化效果可以延伸到地层内部,碳酸盐储集层可采用酸压或水力压裂措施。

增产作业的主要装备有压裂车(见图 1-38)和酸化车(见图 1-39),而由于压裂车和酸化车不配备井架系统和绞车系统,因此,增产作业需要钻机或修井机的配合。

(a)　　　　　　　　　　　(b)

图 1-38　压裂车

(a) 水力压裂车　(b) 酸化压裂车

图 1-39 酸化车

1.5 油气田开发装备

1.5.1 钻/完井装备

油气田开发的第一步是钻井,钻井作业是从开钻到完井的全过程,因此,钻完井装备组成了完整的钻井包——钻机(见图 1-40)。钻机是大功率、多工作机组联合工作的重型机械,有起升、旋转、循环 3 大工作机组,且各机组所需能量大小和运动特性各不相同,也不同时工作;而驱动设备不但具有多类型(柴油机、柴油机-变矩器、电动机等)多台套的特点,而且特性单一。

图 1-40 石油钻机

按钻井深度可将钻机分为:浅井钻机(<1 500m)、中深井钻机(1 500~3 000m)、深井钻机(3 000~5 000m)、超深井钻机(5 000~9 000m)和特深井钻机(>9 000m);按作业地区和用途可将钻机分为:陆地钻机、海洋平台钻机、海洋人工岛钻机、沙漠钻机、沼泽地钻机、低温钻机、丛林直升机吊装钻机和极地钻机;按主传动副的类型可将钻机分为:皮带钻机(胶带并车传动)、链条钻机(链条并车传动)和齿轮钻机(锥齿轮-万向轴并车传动);按驱动类型可将钻机分为：机械驱动钻机和电驱动钻机。

1. 钻盘钻机

转盘钻机是其中应用最广泛的一种石油钻机，因此，被称为常规钻机，是旋转钻井技术出现后的第一代钻机。它主要由起升系统、地面旋转送进系统、循环系统、动力系统、传动系统、控制系统和辅助设备组成。起升系统由钻井绞车（见图1-41）、游动系统（钢丝绳、天车、游动滑车及大钩，见图1-42）和井架等主要设备组成，用于起下钻具、下套管和完井等作业；地面旋转送进系统（见图1-43）由转盘和水龙头组成，为实现钻头自动给进，现代钻机还配备了钻具自动送进装置，用于转动井中钻具，带动钻头破碎岩石；循环系统（见图1-44）由钻井

图 1-41　钻井绞车

图 1-42　游动系统

图 1-43　地面旋转送进系统

泵、地面高压管汇、钻井液净化及调配设备（固控设备）等组成；动力系统（见图 1-45）由内燃机及其供油设备、交/直流电机及其供电、保护、控制等设备组成，用于供应三大工作机组及其辅助机组（如空气压缩机）的动力；传动系统由减速、并车、转向、倒转及变速机构等组成，其作用是连接发动机与工作机，以实现从驱动设备到工作机组的能量传递、分配以及运动方式的转换；控制系统用于指挥各机组协调工作，系统包括机械控制、气控、电控、液控以及电、气、

图 1-44　循环系统

液混合控制；辅助设备包括供气设备、辅助发电设备、井口防喷设备、钻鼠洞设备、辅助起重设备和保温设备等。

图 1-45　动力系统

2.顶驱钻机

顶部驱动钻井系统（Top Drive-drilling System，TDS）是取代转盘钻进的新型石油钻井系统，自 20 世纪 80 年代问世以来发展迅速，尤其是在深井钻机和海洋钻机中得到了广泛应用。顶驱钻井系统现在已发展到最先进的一体化顶部驱动钻井系统，该系统显著提高了钻井作业的能力和效率，并已成为钻井行业的标准产品，通常将配备了顶驱钻井系统的钻机称为顶驱钻机。

顶驱钻井系统是一套安装于井架内部空间，由游车悬持的顶部驱动钻井装置。常规水龙头与钻井电机相结合，并配备一种结构新颖的钻杆上卸扣装置，从井架空间上部直接旋转钻柱，并沿井架内专用导轨向下送进，可完成旋转钻进、倒划眼、循环钻井液、接钻杆（单根、立根）、下套管和上卸管柱丝扣等各种钻井操作。顶驱钻井系统由钻井电机—水龙头总成、钻杆上下卸扣装置、导轨—导向滑车总成、平衡系统、冷却系统、控制系统和附属设备等组成（见图 1-23）。

顶驱钻井系统将钻井电机和钻井水龙头组合在一起,除了具有转盘和常规水龙头的功能以外,更重要的是它配备了一套结构新颖的钻杆上卸扣装置,从而实现了钻柱连接、上卸扣操作的机械化及自动化。钻杆上卸扣装置由扭矩扳手、内防喷器启动器、吊环连接器、吊环倾斜机构、旋转头总成等组成。

导轨—导向滑车总成由导轨和导向滑车框架组成,导轨装在井架内部(见图 1-46),通过导向滑车或滑架对顶驱钻井装置起导向作用,钻井时承受反扭矩。20 世纪 80 年代顶驱系统多为双导轨,20 世纪 90 年代改为单异轨,单异轨顶驱系统结构更加轻便。导向滑车上装有导向轮,可沿导轨上、下运动,游车固定在其中。当钻井电机处于排放立根位置时,导向滑车则可作为电机的支撑梁。

图 1-46　顶驱钻机

平衡系统又称为液气弹簧式平衡装置,其作用是防止上卸接头时损坏螺纹和帮助外螺纹接头在卸扣时从内螺纹接头中弹出。平衡系统包括两个相同油缸及其附件,以及两个液压储能器和一个管汇及相关管线。油缸一端与冠体水龙头相连,另一端或与大钩耳环连接,或直接连到游车上。这两个液缸还与导向滑车总成电机支架内的液压储能器相通。储能器通过液压油补充能量并保持一个预设的压力,其压力值由液压控制系统主管汇中的平衡回路预先设定。

平衡系统的活塞杆上端与游车连接,油缸下端与水龙头连接。油缸上腔始终通高压油,下腔油缸产生的向上拉力作用在水龙头上,一直提着水龙头。两个相同的油缸产生的向上拉力的合力大于顶驱系统和立根的重量,当上、卸扣完成时,蓄能器排放油液供给油缸工作。

随着蓄能器内的油液逐渐排出,油压逐渐降低,油缸的拉力逐渐减少。当油缸的拉力小于顶驱系统和立根重量时,上提过程由加速变为减速,最终停止。当提起整个钻柱时,钻柱和顶驱系统的重量大于油缸向上的拉力,油缸被拉下来,缸内油液被排出,大部分返回蓄能器储存。

控制系统主要由司钻仪表控制台、控制面板、动力回流等组成。控制系统相当于为司钻提供了一个控制台,通过这个控制台实现对顶驱系统的控制。司钻仪表控制台由扭矩表、转速表、各种开关和指示灯组成。顶驱系统可实现的基本控制功能为:吊环倾斜、远控内防喷器、电机、电机旋扣扭矩、紧扣扭矩和转换开关等。钻井时的转速、扭矩和旋转方向由可控硅控制台控制。可控硅控制台装有电机控制指示灯、远控内防喷器指示灯等。

1.5.2 采油装备

采油装备主要包括采油树和抽油机,油井具有自喷能力时,则仅采油树即可实现采油作业。而油井一旦失去了自喷能力或非自喷井,则必须依赖抽油机来实现采油。

1.采油树

采油树(见图1-47)是安装在井口(包括井口的延伸装置,如海洋石油中的采油立管)的油气井必备装置,是一种用于控制生产,并为钢丝,电缆,连续油管等修井作业提供条件的装置。由于采油树结构形状酷似圣诞树,故其英文名称为Christmas tree,或Xmas tree,业内更是将其简称为Tree。由于海洋深水油气开发工程中出现了水下生产系统,其采油树直接安装在海底的水下井口上,因此,称其为湿式采油树(Wet tree),这就有了干树(Dry tree)和湿树之别。

采油树是由多个阀门及其连通管件组成的阀门总成,包括:总阀门、生产阀门、测试阀门、取样阀门、回压阀门、套管四通、油管四通和油嘴等,如图1-48所示。总阀门安装在油管头的上面,是控制油、气流入采油树的主要通道。生产阀门安装在油管四通或三通的侧面,控制油、气流向油管线。测试阀门位于采油树的最上端,用于清蜡和测试。取样阀门位于油嘴后面的出油管线上,用于取样或检查、更换油嘴时放空。回压阀门用于检查、更换油嘴、维

图 1-47 采油树

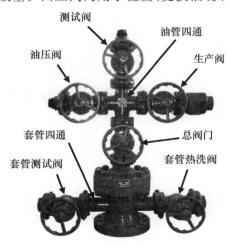

图 1-48 采油树的基本组成

测试阀　油管四通　生产阀　油压阀　总阀门　套管四通　套管测试阀　套管热洗阀

修生产阀门及井下作业时,防止集油管线的流体倒流。套管四通是油管套管汇集分流的主要部件,通过它密封油管与套管的环形空间,实现油管和套管的流体分流。油管四通用于连通测试阀门、总阀门及生产阀门,是油井出油、水井测试的必经通道。油嘴安装在采油树一侧的油嘴套内,在生产过程中,直接控制油层的合理生产压差及调节油井产量。

采油树的作用是连接井下各层套管,密封各层套管之间的环形空间,承挂套管的部分重量;悬挂油管及井下工具、承托井内全部油管柱的重量;密封油管和套管之间的环形空间;控制和调节油井的生产;录取油管和套管的压力资料、测试和清蜡等日常管理,保证采油和各种井下作业的顺利进行。

按结构形式可将采油树分为整体式采油树和分体式采油树;按生产井别和完井方式可将采油树分为自喷井采油树、电潜泵井采油树、气举井采油树、螺杆泵井采油树、天然气井采油树和注水井采油树。

2.抽油机

当仅仅依靠油层本身的能量不能将从油层流到井筒中的原油举升至地面,即油井不能自喷生产时,必须利用人工方法将井筒中的原油举升至地面来实现原油生产被称为机械采油,其主要机械装备就是抽油机。

抽油机由能量转换(电能或水动能转换为机械运动)设备和井下抽油泵组成,其中,一些抽油机的能量转换设备在地面,而另一些则在井下。能量转换设备在地面的抽油机被称为有杆抽油机(有杆泵),其中的"杆"也称为抽油杆,是地面与井下运动传递的媒介。能量转换设备在井下的抽油机被称为无杆抽油机(无杆泵),其能量转换设备与抽油泵可以是分体结构(如电动潜油离心泵和水力活/柱塞泵),即能量转换设备产生的运动直接驱动抽油泵,也可以是一体结构(无需将电能或水动能转换为机械运动),即水动力直接驱动抽油泵。

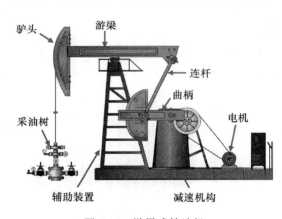

图 1-49　游梁式抽油机

按照能量转换设备和抽油泵的区别,可将有杆抽油机分为游梁式抽油机(俗称"磕头机")和无游梁式抽油机。游梁式抽油机主要由游梁—连杆—曲柄(4 连杆)机构、减速机构(减速器)、动力设备(电机)和辅助装置(支撑机构)等 4 部分组成(见图 1-49)。游梁式抽油机是陆地油田应用最广泛的抽油机(占机械采油的 90%),也是最早应用于油田开发的抽油机,经过一个多世纪的发展,目前,已有常规型游梁式抽油机、异型游梁式抽油机、旋转驴头游梁式抽油机和调径变矩梁式抽油机 4 种型式的游梁式抽油机,它们的主要区别是游梁与曲柄连杆机构的运动传递方式或修井时驴头的偏置方式(见图 1-23)。

无游梁式抽油机也由运动转换机构、减速机构、动力设备和辅助装置等 4 部分组成(见图 1-50)。除天轮式抽油机外(见图 1-51),其他类型的无游梁式抽油机是通过柔性运动转换机构(皮带或/和链条及其传动轮)实现(电机)旋转运动与(抽油机)往复运动转换的,如链条式抽油机[见图 1-34(a)]和皮带式抽油机[见图 1-34(b)]。而天轮式抽油机则仅仅是将游梁换成了天轮,其运动的转换仍采用曲柄连杆机构(见图1-51)。

图 1-50　无游梁式抽油机

图 1-51　天轮式抽油机

　　无杆抽油机是通过能量传递设施将电能或水动能传输给井下的能量转换设备,从而将电能或水动能转换为抽油泵所需的机械能并驱动抽油泵工作。目前,无杆抽油机主要有电动潜油离心泵(简称电潜泵)、水力活塞泵和水力射流泵。

　　电潜泵主要由电机、密封结构和离心泵等三部分组成[见图1-52(a)],其泵体由多个离心叶轮组成[见图1-52(b)]。电潜泵具有排量大、系统及操作简单和便于管理等优点,适用于斜井和水平井以及海上采油。但是,其适用井深受电机功率、油套管直径和井下温度等条件的限制,且(潜油)电机和(潜油)电缆故障率较高,从而造成较频繁的停产维修。因此,不仅初期投资较大,而且日常维护费用较高。

　　水力活塞泵(图1-53)和水力射流泵(图1-54)都是利用高速水流的动力作用来驱动抽油泵工作的。其中,水力活塞泵将高速水流的动能通过液压马达转换为活塞泵的往复运动机械能,而实现抽油作业,而水力射流泵则是通过喷嘴将高速水流的流速进一步提高,从而利用射流原理将原油举升。水力活塞泵采油系统有单井流程系统、多井集中泵站系统和大型集中泵站系统等多种采油方式,其动力液循环方式分为开式(见图1-55)和闭式(见图1-56)两种。水力活塞泵具有泵效高(40%～60%)、扬程大和泵挂深的优点,适用于斜井和水平井及稠油的举升。水力射流泵具有结构紧凑和排量范围大的优点,对定向

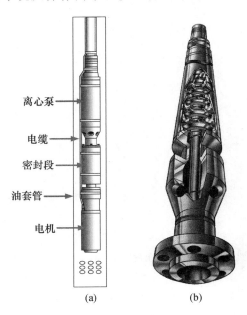

离心泵

电缆

密封段

油套管

电机

(a)　　　　　　(b)

图 1-52　电潜泵

(a)系统组成　(b)离心泵

井、水平井和海上丛式井的举升有良好的适应性。由于水力射流泵可利用动力液的热力及化学特性,因此,适用于高凝油、稠油、高含蜡油井。

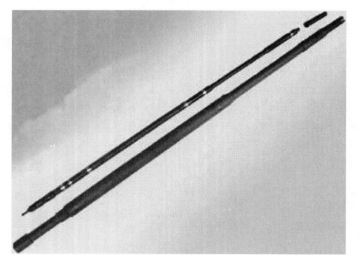

图 1-53　水力活塞泵

图 1-54　水力射流泵

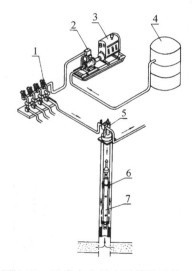

图 1-55　开式水力活塞泵采油系统

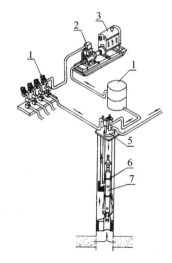

图 1-56　闭式水力活塞泵采油系统

　　螺杆泵是一类特殊的抽油机,其能量转换装置位于地面且具有有杆抽油机的特征——采用抽油杆将地面能量转换设施产生的机械运动传递至井下的抽油泵,因此,有人将其划归为有杆抽油机。而能量转换设施位于井下的螺杆泵则具有无杆抽油机的特征——地面和井下有能量输送而没有机械运动传递,由井下的能量转换设施将地面输入的能量转换为抽油泵需要的运动或能量。

　　螺杆泵由螺杆(转子)和衬套(定子)组成(见图1-57),由于衬套由橡胶制成,螺杆与衬套之间存在着滚动与滑动的组合运动,从而有利于高黏度、高含砂、高含气原油的输送,加之螺杆泵的运动件少、过流面积大和对油流扰动小等特点,使其适用于稠油井的采油作业。

螺杆泵按其螺杆数量可分为单螺杆泵、双螺杆泵、三螺杆泵和五螺杆泵等,油田常用的一般是单螺杆泵。在地面完成能量转换的螺杆泵(地面驱动螺杆泵)采油系统由地面驱动装置、井下设备、电控系统、配套工具和井下管柱等 5 部分组成,如图 1-58 所示。地面驱动装置包括减速箱、皮带传动、电机、盘根盒、支撑架和方卡子等;井下设备主要由抽油杆、接头、转子、导向头和油管、接箍、定子、尾管等组成,为了防止油管、定子脱扣,在尾管下部装有油管锚定装置;电控系统包括电控箱和电缆等;配套工具包括防脱工具、防蜡器、泵与套管锚定装置、单向阀和封隔器等。地面驱动螺杆泵采油系统结构简单,且螺杆泵转子随抽油杆同时入井或取出,无需再安装泄油装置,因此,是一种较为经济的采油方法,一般适用于井深1 000 m 左右的直井。与游梁式抽油机和无游梁抽油机不同的是,螺杆泵的抽油杆传递的运动形式不是往复运动,而是旋转运动,因此,也有人将其划归为无杆抽油机。

井下驱动螺杆泵包括电驱动和液压驱动两种系统。电驱动系统采用潜油电机来实现能量转换,主要由潜油电动机、保护器与螺杆泵组成,因此,也称为电动潜油螺杆泵(见图1-59)。液压驱动系统则采用液压马达实现能量转换,故称为液压驱动螺杆泵。液压驱动螺杆泵主要由动力液泵、管汇、油水分离器、动力油管、液压马达、封隔器及螺杆泵组成。

由于井下驱动螺杆泵没有地面与井下的机械运动传递,因此,是一种无杆抽油机。电动潜油螺杆泵采用电缆实现地面和井下的能量传递,因此,采油工艺简单,可在不停产情况下直接测量动液面。液压驱动螺杆泵采用导管将地面泵产生的压力流体送至井下的液压马达,液压马达带动螺杆泵将井底原油从其上部排出并与动力液混合后流入油管和套管的环形空间,因此,在测试液面时须关井停泵。但液压螺杆泵系统工作可靠,并能根据油层供液能力、动液面高度及泵挂深度,确定出系统的技术参数,同时一个地面站可集中管理多口井,便于维护和管理。

图 1-57　螺杆泵

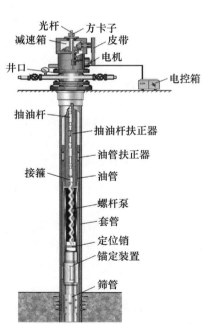

图 1-58　地面驱动螺杆泵系统

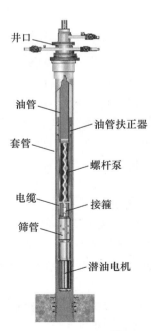

图 1-59　井下驱动螺杆泵系统

1.5.3 增产作业装备

增产作业装备主要包括修井和压裂酸化装备。修井机是修井作业的关键设备。

1.修井机

修井机由动力部分、传动部分、绞车部分(包括井架、游动系统)、液、气、电控制系统、自走底盘、辅助部分,如水刹车(盘式刹车)、液压小绞车、崩扣液缸(液压锚头)和钻台(包括转盘和水龙头)等组成,如图1-60所示。

图 1-60 作业状态的修井机

修井机的动力一般由高速柴油机产生,有单发动机和双发动机两种配置。单发动机配置为车上、车下共用;双发动机配置又分为车上、车下共用两台发动机和车上、车下各由一台发动机供给动力。修井机的传动系统一般采用发动机和液力机械变速箱直接连接,如果车上、车下共用两台发动机,则采用一个并车箱。液力机械变速箱和并车箱、角传动箱之间用传动轴连接,并通过链条与捞砂滚筒或主滚筒以及转盘角传动箱连接,再由爬坡链条箱连接到转盘。也可由并车箱(角传动箱)通过传动轴直接与爬坡链条箱连接。

修井机的绞车有单滚筒和双滚筒两种形式。单滚筒只有一个主滚筒,双滚筒则分为主滚筒和捞砂滚筒。井架一般为高强度角钢焊制的中空桁架结构,大吨位修井机的井架也可用高强度矩型管焊制。井架可根据修井机型号不同采用一节或两节的结构,小吨位的修井机采用一节井架,两节井架的第二节一般用液压油缸顶出。天车大都采用"班德轮"式结构,这种结构可防止大绳打扭。游车大钩由游车和大钩两部分组成,两者用销轴连结。

修井机一般配有两套独立的液压系统——主液压系统和液压转向助力系统,主液压系统的作用是调平车辆和井架的立放以及辅助作业,如液压小绞车、崩扣液缸和液压钳等(见图1-61)。液压转向助力系统用于方向盘助力。

修井机的气路系统主要起控制作用,如各离合器接合及脱开、发动机的油门、变速箱的换档、液压泵的控制、修井机行驶时油门、换档及刹车的控制。电气系统为车辆的仪表显示、车灯及发动机供电。

修井机的辅助部分包括转盘、水龙头、水刹车、液压小绞车和崩扣液缸等。转盘和水龙头是油水井的大修及钻井的关键设备;水刹车是大吨位修井机用于下钻时减慢钻具的下降速度、减轻刹车毂及刹带磨损的设备;液压小绞车的作业是起吊工具,配合施工;崩扣液缸则用于崩扣和卸扣。

为便于油田的大范围长距离搬迁作业,修井机一般采用车载。为了适应泥泞地面、戈壁沙漠、山区和滩涂等油田所在地区可能的地面条件,其自走底盘一般应具有转弯半径小且越野能力强的优点,并选用重型车桥装载,同时采用视野开阔的平头单坐金属驾驶室。

图 1-61 移动状态的修井机

2. 压裂与酸化设备

压裂设备由地面工具设备和压裂车组两部分组成,地面工具设备是井口以上的地面控制类工具,包括封井器、井口球阀、投球器、活动弯头、由壬、蜡球管汇和压裂管汇等。压裂车组包括泵车、混砂车、罐车(液罐车、砂罐车、添加剂罐车)、仪表车、水泥车。

蜡球管汇是可与地面管线和压裂管汇连接的地面设施,其用途是通过压裂车将容器中的蜡球注入施工井。蜡球管汇主要由蜡球容器、控制阀和由壬组成,如图 1-62 所示。

压裂管汇是地面管线与多台压裂车连接的地面设施。其用途是将压裂车泵出的液体汇集注入压裂井的目的层。压裂管汇主要由主体、控制阀和由壬组成,主体结构呈树叉形(见图 1-63)。树叉形主体采用优质合金钢管焊接而成或锻制三通组成,焊接加工的承压能力为60MPa,锻制加工的承压能力为 70MPa。控制阀一般采用球阀和旋塞阀,承压能力均为70MPa。为了施工方便,压裂管汇采用车载方式(见图 1-64)作业。

图 1-62 蜡球管汇

图 1-63 压裂管汇

图 1-64 压裂管汇车

压裂泵车(简称压裂车)的作用是泵送高压液体,主要由运载底盘、车台柴油机、传动机构和泵体传动等四部分组成,其传动机构有机械和液压两种形式,如图 1-65 和图 1-66 所示。

其中,压裂泵是压裂车的工作主机。压裂作业对压裂车的技术性能要求很高,必须具有压力高、排量大、耐腐蚀和抗磨损性强等特点。机械式压裂车与全液压压裂车的主要区别是传动方法——机械传动与液压传动,而由于传动机构的不同,组成压裂车的四部分也有较大的差异,全液压式压裂车采用液压传动取代传统的机械传动,柱塞泵被油缸式活塞泵替代,由台上发动机和底盘发动机共同为油泵提供动力。

混砂车的主要功能是将压裂液和多种支撑剂按一定的比例混合,然后将混合好的液体以一定的压力输送给压裂车,并辅助供输添加剂,配合压裂车施工。混砂车主要由动力系统、供液系统、输砂系统、混砂系统和排液系统五部分组成,如图 1-67 所示。动力系统为供液、输砂、混合和排液系统提供动力,由台上发动机及其传动系统组成;供液系统的作用是将压裂液自压裂罐吸入后输送给混合罐,主要由水龙带、吸入管和离心泵等组成;输砂系统的作用是将支撑剂输送至混合罐,主要由进砂斗、输砂桶、螺旋输砂器和计量器等组成;混砂系统的作用是将输入的压裂液和支撑剂按一定比例混合搅拌均匀,再由输砂泵供给各压裂车,主要由混合罐、输砂泵和排出管等组成。压裂作业时,压裂液从压裂罐流向管汇,然后由混砂车的离心泵送至搅拌器,搅拌器上的密度计可以使操作人员控制支撑剂浓度。

仪表车(见图 1-68)的作用是在压裂过程中远程遥控压裂车和混砂车的运行,实现实时数据采集、施工监测及裂缝模拟,并对施工的全过程进行分析。

压裂设备中还有压裂指挥车,如一台监测车或现场计算机。监测设备便于作业人员观察大量压裂数据和计算机显示的图形。此外,还包括与搅拌器、输砂器和泵的操作人员进行通信联系的通信设备。

图 1-65　机械式压裂车

图 1-66　全液压压裂车

图 1-67　混砂车

图 1-68　仪表车

酸化是在压裂作业的同时对井筒和地层所作的一种增产作业辅助工艺措施,主要包括酸洗、基质酸化和压裂酸化。酸洗是对井筒和射孔眼进行的清洗作业,基质酸化和压裂酸化是对地层进行的一种化学处理,以利于油的渗出。其中,基质酸化的作业压力小于岩石的破裂压力,而压裂酸化的作业压力高于岩石破裂压力。因此,基质酸化和压裂酸化与压裂是同时进行的。酸化设备主要是酸化车(见图 1-39)、固井水泥车(见图 1-69)和酸化压裂车(见图 1-70)。固井水泥车用于作业压力较小的基质酸化;酸化压裂车用于作业压力较大的压裂酸化。固井水泥车主要由固井泵系统、水泵系统、水泥浆混合系统、管汇系统和底座构架系统等五部分组成。

图 1-69　固井水泥车

图 1-70　酸化压裂车

第 2 章

海洋石油工程

2.1 概述

海洋油气田的开发过程与陆域油气田的开发过程相同,也是经过钻井、采油和油气处理(油气分离、脱水、除砂)几个过程来实现油气生产,也需要采用修井和压裂酸化等措施来保持和提高油气田的产量。因此,海洋油气开发的机械装备与陆域油气开发的机械装备是相同的。当然,由于石油勘探开发的全部机械设备目前还不能实现在水中无人操纵作业,因此,海洋石油开发装备除了钻采机械装备外,还需要结构装备为这些机械装备提供作业的"陆地",从而出现了海洋平台,也诞生了海洋工程这一新兴产业。因此,狭义上讲,海洋工程就是为海洋石油开发提供结构装备的工程产业。

随着人类社会的发展和科学技术的进步,陆地已不能满足人类对资源和空间的需求,开发利用海洋的活动悄然兴起,如海洋能的开发利用、海底可燃冰以及锰结核的矿物资源的开采。其中,尤为值得一提的是海洋能的开发利用已经为海洋工程这一传统产业注入了新的活力,也大大拓展了海洋工程的外延。特别是海上风能的开发利用,其风电场的基础结构几乎可以看到所有海洋平台的影子。但是,海洋工程的基础理论和工程技术仍应归功于海洋石油工程,特别是深水油气开发工程。

海洋石油工程的结构装备是本书介绍和讨论的主要内容,这些结构装备是为第1章介绍的机械装备提供海上作业的平台和条件。因此,根据这些机械装备的用途和性能以及作业方式的不同,结构装备也不尽相同,主要有移动式和固定式两大类。移动式用于装载那些服役期内一次作业时间短且作业地点不固定的机械装备,如钻井、施工建设和生产支持装备;固定式(此处包括浮式结构)用于装载那些整个服役期不更换作业地点的机械装备,如井口和生产装备。不过,深水油气开发工程中已经见不到"固定式"这一结构名称了,业内称其为浮式生产平台。因此,海洋工程中的"固定式"仅用于浅水的井口或生产平台。

本章并不像第1章那样介绍海洋石油的开发过程及其机械装备,而是重点介绍海洋石油工程与陆域石油工程的差异——开发模式及其相应的结构装备。

2.2 海洋石油开发历程

2.2.1 蹒跚起步

大多数石油史学家认为,海洋石油开发是1897年,即世界第一口工业油井开钻后的38年从美国加州的Summerland海岸起步的。巧合的是,海洋石油的发现与陆域石油的发现如出一辙——不是通过地质勘探发现的,而是被渗出海滩的油迹或冒出水面的可燃气泡引到水中的。例如:是沙滩上的油迹将海洋石油开发的先驱者们引到了Summerland,因此,Summerland的石油开发是从海滩向水中延伸的,如图2-1所示;而美国德州的Caddo湖和委瑞内拉的Maracaibo湖则是由于水面上冒出的气泡可以被点燃而成为油气开发的热土(见图2-2和图2-3)。

图2-1 美国加州Summerland海岸石油开发场景

图2-2 美国德州Caddo湖石油开发场景

海洋石油发展之初,由于旋转钻井技术尚未出现,还没有打斜井和水平井的能力,因此,只能延续陆域石油的开发模式——单井开发模式。而为了将陆域石油开发的装备用于海洋

图 2-3　委内瑞拉 Maracaibo 湖石油开发场景

石油的开发,必须将地面的油气钻采装备搬到海(湖)上,从而诞生了海洋平台。不过,19 世纪末人类从事的与海洋相关的活动只有航海和渔业。因此,只能借鉴码头的经验,采用栈桥的形式为油气钻采活动提供水上平台。也可能是巧合,第一次海洋油气开发是从海滩起步而向水中延伸的,栈桥几乎成为当时唯一的选择——码头经验与开发方式的组合。

海洋石油工程就这样蹒跚起步了,但海洋工程尚未形成产业,完全是人类的原始技能——木结构建造能力支撑了海洋石油开发(老木匠 Ralph Thomas McDermott 凭借 50 个木井架起家创立了 McDermott 公司)。由于石油的巨大利润,海洋石油工程得以迅速发展。海洋石油开发的先驱者们为了追逐更大的利润,不断探索高效经济的开发模式,从而推动了结构装备的不断发展,从木栈桥发展为独立的木桩或混凝土桩平台,再发展为预制的钢结构平台(见图 2-4)和混凝土结构平台(重力式平台,见图 2-5),乃至现代的导管架平台(见图2-6)

图 2-4　预制钢结构平台

图 2-5　重力式平台

和顺应式平台(见图 2-7)。

栈桥作为钻采装备支撑结构的开采方式(见图 2-1)在 1910 年被 Caddo 湖的独立木桩平台(见图 2-2)所替代,而当 Maracaibo 湖采用独立木桩平台时却受到了船蛆虫的威胁,这些蛀船虫不到 8 个月的时间就能够啃蚀穿透木桩,只有产自美国的杂酚油松可以防蛀,但其价格昂贵。无奈之下,开发者们借鉴了 Maracaibo 湖修建混凝土围堰的经验,采用混凝土桩代替了木桩,从而诞生了混凝土桩基平台(见图 2-3)。

图 2-6 导管架平台

图 2-7 顺应式平台

2.2.2 创新发展

海洋石油工程第一个里程碑式的发展当属 1947 年超级油公司(Superior)在 Creole 油气田安装的世界上第一座预制钢结构平台(见图 2-4),与此前现场建造施工的木桩或混凝土桩平台相比,无论是结构的完整性和海上施工的安全条件都得到改善,且缩短了海上施工周期、降低了项目投资成本。此后,预制钢结构平台和移动式平台陆续投入服役。1949 年,世界上第一座移动式钻井平台"Breton Rig 20"号(见图 2-8)问世。它采用的是驳船＋浮箱的结构方案,是一艘坐底式(Submersible)钻井船。1951 年,McDermott 公司首次采用了自升式钻井平台"DeLong-McDermott No.1"号(见图 2-9)完成了海洋石油钻井。1953 年,世界上第一艘钻井船"Submarex"号(见图 2-10)问世,它是由一艘 300t 的军用巡逻艇改装而成,曾完成了 120m 水深的取岩芯作业。1956 年,LeTourneau 公司为 Zapata 公司建造了第一座桁架腿自升式钻井平台"Scorpion"号(见图 2-11),该平台首次采用了三角形桁架腿,腿长为 46m。1962 年,Sedco 公司为 Shell 公司"建造"了世界上第一艘钻井船"Eureka"号。该船装备了两个可 360°旋转的螺旋桨和倾角仪,通过测量井口与船连线的倾斜度计算出船相对于井口的位置,由人工操纵螺旋桨来调整钻井船的位置,这也是现代动力定位的雏形。10年后的1971年,第一艘动力定位钻井船"SEDCO 445"号问世,它采用水听器定位,定位精度为水深的±1%~2%。

图 2-8　坐底式钻井船"Breton Rig 20"号

图 2-9　自升式钻井平台"Delong-McDermott No. 1"号

图 2-10　钻井船"Submarex"号

图 2-11　自升式钻井平台"Scorpion"号

半潜式钻井平台(Semi-submersible)的概念来自一次偶然的发现。1961年,Blue Water钻井公司在坐底式钻井船"Bluewater 1"号(见图 2-12)拖航过程中,发现钻井船的吃水在浮箱顶至甲板底之间时其运动非常小,从而采用了非坐底式钻井,因此,也有人把它看作是世界上第一座半潜式钻井平台,而专业建造的世界上第一座半潜式钻井平台是1963年下水的"Ocean Driller"号(见图 2-13)。

图 2-12　坐底式钻井船"Bluewater 1"号

图 2-13　半潜式钻井平台"Ocean Driller"号

　　此前的发展主要是固定式钻井设备向移动式钻井设备的发展,水面生产设施则主要是固定式平台。1973 年,印度尼西亚国家石油公司 Pertamina 在西爪哇海(West Java Sea)的阿朱纳(Ardjuna)油气田首次采用了浮式储卸油船(FSO)"Arco Ardjuna"号(见图 2-14),水深为 36m。该油船采用了浮筒单点系泊(Single Buoy Mooring, SBM)系统,FSO 通过锚链系泊于浮筒(注:1959 年 SBM Offshore 公司的前身 Gusto 船厂建造了世界上第一个用于单点系泊的浮筒——Catenary Anchor Leg Mooring buoy,CALM buoy)。1975 年,世界上第一座半潜式生产平台"Argyll FPU"号(见图 2-15)在北海的 Argyll 油气田投入使用,它是由半潜式钻井平台"Transworld 58"号(见图 2-16)改装而成,工作水深为 150m。该油气田首次使用的海底生产系统,与半潜式平台构成了海洋油气田开发的柔性开发模式(见图 2-17)。同年,美孚石油公司在北海 120m 水深的 Beryl 油田投产了世界上第一座混凝土重力式平台"Beryl Alpha"号,为固定式海洋平台家族增添了新成员——Condeep(concrete deep water structure)。目前,全球已有重力式平台 14 座,水深最深的是服役于挪威大陆架 Troll 油田的"Troll A"号(见图 2-5)。该平台坐落于 303m 水深的海底,结构高 472m,重达 120 万吨。

图 2-14　浮式储卸油船"Arco Ardjuna"号

图 2-15　改装中的"Argyll"号 FPS

　　1977 年,Shell 在西班牙 117m 水深的 Castellon 油气田建成投产了世界上第一艘浮式生产储卸油船(Floating Production Storage and Offloading,FPSO)"Castellon"号(见图 2-18),这是柔性开发系统的另一种水面生产设施,被广泛应用于深、浅水的油气开发。该船首次采用了内转塔(见图 2-19)单点系泊系统,开启了新一代的单点系泊(Single Point Mooring,SPM)系统——转塔系泊系统(Turret Mooring System)。目前,全世界已有 200 多艘 FPSO 服役在油气田开发活动中,是适用水深范围最大、作业方式最灵活(非定制、租赁)、数量最多的水面设施。

图 2-16　半潜式钻井平台"Transworld 58"号

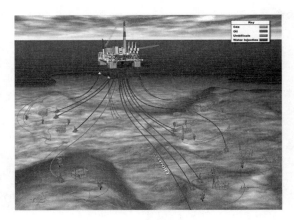

图 2-17　深水油气田的柔性开发模式

图 2-18　世界上第一艘 FPSO"Castellon"号

图 2-19　内转塔单点系泊系统

　　1984 年,Conoco 公司在北海 148m 水深的 Hutton 油气田首次采用了张力腿平台(Tension Leg Platform,TLP),这也是世界上第一座张力腿平台(见图 2-20)。尽管水深远不及现代的张力腿平台,但作为一座试验平台,它的诞生为张力腿平台的深水应用积累了成功的经验。该平台由 6 个立柱和 16 根张力腿组成,重达 6 万吨。1988 年,Shell 在美国墨西哥湾的外大陆架安装了 412m 水深的导管架平台"Bullwinkle"号(见图 2-21),这也是迄今为止世界上水深最大的导管架平台。1991 年,McDermott 公司设计建造了世界上第一座顺应式平台"GB 260"号(见图 2-7),其工作水深达到了 503m(1 650ft)。1997 年,Oryx 公司在墨西哥湾的 Neptune 油气田建成投产了世界上第一座 Spar 生产平台"Neptune"号(见图 2-22),工作水深为 590m(1 935ft)。2007 年,由挪威 Sevan Marine 公司开发的第一艘圆形 FPSO"Sevan Piranema"号(见图 2-23)在巴西开始服役,其水动力性能优于船型 FPSO。2009 年,FPSO 的功能被进一步拓展,增加了钻井功能,世界上第一艘圆形 FDPSO"Sevan Driller"号

（见图 2-24）和世界上第一艘船形 FDPSO"Azurite"号（见图 2-25）相继下水。

图 2-20　张力腿平台"Hutton"号

图 2-21　导管架平台"Bullwinkle"号

图 2-22　Spar 平台"Neptune"号

图 2-23　圆形 FPSO"Sevan Piranema"号

图 2-24　FDPSO "Sevan Driller"号

图 2-25　FDPSO "Azurite"号

2.2.3 技术反哺

海洋石油的深水和浅水并没有一个十分清楚的界限,一些国家将大于300m划定为深水,而另一些国家则将大于500m划定为深水,一些第三方认证机构取了一个折中的方案——以400m为深水与浅水的界限,即小于400m为浅水,400～1500m为深水,大于1500m则为超深水。但是,这并不意味着,只有超过400m水深才适合深水开发模式,由于深水开发技术的发展,已经有很多水深小于400m的油气田采用了深水开发模式和装备,如北海148m水深的英国R-Block油气田采用了半潜式平台+海底生产系统的深水开发模式;北海330m水深的挪威Njord油气田采用了浮式生产系统(FPS)和海底采油树(湿树)的深水开发模式;北海335m水深的挪威Snorre油气田由Snorre A和Snorre B两个区块组成,其中Snorre A采用了张力腿平台+海底生产系统的深水开发模式,而Snorre B则采用了半潜式平台的深水开发模式;北海350m水深的挪威Heidrun油气田则采用了张力腿平台的深水开发模式。

400m水深界定为深水的意义仅仅在于,超过400m水深应该采用深水开发模式,因为,建造超过400m水深的固定式平台是不经济的。因此,深水和浅水的区别主要在于平台的承载形式。浅水平台是由基础支撑提供承载能力,如重力式平台、导管架平台和顺应式平台。而深水平台则是由浮力提供承载能力,如单立柱平台(Spar)、张力腿平台(TLP)、半潜式平台(Semi-submersible)和浮式生产储卸油船(FPSO)。当然,浮式平台在小于400m水深的油气田开发中也有大量的应用,尤其是浮式生产储卸油船(FPSO)的大量应用使深水和浅水的划分越来越模糊,因为,它们在几十米水深和几千米水深都有成功的应用。

2.3 海洋石油开发模式

深水油气开发使海洋石油工业发生了革命性的变化,被称为石油开发史上的第三次浪潮(见图2-26)。为了追逐更大的利润,随着新技术新工艺的不断出现,深水油气开发也在浅

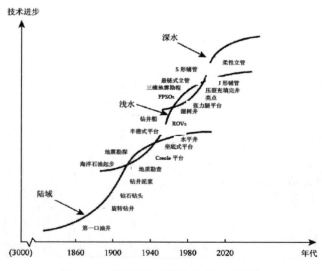

图 2-26 世界石油开发史上的三次浪潮

水的单一开发模式基础上出现了多种开发模式——刚性开发模式、柔性开发模式和混合开发模式。

2.3.1　浅水开发模式

　　海洋石油开发初期，由于受到钻井和采油技术的限制（顿钻钻井和有杆泵采油），海洋石油开发的先驱者们只能简单地将陆域油气田的开发模式——单井模式直接移植到海上，同时采用陆域钻采——顿钻钻机和游梁式抽油机，如图 2-27 所示。这样的开发模式需要一口井建一个井口平台，其高开发成本是显而易见的。

　　随着旋转钻井技术的出现，打斜井技术得以发展。当然，也离不开抽油机技术的发展，从而出现了钻井中心的开发模式。所谓"钻井中心"是指在一个钻井位置钻多口井，包括不同数量的采油（气）井和注水（气）井。这些井在地下油层的位置与陆域分散井口的井位有相同的意义和确定方法（井位设计），但它们的海底井口集中于钻井中心，这样就可以在每个钻井中心建一座井口平台（不具有油气处理能力的平台，见图 2-28）来完成采油和注水作业。采用井口平台的开发模式通常是由于一个钻井中心的产量较低，单独配备油气处理设施不经济，因此，采用集中油气处理的方法，即多个井口平台采出的油气通过海底管道输送至一个中心生产平台。水深较浅时，生产平台也可以由多个单一功能的平台组成，即每个功能模块建一座平台，如油气处理平台、动力平台和生活平台，如果需要具有储油能力，则还会有储油平台。这些平台相距较近，由栈桥将它们连接起来以便于工艺管线的连接和操作人员作业（见图 2-29）。这种开发模式的优点是单体平台较小，便于建造和海上安装，且发生生产事故时易于人员撤离和事故的控制。

　　随着水深的增加，海洋平台的建造成本也不断增加。因此，对于中等水深的油气田开发，为了降低开发成本，通常采用单钻井中心，从而仅需一个井口平台。同时，将生产平台和井口平台合并为一体化平台（见图 2-30），形成了类似于深水刚性开发系统的单钻井中心开发模式。无论是多钻井中心还是单钻井中心，其采油和生产设施均与陆域油气田的相应设施相同，即干采油树和大气环境下的油气处理设备，称之为干树模式。

图 2-27　海洋油气开发的单井模式

图 2-28　导管架井口平台

图 2-29 导管架平台群

图 2-30 井口及生产一体化平台

随着填海造地的技术发展,浅水开发的人工岛模式(见图 2-31)出现了。通过吹填或填埋等方法在水中建造一块井场大小的陆地——人工岛,将陆域石油开发的机械装备搬到岛上即可实现海洋油气的开采。因此,人工岛模式是陆域石油工程技术的直接应用,并没有海洋石油工程中的结构装备,而建岛则是由海岸工程来完成的。

图 2-31 人工岛开发模式

2.3.2 深水开发模式

如果按照浅水开发模式的发展趋势,深水油气田应采用单钻井中心的干树模式,深水开发中将其称之为刚性开发模式。但是,对于由诸多小区块组成的非整装油气田,如果采用单钻井中心的开发模式,则需要钻长距离的斜井或水平井,这显然是不经济的,因此,深水也有多钻井中心的开发模式。但是,由于深水平台的建造成本较高,深水的多钻井中心开发模式主要不采用建设井口平台来安装采油树等井口设施,而是直接将这些井口设施安装在海床上,从而出现了水下生产系统(Subsea system),包括水下采油树,也称为湿树(Wet tree)、管汇(Manifold)、分离器(Separator)和压缩站等(见图 2-32)。多钻井中心的开发模式也称为湿树模式或柔性开发模式。

图 2-32　水下生产系统

（a）水下采油树　（b）海底管汇　（c）水下分离器　（d）水下压缩站

水下生产系统的出现大大丰富了深水油气开发模式，开发者们可以根据油气藏的性质（区块的大小、小区块的分散程度）、油气的化学成分（硫和蜡等含量）和油气田的开发现状（前期、中期或后期）来选择经济的开发模式，由此出现了深水开发的第三种模式——混合开发模式，即干树和湿树组合的开发模式。

1. 刚性开发模式

深水油气田的刚性开发模式是浅水开发模式的直接推广应用，因此，采油设施与浅水开发系统完全相同。不同的是支撑这些采油设施的结构由固定式平台发展为浮式平台，同时，海底井口与水面设施的连接也不能采用浅水的隔水导管（Conductor）模式，从而出现了深水刚性开发模式的采油或注水（气）立管系统——顶张式立管（Top Tensioned Riser, TTR）。顶张式立管是一种竖直的刚性立管，它提供了水面采油设施与海底油井的垂直通路，从而可以对海底油气井进行直接的干预（修井）。因此，刚性开发模式便于修井作业，这也是刚性开发模式的最大优势。

刚性开发模式采用单钻井中心（见图 2-33），一个主平台（Host Platform）既是井口平台、也是生产平台，顶张式立管与干采油树构成了刚性开发模式的基本特征，刚性开发模式也因刚性立管而得名。之所以称顶张式立管为刚性立管，是因为其允许平台运动的幅度较小，目前，只有张力腿平台和 Spar 平台可作为刚性开发模式的水面生产设施（见图 2-34）。如位于新奥尔良以南 362km 的 Big Foot 油气田，其水深为 1 500m，储量为 1 400 万吨油当量。该油田采用了以 ETLP（Extended Tension Leg Platform）为水面生产设施（见图 2-35）的刚性开发系统，开发成本约 40 亿美元。该平台具有钻井能力，有两根高压钻井隔水管、15 根生产/注水立管。另一个采用刚性开发模式的例子是墨西哥湾的 Genesis 油气田，该油气田位于新奥尔良以南 240km，水深 914m，原油储量 2 200 万吨，其水面生产设施是一座 Spar 平台

（见图 2-36），该平台可容纳 20 根顶张式立管，最大生产能力为每天 5.5 万桶油和 7.5 万 m³ 天然气。表 2-1 列出了墨西哥湾部分采用刚性开发模式的油气田基本数据。

表 2-1　墨西哥湾部分采用刚性开发模式的油气田

油田名称	水深/m	离岸/km	储量/×10⁶ bbl	井数	水面设施
Constitution/Ticonderoga	1 515	306	110×10^6	11	Spar
Devil's Tower	1 710	225	$80\sim150\times10^6$	8	Spar
Genesis	914	241	160×10^6 bbl	20	Spar
Horn Mountain	1 650	161	150×10^6	14	Spar
Mad Dog	1 372	306	$200\sim450\times10^6$	12	Spar
Big Foot	1 500	362	100×10^6	15	TLP
Magnolia	1 432	290	150×10^6	8	TLP
Ram-Powell	1 219	201	250×10^6	20	TLP

近年来，国外出现了干树半潜（见图 2-37）的概念，即改善半潜式平台的运动性能，使其能够满足顶张式立管对主平台的运动性能、特别是垂荡性能的要求。

刚性开发模式适用于生产过程中对油气井干涉频繁的油气田，如腐蚀性强、易造成流动障碍的油气田，通常含硫、蜡和砂较高的油气田。刚性开发模式的前期一次性投资较大，其中水面生产设施和刚性立管构成了投资主体。不过，由于修井方便，刚性开发模式的生产维护成本较低。

TLP的单钻井中心

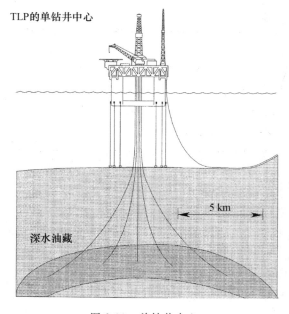

图 2-33　单钻井中心

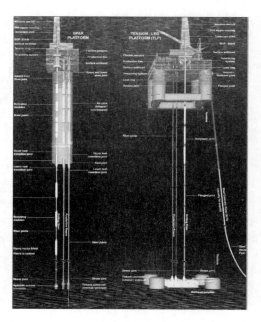

图 2-34　刚性开发模式的系统组成

(a)

(b)

图 2-35　Big Foot 油气田的张力腿平台

(a) Big Foot ETLP 设计效果图　(b) Big Foot ETLP 壳体

图 2-36　Spar 平台"Genesis"号

图 2-37　干树半潜式平台

2.柔性开发模式

　　深水油气田的柔性开发模式是完全不同于早期浅水油气开发模式的一种极为灵活的海洋石油开发模式,相当于将陆域油气田的开发模式移植到了海底。因此,柔性开发模式采用的是多钻井中心(见图 2-38)。与浅水多个钻井中心开发模式不同的是,深水柔性开发模式的多钻井中心没有井口平台,而是将湿采油树(见图 2-39)直接安装在海底井口上,相当于将浅水的井口平台甲板模块移植到了海底。柔性开发模式的采油和初步油气处理由海底生产系统或水下生产系统完成,水下生产系统产出的油气通过立管输送至水面生产设施进行二次处理。

　　柔性开发模式中联系水下生产系统和水面生产设施的立管系统与刚性开发模式的顶张式立管不同,不仅结构形式不同,其功能也不同。柔性开发模式的立管是悬链线形状的立管,由水面设施直接悬垂至海底,称为悬链式立管或柔性立管(见图 2-40),柔性开发模式也因柔性立管而得名。此处所谓的柔性立管是指其结构形式能够容忍水面设施较大的运动（与刚性立管相比），而不是指立管的管体材料及形式。柔性立管包括钢悬链式立管和复合管（柔性管）悬链式立管，其中复合管包括金属复合管和非金属复合管。由于柔性立管能够容忍水面生产设施较大的运动，因此，所有浮式平台都可用于柔性开发模式。由于 TLP 和 Spar 的投资大，柔性开发模式的水面生产设施主要采用半潜式平台和 FPSO。如位于新奥尔良以南 304km 的 Atlantis 油气田，其水深为 2 150m，储量达到了 889 亿吨油当量，该油田采用了以半潜式平台（见图 2-41）为水面生产设施的柔性开发模式。另一个采用柔性开发模式的例子是北海的 Foinaven 油气田，该油气田位于塞特兰群岛（Shetland Islands）以西 190km，水深 600m，估计储量 5 900 万吨油当量。该油田采用了以 FPSO（见图 2-42）为水面生产设施的柔性开发模式，共有 4 个钻井中心，26 口井通过 4 个管汇连接到 FPSO Petrojarl IV，总投资约 7.5 亿英镑。表 2-2 列出了全球部分采用柔性开发模式的油气田基本数据。

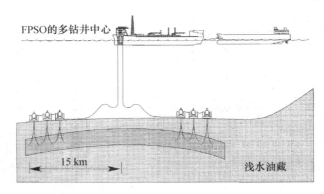

图 2-38　深水多钻井中心

图 2-39　湿式采油树

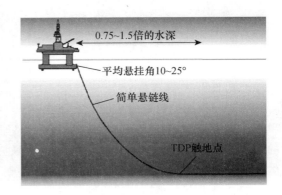

图 2-40　悬链式立管

当然，也有采用 TLP 或 Spar 作为柔性开发系统的水面生产设施，但用于柔性开发系统水面生产设施的 TLP 和 Spar 主要是小排水量的 SeaStar 和 Cell Spar，如墨西哥湾的 Morpeth、Allegheny 和 Neptune 三座 SeaStar 和"Red Hawk"Cell Spar 均为柔性开发系统的水面生产设施。不过,随着 2014 年 Gulfstar(Classic Spar)的建成投产,仅 Cell Spar 用于柔性开发系统的常规被打破,"Gulfstar"号不仅成为用于柔性开发系统的第一座 Classic Spar,而且是 Truss Spar 问世后启用的第一座 Classic Spar。

图 2-41　半潜式平台"Atlantis"号

图 2-42　FPSO "Petrojarl IV"号

表 2-2　全球部分采用柔性开发模式的油气田

油田名称	位置	水深/m	离岸/km	储量/×10⁶ 吨	井数	水面设施
Agbami	尼日利亚	1 463	113	140	40	FPSO
Aje	尼日利亚	914	24	53	6	FPSO
Bonga	尼日利亚	1 000	120	84	16	FPSO
Dalia	西非	1 500	135	140	71	FPSO
Girassol	西非	1 350	210	88	39	FPSO
Greater Plutonio	西非	1 500	160	105	43	FPSO
Rosa	西非	1 350	135	52	25	FPSO
Xikomba	西非	1 480	370	14	9	FPSO
Stones	墨西哥湾	2 926	322	280	8	FPSO
Åsgard	北海	300	200	307	52	FPSO/半潜式
Balder	北海	125	165	4	19	FPSO
Foinaven	北海	600	190	59	26	FPSO
Gumusut-Kakap	马来西亚	1 200	120	70	19	半潜式平台
Atlantis	墨西哥湾	2 150	306	88 900	>18	半潜式平台
NaKika	墨西哥湾	2 360	225	42	14	半潜式平台
Thunder Horse	墨西哥湾	1 920	201	256	25	半潜式平台
Njord	北海	330	30	9	15	半潜式平台
Marlim	巴西	1 050	110	238	152	半潜式平台
Barracuda/Caratinga	巴西	1 000	160	185	55	FPSOs
Bauna and Piracaba	巴西	275	200	27	10	FPSO
Bijupira and Salema	巴西	880	250	25	16	FPSO

（续表）

油田名称	位置	水深/m	离岸/km	储量/×10⁶吨	井数	水面设施
Frade	巴西	1 128	370	42	19	FPSO
Golfinho	巴西	1 640	60	63	13	FPSO
Iara	巴西	2 230	230	560	26	FPSOs
Jubarte	巴西	1 300	70	84	28	FPSOs
Parque das Conchas	巴西	2 000	110	56	10	FPSO
Sapinhoa	巴西	2 153	310	280	14	FPSO
Enfield	澳大利亚	500	49	17	13	FPSO
Kitan	澳大利亚	305	170	6	3	FPSO
Mutineer-Exeter	澳大利亚	160	150	14	8	FPSO
Stybarrow	澳大利亚	830	65	13	9	FPSO
Van Gogh	澳大利亚	370	53	22	22	FPSO
Vincent	澳大利亚	350	50	10	11	FPSO

柔性开发模式的立管主要用于向水面生产设施输送海底生产系统产出的油气，以及水面生产设施的油气产品输出，而不是采油。因此，它不直接与井口的采油树连接，不能提供水面生产设施与海底油气井的直接通路。所以，柔性开发模式不能从水面生产设施对海底油气井直接进行修井和井下压裂等增加作业，一般需要采用专业的修井船和增产作业船来完成修井及井下压裂酸化作业。因此，虽然柔性开发模式的前期一次性投资远小于刚性开发模式，但其生产维护成本较高。

水下生产系统、柔性立管系统及其半潜式生产平台或FPSO构成了深水柔性开发系统（见图2-43），而TLP或Spar与刚性立管系统构成了深水刚性开发系统（见图2-44）。

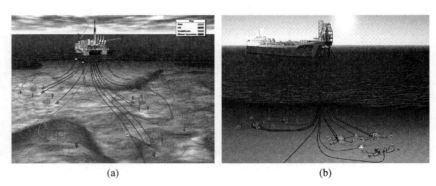

(a) (b)

图2-43 柔性开发系统
（a）水面设施为半潜式平台 （b）水面设施为FPSO

3. 混合开发模式

1994年，英国石油公司（British Petroleum，BP）和壳牌公司（Shell）分别在水深438m的

Pompano 油气田和 424m 的 Tahoe 油气田采用了水下采油树(湿树),并通过海底管线回接(Tie back)至现有的固定式平台,由此开创了深水油气田开发的混合开发模式。混合开发模式是干树和湿树组合的混合开发模式,其开发系统有不同组合方式。

1)水下生产系统回接的混合开发模式

水下生产系统回接是将水下生产系统输出的油气产品输送到由固定式(采油)生产平台或浮式(采油)生产平台组成的刚性开发系统。如果水下生产系统和刚性开发系统不属于同一个油气田,且两个油气田分属于两个油公司,则刚性开发系统的水面设施以租赁的形式成为水下生产系统的主平台。如美国墨西哥湾的Droshky 油气田,该油气田位于新奥尔良以南 257km,距 Bullwinkle 导管架平台 29km,水深 914m,储量 1 260 万吨油当量。其水下生产系统有 4 口井,通过两条 8 英

图 2-44   TLP 刚性开发系统

寸海底管线回接至 Bullwinkle 导管架平台,这已经是第 5 个回接至该平台的水下生产系统,其他 4 个油气田分别是 Manatee、Rocky、Troika 和 Angus,其中 Droshky 和 Manatee 项目采用了租赁的方式使用 Bullwinkle 导管架平台。另一个例子是墨西哥湾的 K2 油气田,该油田位于新奥尔良以南 280km,水深 1 318m,储量 1 400 万吨油当量,其水下生产系统有 8 口井,通过 7 英寸的海底管线和钢悬链式立管回接至 Marco Polo 张力腿平台(见图2-45)。

水下生产系统回接适用于大区块周边的小区块开发,或超出单钻井中心钻井能力的规划井或新增井开发。

2)有井口平台的混合开发模式

有井口平台的混合开发模式主要采用以 FP-SO 为水面生产设施与以 TLP 或 Spar 为井口平台的混合开发系统,如巴西坎普斯湾的 Papa Terra 油气田,水深 1 190m,离岸 110km,可开发储量 5 300 万吨油当量。该油田采用了张力腿平台(见图 2-46)和 FPSO(见图 2-47)组合的混合开发系统,张力腿平台作为 13 个干采油树的井口平台,而 FPSO 是 16 口海底井的主平台,并完成 29 口井的油气处理。该项目总投资 52 亿美元。另一个例子是位于马来西亚纳闽岛西北 120km 的 Kikeh 油气田,水深 1 300m,可开采储量 9 800 万吨原油。该油

图 2-45   "Marco Polo"号 TLP

田采用 Spar(见图2-48)和 FPSO(见图2-49)组合的混合开发模式(见图2-50),总投资 14 亿美元。

混合开发模式一定有刚性开发系统的水面设施,即 TLP 或 Spar[见图 2-51(a)、(b)]或固定式平台[见图 2-51(c)]。而其中的柔性开发系统则可能有水面生产设施,即 FPSO 或半

潜式平台[见图 2-51(d)],也可以没有水面生产设施[见图 2-51(a)～(c)]。

如果混合开发模式中有柔性开发系统的水面生产设施,则其主要功能是油气处理,而刚性开发系统的水面设施通常是井口平台[见图 2-51(d)]。目前,深水井口平台的结构形式主要是张力腿平台。表 2-3 列出了全球部分采用混合开发模式的油气田基本数据。

图 2-46　张力腿井口平台"P-61"号

图 2-47　FPSO"P-63"号

图 2-48　Spar 平台"Kikeh"号

图 2-49　FPSO"Kikeh"号

图 2-50　马来西亚 Kikeh 油田开发模式

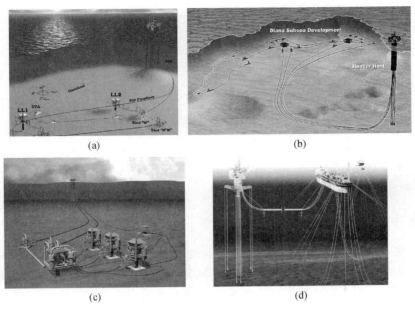

图 2-51　混合开发模式

（a）海底生产系统回接至 TLP　（b）海底生产系统回接至 Spar
（c）海底生产系统回接至固定式平台　（d）有柔性开发系统水面设施

表 2-3　全球部分采用混合开发模式的油气田

油田名称	位置	水深/m	离岸/km	储量/×10⁶t	井数	水面设施
Kizomba A	西非	1 349		140	30	TLP/FPSO
Kizomba B	西非	1 036		140	22	TLP/FPSO
Brutus	墨西哥湾	910	264	28	10	TLP
Kikeh	马来西亚	1 300	120	98	10	FPSO/Spar
Papa Terra	坎普斯湾	1 200	110	140	29	FPSO/TLWP
Mensa	墨西哥湾	1 615	224	18	3	导管架平台
Tombua-Landana	西非	366	80	49	46	顺应式平台
KG-DWN-98/1	印度	1 700	40	377	19	导管架平台
Appaloosa	墨西哥湾	760	200	8		导管架平台
Cardamom	墨西哥湾	800	362	20	5	TLP
Caesar Tonga	墨西哥湾	1 500	300	56	4	Spar
Droshky	墨西哥湾	900	257	13	4	导管架平台
Genghis Khan	墨西哥湾	1 307	192	24	7	TLP
K2	墨西哥湾	1 318	280	14	8	TLP
Llano	墨西哥湾	792	320	6	2	TLP

（续表）

油田名称	位置	水深/m	离岸/km	储量/×10⁶ t	井数	水面设施
Longhorn	墨西哥湾	730	195	20	3	导管架平台
Manatee	墨西哥湾	591	256	2	3	导管架平台
Serrano and Oregano	墨西哥湾	1 036	352	14	2	TLP
Marulk	北海	370	20	10	2	FPSO

混合开发模式适用于相邻区块具有不同性质或形式的油气储藏,如富油储藏和富气储藏、大区块和小区块等。对于气田和凝缩油田亦或是小区块油气藏,柔性开发模式和混合开发模式可以降低深水油气田的开发成本。

2.3.3 海洋石油钻井

海洋石油钻井与陆域石油钻井的唯一区别是水中的泥浆循环通道。陆域钻井时,泥浆池位于地面,从井眼反上来的泥浆直接流入了泥浆池,因此,不需要专门为泥浆循环搭建通道。但海上钻井时,由于海水阻隔在水面钻井设施与海底井口之间,因此,必须搭建一个从海底井口至水面钻井设施的泥浆循环通道,才能使从井眼反上来的泥浆自海底井口流回水面钻井设施,从而实现正常的泥浆循环。

目前,水中的泥浆循环通道有两种形式——隔水管和泥浆循环管线。隔水管是在钻杆外安装一个钢套管,套管与钻杆之间的环形空间为泥浆循环通道。由于钢套管隔离了泥浆与海水,因此,称其为钻井隔水管或钻井立管(Drilling Riser)。采用隔水管循环泥浆的钻井称为有立管钻井,是海洋石油钻井发展最早,从而最成熟的泥浆循环方法。浅水开发的固定式钻井平台或移动式钻井平台无一例外地采用隔水管泥浆循环方法,且称其为隔水导管。目前,深水开发的泥浆循环方法仍以钻井隔水管为主。泥浆循环管线是近年来发展起来的一项钻井新技术——无立管钻井,即没有钻井隔水管。因此,其泥浆循环需另辟蹊径——泥浆循环管线(见图 2-52),它是从海底井口至水面钻井设施搭建的一个与钻杆不相干的独立

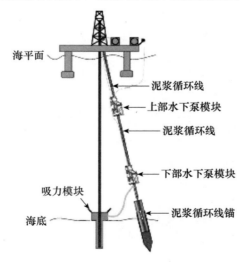

图 2-52　无立管钻井

泥浆循环通道。

浅水钻井时,由于水面钻井设施(导管架平台或自升式平台)在风浪作用下的运动响应较小,因此,隔水管也是固定的,采用打桩或钻孔等方法将其插入并固定于海底,完井后将作为油管的套管继续服役。深水钻井时,由于水面钻井设施(浮式平台)在风浪作用下会产生较大的运动响应,且隔水管的自重将导致压屈破坏,因此,必须采用张紧设备避免发生压屈破坏,同时允许隔水管与水面钻井设施可以产生相对运动,以避免水面钻井设施的大幅度运动引起隔水管的破坏。隔水管的张紧装置称为张紧器(Tensioner,见图 2-53),其功能是,在张紧隔水管使其不受压力作用的同时,缓冲平台运动造成的张力波动,使隔水管不会因过大的张力而破坏。除了补偿钻井(船)平台的运动对隔水管的影响外,还必须补偿钻井(船)平台运

图 2-53　隔水管张紧器

动对钻压的影响。因此,浮式钻井平台的井架顶部均装有升沉补偿装置,以确保钻压的波动最小,提高钻井效率。

2.3.4　海洋石油生产

海洋油气田的采油及油气处理方法与陆域油气田是相同的,在油井没有自喷能力时,需要采用人工举升方法采油。同时,需要采用修井和压裂酸化等增产作业措施来维持油田的正常生产,以确保油田的计划产量甚至增产。

海洋石油开发初期,由于没有斜井和水平井,因此,可以采用有杆抽油机采油(见图 2-3和图 2-27)。随着钻井技术的发展,出现了打斜井和水平井甚至一孔多井(侧钻)技术,钻井中心开发模式得以发展。由于平台上的井口位置距离较近,没有足够的空间安装游梁式抽油机,因此,钻井中心开发模式普遍采用无杆抽油机采油。

海洋平台上的油气处理相当于小型的陆域集输站,特别是具有储油功能的海洋平台,如FPSO。而其他类型的海洋平台,由于受甲板空间和结构承载能力(排水量)的限制,不具备储油能力,因此,油气产品通过海底管道输送上岸。油气处理过程中产生的废水通过注水管线回注油层,伴生气(天然气)则采取平台自用(燃料、封缸气、吹扫气)、回注油层和压缩后外输的方法处理。由于天然气不便于储存,经上述处理后多余的天然气只能付之一炬。因此,火炬塔是油气处理平台的一大特征(见图 2-54)。对于导管架平台群,一般通过栈桥将火炬塔引致远离平台群的下风向位置,而一体化平台则尽可能向高处延伸。

海洋平台上的油气处理模块是根据油气田的储量及油品的性质和产量来确定的,目前,除FPSO在一定范围内可以转场服役外,其他的生产平台均是定制。根据油气田性质(油气的比例)的不同,油气处理模块一般有 3 种工艺过程,如图 2-55～2-57 所示。

与陆域采油一样,海洋油气开采过程中也需要进行修井和压裂酸化等增产作业来维持油田的正常生产。对于干树井,修井作业是由平台上的钻井或修井设备完成的。如果平台

图 2-54　油气处理(生产)平台的火炬塔

（a）导管架平台群　（b）导管架一体化平台　（c）半潜式平台　（d）张力腿平台　（e）FPSO　（f）Spar

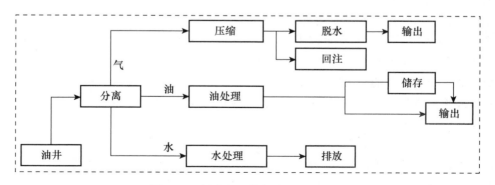

图 2-55　原油和天然气处理工艺过程

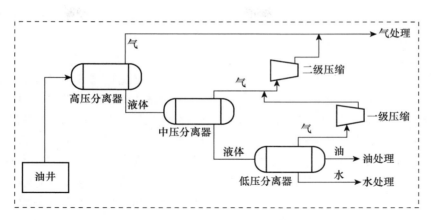

图 2-56　原油处理工艺过程

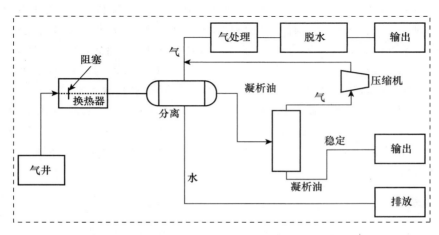

图 2-57　天然气处理工艺过程

上没有钻井或修井设备,则需要由专用的修井装备来完成。对于大多数湿树井,则只能由专用的修井船来完成。湿树修井分为有立管修井和无立管修井两种修井方法,无立管修井仅用于清蜡,有立管修井则可以完成所有修井作业。因此,修井船也分为重型修井船和轻型修井船。

海洋油气田的井下压裂和酸化作业采用增产作业船来完成,增产作业船集陆域油气田的压裂车、水泥车、酸化车和仪表车等为一身,在钻井机或修井机的辅助下完成海洋油气田的井下压裂任务。因此,湿树井的井下压裂酸化还需要钻井船或修井船辅助作业。

2.4　海洋油气开发装备

2.4.1　概述

深水油气开发被誉为油气开发史上的第三次浪潮绝不浪得虚名,可以说是海洋油气开发技术的一次革命,很多技术和装备的发展是深水油气开发初期所无法想象的。它不仅成就了海洋工程装备制造业,而且对一些传统理论和知识体系提出了新的课题和挑战,如大柔性圆柱体的涡激振动和大直径圆柱体的涡激运动(振荡)。同时,也使原属于两大不同学科的专业——船舶和海洋工程合并为一个专业学科——船舶与海洋工程。

深水油气开发装备的发展超乎人们想象,但它的发展足迹也与浅水开发装备即固定式平台和自升式平台的发展足迹一样,源于工程需求和成本控制,得益于理论和工程技术进步。当然,也包括个别的偶然发现,如海洋油气开发初期,钻机安装在固定式平台上,不便于移动井位。由于当时还没有打斜井和水平井技术,则每个钻井中心只能打一口井,因此,每口井就需要一台钻机来完成钻井。这种单井、单钻机的开发方式显然不适合大规模的海上油气开发,但海上又不便于采用陆地移井位的方法——拆卸钻机和井架并运输至新的井位重新安装。因此,海上油气开发的先驱者们发展了自升式和坐底式平台并导致了半潜式平台的发明,从而发展了移动式钻井平台。

另一个例子是固定式平台结构,早期的海洋平台是木制的栈桥结构,为了降低成本,木栈桥被独立的木桩平台所取代。而由于受到船蛆虫的威胁,木桩平台发展为混凝土桩基平台。但无论是木桩还是混凝土桩的平台,都需要现场搭建平台,因此,施工周期较长,工程投资大,从而导致了陆地预制海上安装的钢结构导管架平台和混凝土重力式平台问世。

海洋油气开发的水深范围并没有一个确定的界限把深水和浅水截然分开。目前,普遍接受的500m仅仅是因为超过该水深的固定式平台是不经济的,尽管顺应式平台的最大适用水深为900m。而且,最大水深的固定式(顺应式)平台已经达到了535m。在海洋油气开发的年代表上,也没有确定的时间点将深水开发与浅水开发清楚地分开。因此,区分深水和浅水的最好方法是开发技术与装备。

2.4.2　发展足迹

1897年,H. L. Williams在美国加利福尼亚州的Summerland海岸建起了3个木栈桥,最长的离岸411m,最大水深9m,形成了栈桥式的海上油气开发平台。木栈桥结构在加州海岸的海洋石油开发中沿用了几十年,直到1932年印度石油公司在Rincon油气田建起了独立的平台。如1928年开发的Elwood油气田仍采用木栈桥模式,离岸达到了549m,水深仍只有9m。

1910年,海湾石油公司(Gulf Oil Corporation Limited)在美国得克萨斯州的Caddo湖首次采用独立的木桩平台完成了水上钻井作业,其中每座平台都拥有自己的钻机,即钻井和生产一体化平台。基于独立的木桩平台模式,海湾石油公司在Caddo湖钻井278口,生产了1 300万桶油,创造了桩承平台水上采油的成功典范。

20世纪20年代中期,在委内瑞拉的Maracaibo湖,混凝土桩基平台问世。马拉开波湖油气田开发初期也采用了独立的木桩平台,为了避免马拉开波湖严重的船蛆虫危害,Lago石油公司采用了美国杂酚油松做平台桩。这虽然从技术上解决了虫蛀问题,但却不是一个经济上可行的方案。为了降低成本,Lago石油公司借鉴了委瑞内拉政府在马拉开波湖边修建的混凝土桩围堰的经验,将木桩换成了混凝土桩。

就在Lago石油公司开发马拉开波湖的同时,Texaco(原Texas)石油公司也在路易斯安娜州的沼泽地中寻求更大的利润,提出了沉放驳船作为钻井平台的概念(见图2-58)。1933年,Texaco石油公司将两艘标准驳船并排沉入只有几米深的Pelto湖沼泽区,并在其上焊接了平台、安装了井架,由此而诞生了移动式钻机,并以其发明人 Giliasso 命名。利用这台移动式钻机,Texaco 公司在 Pelto 湖内的移井位时间从 7 天缩短为 2 天。

1946 年,Magnolia 石油公司在确信墨西哥湾有油后,为了保证平台在恶劣环境下的稳定性,他们建造了一座钢桩平台,其平台结构与此前的木桩平台没有区别,仅仅是用钢桩代替了木桩。此前(1937 年),为了提高平台抗御飓风的能力,Pure 石油公司采用钢带捆扎和增加冗余桩的方法加固了他们在路易斯安那州克里奥尔海岸的木桩平台。

固定式海洋平台发展史上一个里程碑出现在 1947 年,Superior 石油公司在 Cre-ole 油气田建造了一座钢管结构的平台,这也是导管架平台的雏形——木桩钢结构平台。虽然该平台的水深只有 6m,但离岸较远(29 km),由于担心在如此远的场址建一座新的桩基平台过于昂贵,因此,Superior 石油公司委托 J. Ray McDermott 公司在陆

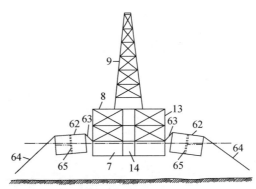
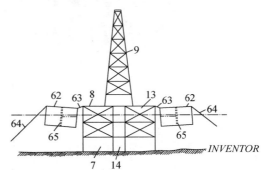

图 2-58　移动式钻机 Giliasso

地上预制了这个巨大的钢结构平台,从而大大缩短了海上安装时间,提高了结构的完整性,降低了建造成本,改善了海上施工的安全条件。同时,开启了海洋平台预制的新时代。因此,这也是海洋石油平台发展史上一次技术和经济跨越。

直至 20 世纪 70 和 80 年代的 30 多年间,导管架平台的发展迅速,设计者们提高了结构的强度、降低了结构的重量和阻力,且全部采用钢桩。在不断增大的水深、甚至在北海恶劣的环境条件下,保持导管架的安装成本在可接受的范围内,使得导管架平台的数量稳定地增长。到 1963 年,全世界共安装了 1 000 多座导管架平台;1996 年,增加到 4 000 座;而 4 年后的 2000 年,全世界的导管架平台已猛增至 6 000 多座。其中,水深最大的导管架平台是 1988 年壳牌在墨西哥湾 412m 水深建造的 Bullwinkle 导管架平台(见图 2-21)。

就在 Superior 石油公司建造了庞大的预制钢平台获得成功的当年(1947 年),Kerr-Mc-Gee 公司采用了更加经济的钻井方式,他们仍采用木桩和钢桩支撑的木结构平台,但大大缩小了钻井平台的尺寸,采用军用驳船、海空救生船和登陆舰作为供应船来支持钻井。通过在生活补给船上加装吊车、绞车和生活模块,成功地将一艘登陆舰改装成钻井辅助船(见图 2-59)。

Kerr-McGee 公司的这一新的装备形式不仅使 Superior 油公司的优势——超大平台结构(比 Kerr-McGee 的平台面积大 20 倍)——黯然失色,也引起了工业界的关注。Kerr-Mc-Gee 公司通过采用小尺寸的固定式平台和移动钻井补给船降低了开发风险。因为一旦发生了干井,主要的投资——补给船和上部组块——可以重新移至下一个井位。因此,该钻井方

图 2-59　世界上第一艘钻井辅助船"Frank Philips"号

式迅速被其他石油公司采纳。

　　1948 年,海洋石油工程师 John T. Hayward(1929 年曾在罗马尼亚指挥了第 1 口旋转式钻井)在移动式钻机 Giliasso 的启发下,为 Seaboard 石油公司设计了坐底式(Submersible)钻井平台。其设计目标是打造一座适用于水深超过驳船型深的坐底式钻井平台。如果采用与 Giliasso 相同的概念,则驳船的型深必须超过水深,从而导致漂浮对潮汐的要求太高。因此,该平台的设计采用了标准驳船坐底,为了使平台具有足够的干弦,采用立柱将平台支撑在驳船甲板上,驳船两侧的浮箱用于提供稳性和控制排水,由此而诞生了世界上第一座坐底式钻井平台"Breton Rig 20"号(见图 2-8)。由于钻井时驳船完全浸没在水中,故称其为坐底式(英文原意应为潜入式,因为其甲板已入水。而最早的坐底式是船底坐在海底,由于水深较浅,甲板仍在水面以上,中文统称为坐底式。)。次年,该平台即在墨西哥湾钻了 6口开发井,井位间的距离为 10~15 英里,平均移井位的时间为 1~2 天。

　　"Breton Rig 20"号坐底式钻井平台的致命弱点是它的稳性较差,强烈的浪流可能导致其倾覆。因此,ODECO 公司提出了改进稳性的设计,在驳船的两端配备了浮箱,建造了坐底式钻井平台"Mr. Charlie"号(见图 2-60)。该平台为壳牌公司在密西西比河口钻了一口井,此后在墨西哥湾连续服役了 30 年,现作为海洋工程博物馆和培训中心锚泊在路易斯安那州的摩根市。

　　与此同时,多家公司努力改变着坐底式钻井平台的设计,使它的适用水深达到了 60m。到 1963 年,一共建造了 30 座坐底式平台,其中一些采用了凸出的壳体(见图 2-61),一些在角上设置了大直径圆柱液舱(见图 2-62),而 Kerr-McGee 公司的"Rig 54"号(见图 2-63)是其中最大的、也是最后一座此类平台。这些平台一直服役到 20 世纪 90 年代。

　　在坐底式钻井平台发展的同时,油气开发商们仍然在为降低开发成本而不停地探索着,最终从自升式船坞中得到启发,开启了自升式海洋石油平台的时代。世界上第一座自升式平台诞生于 1950 年,是 Magnolia 石油公司的生产平台,位于墨西哥湾 18m 水深处。次年,McDermott 建造了世界上第一座自升式钻井平台"DeLong-McDermott No.1"号(见图 2-9)。

图 2-60　坐底式钻井平台"Mr Charlie"号

图 2-61　坐底式钻井平台"Sedco 135E"号

图 2-62　坐底式钻井平台"Rig 46"号

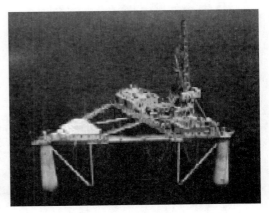

图 2-63　坐底式钻井平台"Rig 54"号

　　自升式平台的发展历史上曾有过两次令人沮丧的经历。1954 年,Bethlehem 钢结构公司设计建造了 4 腿自升式平台"Mr Gus"号(见图 2-64)。该平台增加了底部的沉箱,作业时,平台升至水面上,而沉箱降至海底起稳定作用。但首次安装时,沉箱倾斜折断了桩腿并损伤了两条腿,不得不拖回船厂修复。不幸的是,当再次回到墨西哥湾时,在 Padre 岛附近倾覆并沉没。这两次经历使油气开发商彻底放弃了用沉箱稳定自升式平台的概念。

　　现代桁架腿自升式平台诞生于 1956 年,LeTourneau 为 Zapata 海洋工程公司建造了一座桁架腿的自升式平台"Scorpion"号(见图 2-11)。在 LeTourneau 提出桁架腿自升式平台的设计概念时,发展较稳定的石油公司对这一新奇的设计反应冷淡,因此,作为暴发户的

Zapata 海洋工程公司得到了这个新的设计。

由于海洋石油的开发,加州 Summerland 及周边的环境和风景遭到了极大的破坏,加州的居民强烈地反对继续建设任何固定式海洋平台。为此,Continental、Union、Shell 和 Superior 等 4 家石油公司组成了 CUSS 集团,联合开发移动式平台。1953 年,CUSS 集团将一艘 300t 的海军巡逻艇改装成了钻井船"Submarex"号(见图 2-10),并在 9～120m 水深完成了钻井作业。由于作业进行的并不顺利,因此,该船仅限于取岩芯作业,而不具备打开发井的能力。1961 年,CUSS 集团将一艘美国海军的大驳船改装成一艘钻井船"CUSS 1"号(见图 2-65)。"CUSS 1"号首次将井架安装在船的中部,并采用了月池结构(此前的钻井船和钻井平台均没有月池,井架安装在悬臂结构上,钻井时,需将悬臂结构伸出船舷)。"CUSS 1"号没有自航能力,其工作水深为 107m,钻井深度为 1 890m。

图 2-64　自升式钻井平台"Mr Gus"号

图 2-65　钻井船"CUSS 1"号

在此期间,美国加州标准石油公司(Standard Oil of California,SOCAL)和 Brown & Root 公司分别进行了与 Submarex 和"CUSS 1"号类似的试验——在驳船上安装井架进行地质勘探。1958 年,海洋石油公司(Offshore)采用这种方法在特立尼达海岸发现了海底石油。但是,大多数历史学家仍然认为是"CUSS 1"号开启了浮式平台的新时代。

半潜式平台是由海洋工程设计工程师 Bruce Collipp 发明的。在壳牌石油公司工作期间,Collipp 经历了坐底式平台"Odeco"号的拖航过程,他发现当平台部分沉入水下时,其稳性得以改善。于是,在坐底式平台"Bluewater 1"号上加装了压载舱,将其改装成世界上第一座半潜式钻井平台。

半潜式平台一经问世,便得到了从事海洋油气开发人士的青睐。自 1961 年"Bluewater 1"号问世后,各种形状和尺寸的半潜式平台相继下水,包括'V'字型的"Ocean Driller"号(见图 2-13),三角形甲板的"Sedco 135"号(见图 2-66)。

半潜式钻井平台的问世并没有完全取代钻井船,在半潜式钻井平台发展的同时,钻井船作为勘探钻井装备也经历着不断进步和发展。1962 年,Sedco 公司为壳牌石油公司建造了钻井船"Eureka"号,这也是世界上第一艘新建(非改建)钻井船。它的左、右舷船底下方设有可 360°回转的螺旋桨,可以全方位的移动船舶。因此,钻井时,"Eureka"号不需要系泊系统定位,而是用一条细缆连接井口与船上的倾角仪,通过测量细缆的倾斜度计算出船与井口的相对位置,再由人工操纵螺旋桨实现船的定位。由于此前的钻井船定位都是靠收放锚链来实现的,所以,"Eureka"号也是动力定位的雏形。

1971年,世界上第一艘用于打开发井的动力定位钻井船"SEDCO 445"号(见图2-67)下水。该船的左、右舷安装了11个螺旋桨,通过船上的水听器接收井口发出的声波来确定船相对于井口的位置,并由这11个螺旋桨进行定位。

图 2-66 半潜式钻井平台"Sedco 135"号

图 2-67 世界上第一艘动力定位钻井船"SEDCO 445"号

20世纪80年代国际石油价格暴涨,一度达到了每桶38美元,从而吸引了大量的投资。在美国政府拍卖墨西哥湾后,一些深水油气田先后被发现。1981年,Conoco公司率先在墨西哥湾524m水深处发现了Joliet油气田。此后,438m水深的Pompano油气田(BP,1981)、424m的Tahoe油气田(Shell,1984)、630m水深的Popeye油气田(Shell/BP/Mobil,1985)、988m水深的Ram-Powell油气田(Shell/Amoco/Exxon,1985)、1 608m水深的Mensa油气田(Shell,1986)、689m水深的Auger油气田(Shell,1986)、568m水深的Neptune/Thor油气田(Oryx/Exxon,1987)和1 030m水深的Mars油气田(Shell,1988)相继现身墨西哥湾,从而开启了深水油气开发装备快速发展的时代。

深水油气开发初期,钻井船和半潜式钻井平台的作业水深已能够满足当时的钻井需要,但由于半潜式生产平台和FPSO不能满足干树开发模式的需要,因此,只能进一步扩大导管架平台的适用水深范围,由此而诞生了顺应式平台(Compliant Tower,CT)。顺应式平台也是适应水深最大(450~900m)的固定式平台结构,世界上第一座顺应式海洋石油平台是Exxon公司1983年投产的牵索塔平台"Lena"号(见图2-68),它位于墨西哥湾Mississippi

(a)　　　　　　　　　　　　　　(b)

图 2-68　牵索塔（顺应式平台）"Lena"号

（a）"Lena"号的水上结构　（b）"Lena"号的水下结构

Canyon 280-A 区块的水深 310m 处。

1998 年，Amerada Hess 和 Texaco 公司在墨西哥湾投产了两座顺应式平台"Baldpate"号（见图 2-69）和"Petronius"号（见图 2-70）。这两座平台的工作水深分别为 502m 和 535m，与第一座顺应式平台不同的是，这两座平台没有牵索辅助支撑而完全由桩支撑，因此，称为顺应式桩承塔（Compliant Pile Tower，CPT），被誉为第二代顺应式平台。

(a)　　　　　　　　　　　　(b)

图 2-69　顺应式桩承塔"Baldpate"号　　　　　　图 2-70　顺应式桩承塔"Petronius"号

（a）"Baldpate"号的水上结构　（b）"Baldpate"号的塔身结构

2005 年，卡宾达海湾石油公司（Cabinda Gulf Oil Co. Ltd）在安哥拉的 Benguela，Belize，Lobito and Tomboco 油气田安装了一座顺应式平台"BBLT"号（Benguela Belize-Lobito Tomboco）（见图 2-71），工作水深 390m，这是西非的第一座顺应式平台，也是墨西哥湾以外的第一座顺应式平台。该平台采用了新的设计概念，使平台底盘尺寸和重量仅为传统固定式平台的 1/12 和 1/2。

2008 年，Chevron 公司在安哥拉 366m(1 200ft) 的 Tombua Landana 油气田安装了西非的第二座顺应式平台"Tombua-Landana"号（见图 2-72），这也是墨西哥湾以外的第二座顺应

(a)　　　　　　　　　　　　　　(b)

图 2-71　顺应式平台"BBLT"号

（a）"BBLT"号的水上结构　（b）"BBLT"号的塔身结构

 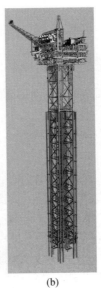

(a)　　　　　　　　　　　　　　(b)

图 2-72　顺应式平台"Tombua-Landana"号

（a）"Tombua-Landana"号的水上结构　（b）"Tombua-Landana"号的塔身结构

式平台。该平台重76 000t,顺应式塔高 474m,重56 400t。

　　深水油气开发装备包括浮式水面设施、立管系统和水下生产系统。尽管其中一些装备在深水油气田发现初期已经逐渐发展起来了,如钻井船、半潜式钻井平台、半潜式生产平台和 FPSO。但是,随着深水油气田的大规模开发和水深的不断增加,同时也得益于科学与工程技术的高速发展,深水开发装备的发展还是令世人瞩目。

　　深水油气开发装备的发展可分为两个阶段:20 世纪 80 年代至 21 世纪初的 2004 年;2005 年至 2015 年。如此的划分方法主要是以结构装备的数量和结构新概念两个指标为依据的。同时,这两个阶段也是国际市场的高油价时期。因此,从某种意义上来说,是高油价推动了深水油气开发装备的快速发展。自 20 世纪 80 年代发现深水油气田开始,半潜式钻井平台从 20 世纪 80 年代初的 68 座发展至 2015 年的 232 座,结构技术也从第二代发展到第七代,最大工作水深从 1 200m 提高至 3 600m,钻井深度从 7 500m 提高至 15 000m,最大可变甲板荷载从 5 000t 提高至 9 000t。结构形式也繁花似锦,出现了五边形和十字形结构(见图 2-73)。得益于动力定位技术的发展,钻井船可用于打开发井,因此,数量从 13 艘猛增至 142 艘,最大可变甲板荷载达到了 23 000t。在深水钻井装备快速发展的同时,生产装备的发展也令人耳目一新。半潜式生产平台从唯一一座由钻井平台改装而成的发展到 53 座,其中新建 26 座,且出现了多种结构形式的干树半潜式平台概念及工程;FPSO 从 1 艘发展到 200 多艘,其单点系泊系统从单一的内转塔发展到了外转塔、立管转塔和可分离式内转塔等多种形式;张力腿平台和 Spar 平台则从无到有,出现了多种结构形式——传统张力腿平台(Conventional Tension Leg Platform,CTLP)、延展式张力腿平台(Extended Tension Leg Platform,ETLP)、MOSES(Minimum Offshore Surface Equipment System)、SeaStar 和自稳定张力腿平台(Self Stable Integrated Platform,SSIP)、经典 Spar(Classic Spar)、桁架 Spar(Truss Spar)、蜂巢形 Spar(Cell Spar)和三柱 Spar(MinDOC)。

(a)　　　　　　　　　　　　　　(b)

图 2-73　不同结构形式的半潜式钻井平台

(a)五边形结构　(b)十字形结构

　　得益于半潜式钻井平台的发展,半潜式生产平台是最早用于海洋石油开发的浮式平台。自 1975 年出现第一座由半潜式钻井平台改装的生产平台以来,全球已有 53 座半潜式生产平台或钻井生产一体化平台。其中,27 座是由半潜式钻井平台改装而成。1986 年,Premier 公司在北海 143m 水深的 Balmoral 油田建成投产了一座半潜式生产平台(见图 2-74),这是世界上第一座按生产平台设计建造的半潜式平台——新建半潜式生产平台。

　　第一座水深超过 500m 的半潜式生产平台是 1992 年巴西国家石油公司(Petrobras)在 Marlim 油田投产的"P-20"号。该平台由半潜式钻井平台"Illiad"号改装而成,作业水深为 625m。1995 年,挪威国家石油公司(Statoil)在北海 320m 水深的 Troll West 油田建成投产了世界上第一座、也是唯一一座混凝土半潜式生产平台"Troll B"号(见图 2-75),其排水量达到了 188 968t,是目前排水量最大的半潜式生产平台。截至 2015 年,全球水深最大的半潜式生产平台是 2007 年 Anadarko 公司在墨西哥湾建成投产的一座深吃水半潜式平台"Independence Hub"（见图2-76），其水深达到了2 438m。深吃水半潜式平台是为应用钢悬链式立管（Steel Catenary Riser，SCR）而提出的一个新概念，而它的诞生也为干树半潜式平台的问世奠定了基础。2013年，ATP公司（ATP Oil&Gas）在北海168m水深的Cheviot油田投资建设了全球首座干树半潜式平台"Cheviot"号（见图2-77），该平台打破了传统半潜式生产平台的设计理念，采用了全新的八角形浮箱设计，由此而引发了新一代的半潜式平台设计。

图2-74　半潜式生产平台"Balmoral"号

图2-75　混凝土半潜式生产平台"Troll B"号

图2-76　深吃水半潜式平台"Independence Hub"号

图2-77　干树半潜式平台"Cheviot"号

　　紧随半潜式生产平台出现的浮式生产设施是FPSO，由于早期的FPSO都是船形结构，因此,现有的 FPSO 家族中,近 3/4 是由油船或商船改装而成,这一点与半潜式生产平台极为相似。世界上第一艘 FPSO 就是由一艘 59 000t 的油船改建而成的,服役于水深 117m 的西班牙 Castellon 油田,它比印尼爪哇海的浮式储卸油船(FSO)迟到了 4 年,于 1977 年问世。因此,FPSO 并不是深水开发的专利。与张力腿平台和 Spar 平台不同,浅水应用 FPSO 并不是为了为深水做试验,而是由于油井离岸较远的缘故。

世界上第一艘水深超过 500m 的 FPSO 是 1986 年由新加坡吉宝船厂改建而成的 FPSO "Espadarte"号(见图 2-78),服役于 800m 水深的巴西 Espadarte 油田。世界上第一艘新建 FPSO 是 1986 年由新加坡胜宝旺船厂建造的"San Jacinto"号,作业水深 91m。目前,全球作业水深最大的 FPSO 是 2010 年由我国中远船务改建的"BW Pioneer"号(见图 2-79),其作业水深达到了 2 600m,当前业主为 BW Offshore 公司,服役于墨西哥湾。由于墨西哥湾的环境条件较差,FPSO 一度被禁用,直到可快速分离的单点系泊系统出现。因此,"BW Pioneer"号采用的是 APL 公司可快速分离的浮筒单点(见图 2-80)。

图 2-78　FPSO "Espadarte"号

图 2-79　FPSO "BW Pioneer"号

由于 FPSO 布置灵活、适宜在没有海底管线等基础设施的海域使用,特别是解决了恶劣环境条件下的避险问题,因此,发展迅速,其数量是仅次于半潜式生产平台的水面设施。截至 2015 年,全球已有约 250 艘 FPSO 服役于海洋石油开发。

墨西哥湾的 Joliet 油气田是世界上发现的首个水深超过 500m 的深水油气田,有了北海张力腿平台"Hutton"号的成功经验,Conoco 公司在 Joliet 油气田再次采用了张力腿平台的方案,于 1989 年建成投产了张力腿平台"Joliet"号(见图 2-81)。该平台的工作水深达到了526m,是世界上第一座张力腿井口平台(Tension Leg Wellhead Platform,TLWP),也是墨西哥湾的第一座张力腿平台,它的张力腿锚固方式与"Hutton"号平台相同——穿过立柱直接锚固在平台上。

图 2-80 "BW Pioneer"号的单点系泊系统

图 2-81 张力腿井口平台"Joliet"号

1992 年,Statoil 公司在北海 335m 水深的 Snorre 油气田安装了一座集钻井和生产一体化的现代张力腿平台"Snorre A"号(见图 2-82)。所谓"现代"是因为其张力腿的锚固方式与"Hutton"号张力腿平台和"Joliet"号张力腿平台完全不同,直接锚固在立柱外侧,此后的同类型张力腿平台(不包括 ETLP、MOSES 和 SeaStar)均采用了这样的锚固方案。如 Shell 公司分别于 1994 年、1996 年和 1997 年在墨西哥湾 872m 水深的 Auger 油气田、894m 水深的Mars 油气田和 980m 水深的 Ram Powell 油气田安装的"Auger"号张力腿平台(见图 2-83)、"Mars"号张力腿平台(见图 2-84)和"Ram Powell"号张力腿平台(见图 2-85)。其中"Mars"号和"Ram Powell"号是一对姊妹平台。至此,该类型的张力腿平台基本定型,同属于第一代张力腿平台,目前,全球有 7 座该类型平台在墨西哥湾和北海服役。其中,最大工作水深为1 158m 的"Ursa"号张力腿平台(见图 2-86),位于墨西哥湾的 Ursa 油田。

1995 年,挪威国家石油公司(Statoil)在北海 345m 的 Heidrun 油气田安装了世界上最大的张力腿平台"Heidrun"号(见图 2-87),其壳体用混凝土建造,是世界上第一座、也是唯一一座混凝土张力腿平台,其结构形式仍属于第一代张力腿平台。

1998 年,Eni 公司在墨西哥湾的 Morpeth 油气田投产了一座新型张力腿平台"Morpeth"号[见图 2-88(a)]。该平台的壳体采用了单立柱和 3 个悬臂浮箱的结构形式[见图 2-88(b)],因此,被称为 SeaStar,属于第二代张力腿平台。截至 2015 年,全球共有 5 座 SeaStar,分别建成于 1999 年、2001 年、2003 年和 2007 年,均服役于墨西哥湾。其中,建成于 2001年的 Typhoon 在 2005 年的飓风 Rita 中破坏(见图 2-89),Chevron 公司将其捐赠给了美国内务部。因此,目前仅剩 4 座在墨西哥湾服役,其中,水深最深的一座是 BHP Billion 公司的 "Neptune"号(见图 2-90),水深为 1 295m,位于墨西哥湾的 Neptune 油田。

图 2-82　张力腿平台"Snorre A"号

图 2-83　张力腿平台"Auger"号

图 2-84　张力腿平台"Mars"号

图 2-85　张力腿平台"Ram Powell"号

图 2-86　张力腿平台"Ursa"号

图 2-87　张力腿平台"Heidrun"号

(a) (b)

图 2-88 张力腿平台"Morpeth"号

（a）"Morpeth"号的水上结构 （b）"Morpeth"号的壳体结构

 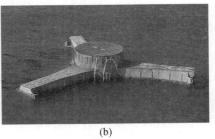

(a) (b)

图 2-89 张力腿平台"Typhoon"号

（a）飓风 Rita 前 （b）飓风 Rita 后

(a) (b)

图 2-90 张力腿平台"Neptune"号

（a）"Neptune"号的水上结构 （b）"Neptune"号的壳体结构

Spar 平台用于海洋石油开发始于 1976 年，Shell 公司在北海的 Brent 油田投产了一座用于原油储存的 Spar 平台[见图 2-91(a)]，它由 3 段不同直径的圆筒组成[见图 2-91(b)]。与张力腿平台、半潜式平台和 FPSO 发展于浅水几乎如出一辙，该平台的作业水深也仅为 140m。

(a)　　　　　　(b)

图 2-91　世界上第一座储油 Spar 平台

（a）Brent Spar　（b）Brent Spar 壳体结构

1997 年，Kerr-McGee 公司在墨西哥湾 588m 水深的 Neptune 油气田建成投产了世界上第一座 Spar 生产平台"Neptune"号[见图 2-92(a)]，该平台为第一代 Spar 平台——Classic Spar[见图 2-92(b)]，其壳体为一等直径圆柱体，壳体直径为 22m，壳体长 215m。截至 2015 年，全球共有 4 座 Classic Spar，均服役于墨西哥湾，另外 3 座分别是雪弗龙（Chevron）石油公司 1999 年建成投产的"Genesis"号（见图 2-93）、埃克森美孚（ExxonMobil）石油公司 2000 年建成投产的"Hoover/Diana"号（见图 2-94）和赫世（HESS）石油公司 2014 年建成投产的"Gulfstar"号（见图 2-95）。"Gulfstar"号颠覆了人们对传统 Spar 平台的认识，它是一座 Spar 形的 FPSO，用于柔性开发系统，设计师们称其为深吃水沉箱船（Deep Draft Caisson Vessel，DDCV）。

2002年，Kerr-McGee公司在墨西哥湾的Nansen/Boomvang油气田建成投产了两座

(a)　　　　　　　(b)

图 2-92　Spar 平台"Neptune"号

（a）"Neptune"号服役状态　（b）"Neptune"号壳体结构

图 2-93　Classic Spar "Genesis"号

图 2-94　Classic Spar "Hoover/Diana"号

图 2-95　Spar 形 FPSO "Gulfstar"号

图 2-96　Truss Spar "Nansen"号

Truss Spar 平台"Nansen"号和"Boomvang"号（见图 2-96 和图 2-97），两座平台尺寸相同——直径 27m、长 166m，可谓是一对姊妹平台（见图 2-98）。这是世界上第一座 Truss Spar，被誉为第二代 Spar，其壳体由圆柱壳硬舱和桁架中段以及压载舱组成（见图 2-99）。截至 2015 年，全球共有 16 座 Truss Spar，其中 14 座服役于墨西哥湾，其他两种分别服役于马

图 2-97　Truss Spar" Boomvang"号

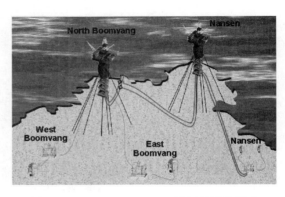

图 2-98　Nansen Boomvang 油田的开发模式

图 2-99　Truss Spar 结构

来西亚1 330m水深的 Kikeh 油气田和北海1 300m深水的 AASTA Hansteen 油气田。作业水深最深的 Spar 平台是 Shell 公司 2010 年建成投产的 Truss Spar"Perdido"号(见图 2-100),作业水深达2 383m。

　2004 年,阿纳达科石油公司(Anadarko Petroleum Corporation)在墨西哥湾1 616m水深的 Red Hawk 油田建成投产了世界上第一座,也是迄今为止唯一一座 Cell Spar 平台"Red Hawk"号(见图 2-101)。Cell Spar 被称为第三代 Spar 平台,它是为边际油田开发设计的一款小型平台,用于柔性开发系统。同样用于柔性开发系统的 Spar 平台还有"ATP Titan"号(见图 2-102),这是一座 3 柱 Spar 平台,由 ATP 公司于 2010 年在墨西哥湾1 220m水深的 Telemark Hub 油田建成投产。该平台的设计理念来自于 Gulf Island 公司和 Bennett & Associates 公司提出的组合式 Spar 概念——MinDOC ,它突破了传统 Spar 平台的设计理念,拓宽了 Spar 平台的设计思路。

图 2-100　Truss Spar "Perdido"号

图 2-101　Cell Spar" Red Hawk"号

图 2-102　三柱 Spar 平台"Titan"号

2.4.3 钻井装备

1.钻井平台

此处的钻井平台仅包括专业从事钻井的海洋平台,不包括具有钻井功能的生产平台。因此,钻井平台均为移动式海洋平台。目前,钻井平台的形式主要有自升式钻井平台(见图2-103)、半潜式钻井平台(见图2-104)和钻井船(见图2-105),它们主要从事钻井/完井作业。

图 2-103 自升式钻井平台

图 2-104 半潜式钻井平台

自升式钻井平台采用桩腿承载,为了满足拖航状态和作业状态的稳性要求,其桩腿受到限制。目前,自升式钻井平台的桩腿长度≤120m,因此,自升式钻井平台的最大作业水深≤100m,主要用于浅水油气田的开发钻井。自升式平台的桩腿结构有圆筒形(见图2-106)和桁架式两种结构,桁架式又分为三角形和矩形两种截面形式(见图2-107)。为了桩腿在海床土中能够稳定承载,桩腿下端设有桩靴,桩靴与桩腿采用球绞连接。

半潜式钻井平台是钻井平台家族中的佼佼者。由于采用浮力承载,从而理论上其作业水深不受限制。水面定位依赖于系泊系统或动力定位系统,由于系泊系统自身的重量等原因,≤1 500m 水深时多采用系泊系统定位,≥1 500m 水深时则主要采用动力定位。

图 2-105 钻井船

图 2-106 圆筒形桩腿自升式钻井平台

(a) (b)

图 2-107 桁架式桩腿自升式钻井平台

（a）三角形截面桁架 （b）矩形截面桁架

在动力定位的条件下,钻井船与半潜式钻井平台的作业能力相当,尽管其结构的水动力性能不及半潜式钻井平台,但其可变甲板荷载能力是半潜式平台望尘莫及的。因此,钻井船可以独立地完成超深井的钻井作业,而半潜式平台则需要在钻井辅助船的协助下才能完成超深井的作业。钻井船的致命弱点是横向浪的水动力性能差,但现代钻井船均采用月池钻井,因此,动力定位条件下与采用单点系泊系统的 FPSO 相似,可以避免横向受风浪作用。

钻井平台的性能主要包括作业水深、钻井深度和作业气象窗,其中作业水深由结构自身确定,而钻井深度和作业气象窗则是由结构与钻机的综合性能确定的。对于自升式钻井平台,作业水深主要取决于桩腿长度及承载能力,钻井深度主要取决于井架的大钩荷载和桩腿承载能力,而作业气象窗则取决于结构的水动力性能。对于半潜式钻井平台和钻井船,作业水深取决于结构的系泊系统和可变甲板荷载能力,钻井深度取决于井架的大钩荷载及结构的可变甲板荷载能力,而作业气象窗则取决于结构的水动力性能及钻井包的升沉补偿能力。

目前,半潜式钻井平台和钻井船的作业水深和钻井深度相同,分别为3 600m和15 000m。

2.钻井隔水管

钻井隔水管是海洋钻井时为实现泥浆循环而设置的导管（conductor）或立管（riser）,浅水钻井的隔水管称为隔水导管,而深水钻井的隔水管称为钻井立管或钻井隔水管。浅水的隔水导管和深水的钻井隔水管结构尽管钻井时的功能相同——泥浆循环,但它们的结构及其安装方法和使用功能却有较大的区别。

隔水导管的结构更像是一根钢管桩（见图 2-108）——由多根钢管连接而成,为了缩短非钻井时间,隔水导管采用快速插接连接（见图 2-109）。隔水导管采用锤入、钻入或喷射法安装。因此,必须能够承受锤击作用,且安装后,导管上端安装井口装置。这就意味着,隔水导管在提供泥浆循环通道的同时还作为井口装置的持力结构,其入泥深度和稳定性控制是海上钻井的技术难题。此外,群桩效应和打桩锤性能以及土质特性等参数也是隔水导管的关键技术。由于完井后,隔水导管将保留下来作为油管的保护套管,因此,在钻井/完井施工及采油生产过程中,隔水导管的强度及安全性对于海上油气开采的安全是至关重要的。由于采用桩式结构,因此,隔水导管只适用于自升式钻井平台和固定式钻井平台（钻井生产一体化平台）。

深水的钻井隔水管除作为泥浆循环通道的功能外,其他与浅水的隔水导管完全不同。深水钻井通常采用水下井口,也有水面井口（见图 2-110）,但无论是水下井口还是水面井口,钻井隔水管的持力方式与隔水导管是不同的。对于水下井口,钻井隔水管并不提供任何支撑井口装置的支持力,相反,保持隔水管安全作业的张力需要井口抗拔力的支持。对于水面井口,钻井隔水管依赖于钻井船/平台提供的张力来支撑井口装置,而隔水导管是利用基础反力提供支撑井口装置的能力。

由于钻井船/平台作业时会产生较大的运动,因此,钻井隔水管与井口装置和钻井船/平台均采用柔性连接。此外,深水钻井隔水管与浅水隔水导管的最大区别在于,钻井/完井施工后,钻井隔水管并不作为油管的保护套管而保留下来,而是拆除后作为下一口井的钻井隔水管,即钻井隔水管是反复使用的。因此,其结构与隔水导管完全不同。由于受张力作用,钻井隔水管采用法兰连接(见图 2-111)。为了控制水下井口装置,钻井隔水管还作为控制系统(电、液、气)的支撑结构而呈现卫星管的形式。

图 2-108　井口片中的隔水导管

图 2-109　隔水导管插接接头

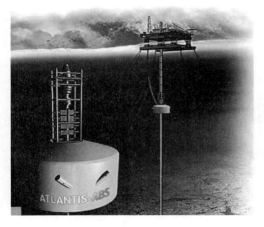

图 2-110　水面井口

图 2-111　钻井隔水管

2.4.4　生产装备

1.生产平台

生产平台的作用是为油气生产提供一处水面以上的干环境,以利于油气处理装置正常运行以及操作人员从事正常的作业。尽管已经有了水下生产系统,但由于结构和运行控制等原因,目前的水下生产系统仅能完成初级的油、气、水分离,以避免气液混输,且分离后的水直接回注,提高生产效率。因此,采用水下生产系统的开发模式仍需要水面生产设施。

基于结构的承载形式,可将生产平台分为基础承载和浮力承载两大类。基础承载可分为桩基式和重力式,桩基式平台包括导管架平台(jacket platform)和顺应式平台(compliant platform)两种结构形式,重力式平台则有单一功能(提供稳定所需重力)底座和复合功能(提供稳定所需重力和储油)底座两种结构形式。浮力承载的结构基于其设计原理可分为半潜式平台、船形或圆形 FPSO/FLNG、Spar 平台和张力腿平台等 4 个家族,它们各自有其适用的水深、环境条件和开发模式。当然,这些条件并不是由一个恒定的参数来唯一的确定生产平台的结构形式,还要考虑成本、承包商和时间要求。

桩基平台是固定式平台中适用范围最广的一种结构形式。在浮式平台技术成熟之前,大量应用于 500m 以下水深的油气田开发。其中,顺应式平台作为深水油气开发初期导管架结构向浮式结构发展的一种过渡结构形式,已被浮式结构完全取代。因此,在不引起歧义的条件下,桩基平台就是导管架平台的承载方式表达。

导管架平台由导管架及桩(见图 2-112)和上部组块(见图 2-113)组成。由于不同开发区块的油气性质和产量以及储运能力的不同,每个导管架平台的能力或功能(井口平台模式)不同,从而生产设施占用的空间不同,因此,导管架的结构形式也不尽相同,如图 2-114~图 2-117 所示。其中,8 桩腿和 16 桩腿平台均为井口平台和生产平台的一体化平台,而 3 桩腿和 4 桩腿平台则用于井口平台或生产平台等单一功能的平台。

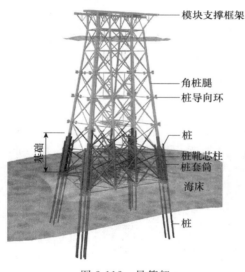

图 2-112　导管架

图 2-113　上部组块

重力式平台(gravity platform)尽管比导管架平台经济,但其独特的承载方式对海床的性质有比较苛刻的要求,因此,应用受到限制。截至 2015 年,在役和退役的 17 座重力式平台全部服役于北海(见表 2-4)。重力式平台通常也被称为混凝土平台,而随着混凝土浮式平台的出现,重力式平台不再是混凝土平台的唯一结构形式,因此,这样的称呼便是不准确的。但重力式平台一定是混凝土平台,而浮式平台则有钢结构和混凝土结构两种材料的平台。

图 2-114　3 桩腿导管架平台

图 2-115　4 桩腿导管架平台

图 2-116　8 桩腿导管架平台

图 2-117　16 桩腿导管架平台

与导管架平台相似的是,由于上部组块大小不同,重力式平台也有不同数量立柱的结构形式,如图 2-118 所示。

　　浮式平台并不仅限于深水油气开发,随着技术的成熟,一些浮式平台也常被用于浅水油气开发,如 FPSO。经过 30 多年的发展,浮式平台的 4 个家族均有了不同程度的进化。FPSO 家族有了船形和圆形两个系列产品,如图 2-119 和图 2-120 所示;半潜式平台家族新

表 2-4　全球已建成的重力式平台

平台名称	水深/m	服役油田	所属国家	业主	投产时间
Beryl Alpha	120	Beryl	英国	Mobile North Sea Ltd	1975
Brent Bravo	140	Brent	英国	Shell UK	1976
Brent Delta	140	Brent	英国	Shell UK	1976
Brent Charlie	140	Brent	英国	Shell UK	
Frigg TP1	104	Frigg	英国	TOTAL E&P UK plc	1976
Frigg CDP1	98	Frigg	英国	TOTAL E&P UK plc	1977
Frigg TCP2	104	Frigg	挪威	TOTAL E&P NORGE AS	1978
Statfjord A	146	Statfjord	挪威	Mobil Exploration Norway	1977
Statfjord B	146	Statfjord	挪威	Mobil Exploration Norway	1981
Statfjord C	146	Statfjord	挪威	Mobil Exploration Norway	1984
Gullfaks A	135	Gullfaks	挪威	Statoil	1986
Gullfaks B	142	Gullfaks	挪威	Statoil	1987
Gullfaks C	216	Gullfaks	挪威	Statoil	1989
Oseberg A	109	Oseberg	挪威	Norske Hydro A/S	1988
Draugenp	251	Draugenp	挪威	Norske Shell A/S	1993
Sleipner A	82	Sleipner	挪威	Statoil	1993
Troll A	303	Troll East	挪威	Norske Shell A/S	1995

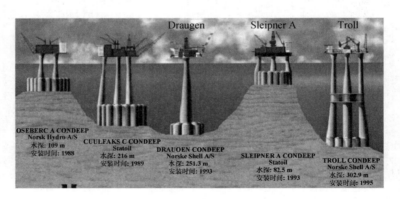

图 2-118　重力式平台结构形式

增了深吃水半潜和干树半潜两个系列的产品,如图 2-121 和图 2-122 所示;Spar 平台家族发展了 4 个系列的产品——Classic Spar、Truss Spar、Cell Spar 和 MinDOC,其中 Classic Spar、Truss Spar 和 Cell Spar 分别被称为第一代、第二代和第三代 Spar 平台,如图 2-123 所示;张力腿平台家族发展了 5 个系列的产品——CTLP、SeaStar、MOSES、ETLP 和 SSIP,如图2-124所示。

图 2-119　船形 FPSO

图 2-120　圆形 FPSO

图 2-121　深吃水半潜式平台

图 2-122　干树半潜式平台

FPSO 和半潜式平台中的传统半潜式平台和深吃水半潜式平台用于湿树开发模式或混合开发模式；干树半潜式平台以及张力腿平台中的 CTLP、ETLP 和 SSIP 用于干树开发模式或混合开发模式；MOSES 以及 Spar 平台中的 Classic Spar、Truss Spar 和 MinDOC 主要用于干树开发模式或混合开发模式，也被用于湿树开发模式；Cell Spar 和 SeaStar 主要用于边际油田的开发，其排水量远远小于其家族中的其他成员。

生产平台主要用于装载油气处理装置。为了高效经济地开发，一些生产平台也装载了钻井设备或修井设施。生产平台是否装载钻/修井设施，主要取决于开发模式和开发周期以及开发时的钻井装备租赁市场条件等因素。如干树开发模式的生产平台通常装载钻/修井设施，以便于进行修井等井下作业；而湿树开发模式的生产平台通常不配备钻/修井设施，因为其井口不在生产平台的垂直下方，不移动平台是无法从平台上进行修井等井下作业的，而移动平台则必须关闭其所管理的全部油井。但是，我们确实可以看到一些干树生产平台没有配备钻/修井设施，而一些湿树生产平台配备了钻井设施。如墨西哥湾的 Constitution 油田采用了 Spar 平台作为干树生产平台，但该平台没有配备钻/修井设施，因为，该油田的原油为轻质原油（API 32°），不需要频繁的修井作业。而墨西哥湾的 Thunder Horse 油气田采用了半潜式平台作为湿树生产平台，但该平台配备了钻井设施（见图 2-125），分析其原因，应该是油田开发时短期内难以租到合适的钻井船/平台来完成钻井任务。

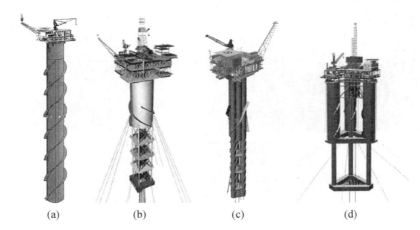

(a)　　　　(b)　　　　(c)　　　　(d)

图 2-123　三代 Spar 和 MinDOC 平台
（a）Classic Spar　（b）Truss Spar　（c）Cell Spar　（d）MinDOC

(a)　　　　　　(b)　　　　　　(c)

(d)　　　　　　(e)

图 2-124　张力腿平台结构类型
（a）CTLP　（b）SeaStar　（c）MOSES　（d）ETLP　（e）SSIP

当采用导管架平台作为生产平台时,同样的问题还取决于水深条件。如果水深满足自升式钻井平台作业条件且可以租赁到自升式钻井平台时,生产平台通常不再配备钻/修井设施[见图2-126(a)],否则,生产平台必须配备钻/修井设施[见图2-126(b)]。因为,导管架平台采用的隔水导管无法采用浮式钻井平台钻井。

图 2-125 半潜式生产平台"Thunder Horse"号

(a) (b)

图 2-126 井口和生产一体化平台

(a) 无钻井设施 (b) 有钻井设施

2．海底管道与立管

海底管道是海洋石油开发的大动脉,它担负着油气输送的重任。对于平台群的开发模式,井口平台与生产平台和生产平台与陆地之间的油气和/或回注水、气输送全部由海底管道承担。对于没有储油能力的浮式平台,其油气/或回注水、气的输送也全部依赖于海底管道来完成。目前,只有采用FPSO的开发方案不依赖海底管道来输送油气。因此,对于离岸较远或开发周期较短的油气田开发,采用FPSO是比较经济的。

由于原油的流动性较差,因此,必须在一定的温度条件(50～100℃)下输送,而海底的温度又较低(−2℃),所以,海底管道必须采取适当的保温措施。此外,对于直径较大的海底管道,还必须考虑浮力引起的不稳定问题。海底管道的保温形式很多,包括混凝土保护层、钢管保护层和高分子材料保护层以及电偶加热等。

温降要求不高的短距离海底管道通常采用混凝土作为保温层,同时作为配重结构。如果混凝土保温层不能满足温降要求时,则采用聚氨酯泡沫保温,为防止聚氨酯泡沫受到机械损伤,常采用混凝土或钢管作为聚氨酯泡沫的保护层。随着油气开发的不断向深水发展,混凝土和钢管作为保护层大大增加了管道的重量,给深水海底管道铺设增加了难度,因此,诞生了湿式保温(Wet insulation)技术。湿式保温技术将混凝土或钢管保护层改用高分子材料,从而大大降低了海底管道的重量。为了抵抗深水的环境压力,湿式保温的保温层不是单一的聚氨酯泡沫,而是象混凝土一样,在聚氨酯泡沫中加入了骨料——空心玻璃球体(见图2-127)。

对于输送距离较长的海底管道,采用上述保温技术可能需要截面积较大的保温结构,从而增加施工难度,为此,Technip公司提出了一种电偶加热的保温方法(见图2-128)。

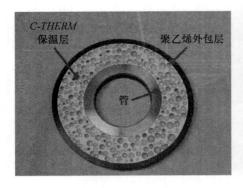

图 2-127　湿式保温结构

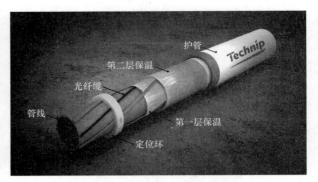

图 2-128　电偶加热保温结构

生产立管是连接生产平台与海底井口或海底管道的油、气、水通道。连接生产平台与海底井口的为采油立管,连接生产平台与海底管道的为输入输出立管。由于浅水的生产平台为固定式平台,因此,立管从海底到平台甲板可以利用平台的支撑结构(导管架)来保持直立的状态。图2-129为采油立管穿过固定于导管架井口片的导向环到达平台甲板,且浅水的采油立管就是钻井时的隔水导管,浅水的输入输出立管通常用钢管卡固定于导管架桩腿上,故称浅水的立管为导管(Conductor)。而深水立管"无依无靠",只能独立地矗立在海水中,故而称其为立管(Riser)。且深水的采油立管也不是钻井隔水管,而是专为保护及支撑油管(Tube)设置的立管系统。由于不需要循环泥浆,因此,其直径小于钻井隔水管。深水采油立管有一层和两层两种结构,分别称为单屏(Single shield)和双屏(Double shield)立管。

采油立管利用顶部的张力来维持其在水中的直立状态,为了避免浮式平台运动引起立管损伤或破坏,浮式平台与采油立管之间采用张紧器(见图2-130)连接。而输入输出立管则悬挂在平台上悬垂至海底与海底管道连接,称为悬链式立管(见图2-131)。悬链式立管有多种结构形式:简单悬链式立管(Simple Caternary Riser,SCR)、陡波/陡S形(Steep Wave/Steep S)和缓波/缓S形(Lazy Wave/Lazy S),如图2-132～2-135所示。

悬链式立管有两种管体材料——钢管和复合管(见图2-136),以钢管作为管体材料的悬链式立管被称为钢悬链式立管(Steel Caternary Riser,SCR)。悬链式立管与海底管道是一体结构,立管与海底管道的连接点是立管的触地点(Touch Down Point,TDP)(见图2-131)。由于浮式平台的运动,触地点在管道上不是一个固定的点,而是在一个范围内游动的点,因而将触地点的游动区域定义为触地区(Touch Down Zone)。由于触地区是悬链式立管随平台运动而与海床土发生相互作用的重灾区,因此而成为悬链式立管的关键位置。对于以复合管为管体的悬链式立管,由于复合管的外保护层为高分子材料,耐磨损能力较差,因此,通常采用陡波或缓波立管来避免触地区的磨损。复合管立管通常用于 FPSO 的单点系泊系统和半潜式平台,而钢悬链式立管则用于深吃水半潜式平台、干树半潜式平台、张力腿平台和 Spar 平台。

图 2-129　导管架的井口片与隔水导管

图 2-130　张紧器

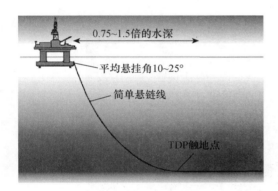

图 2-131　简单悬链式立管

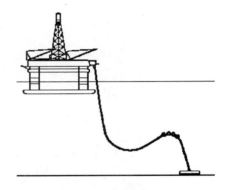

图 2-132　陡波立管

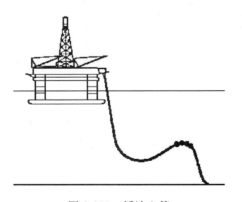

图 2-133　缓波立管

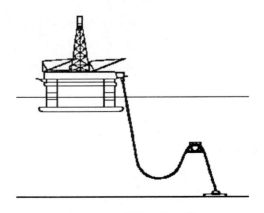

图 2-134　陡波 S 形立管

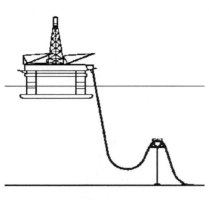

图 2-135　缓 S 形立管

图 2-136　复合管结构

3.水下生产系统

　　水下生产系统(Subsea system)是深水油气开发的新兴装备,是湿树开发模式的主要设施,它将生产平台上的部分生产装置移至海底(见图2-137),其目的是避免气液两相混输可能造成的段塞流,从而提高流动保障水平。此外,还可以避免油井采出的水输送至平台后再重新回注地下,从而提高海底管道和立管的利用率。因此,水下生产系统的主要功能是油、气、水三相分离及气体压缩以便于输送,而分离出的水则直接回注地下。

图 2-137　水下生产系统

　　水下生产系统实现上述功能的主要装备包括:湿树(见图 2-138)、管汇(见图 2-139)、分离器(见图 2-140)和压缩站(见图 2-141),其中,管汇是水下集输站,将多口井的产出液汇集后送至分离器进行油、气、水分离和气体压缩。

图 2-138　湿式采油树

图 2-139　水下管汇

图 2-140　水下分离器

图 2-141　水下压缩站

4．水下多相流测量

近年来，随着水下油气田开发技术的不断发展，生产过程的不断细化，对于水下多相流的监测变得越来越重要。水下多相流量计能够实时显示井口温度、压力和油、气井产量，对于掌握油井动态生产信息，进行油气田生产优化和油藏管理具有重要意义。

多相流计量是世界上最复杂的技术难题之一，其技术产生于上世纪 80 年代左右，经过长年的发展逐渐趋于成熟。多相流计量的实现方式主要有分离式、部分分离式和不分离式三种。分离式是将多相流体分离为油、气、水单相介质后利用传统的单相仪表分别进行计量；部分分离式是先进行气液分离，然后使用传统单相计量仪表分别测量气相和液相流量，并用含水仪测量含水率，最终得到油、气、水的流量；第三种是在线式测量技术，即在完全不分离的情况下使用文丘里流量计、正排量流量计等测量混合流体的总流量，使用伽马射线、介电法、微波等技术测量相分率，进而得到油、气、水的流量。在这三种基本的技术方案中，完全不分离技术被认为是最先进、最具有发展潜力的计量方式。目前世界主流多相流量计供应商，如 Schlumberger，Emerson，FMC，海默等公司的主打产品都采用了这种在线测量方式（图 2-142 海默水下多相流量计）。而在相分率测量方面，伽马射线技术也是各主流多相流量计厂商的首选。该技术利用不同介质对伽马射线不同程度的吸收来实现对多相流介

87

质相分率的测量,具有测量精度高、稳定性好等优点,是多相流计量领域应用最广的技术之一,而基于伽马射线技术的多相流量计在国际市场也一直占有最大份额。

随着对于深水油气资源的勘探开发,用于水下生产系统的水下多相流量计也得到越来越多的应用。与传统的测试方法相比,水下多相流量计具有降低投资、便于配产、提供实时油井产量等优点。但是与陆地或水上的多相流量计相比,水下多相流量计不仅要处理各种复杂流型,同时还要面对水下苛刻的工作环境,这要求水下多相流量计在设计寿命、材料选择、安装和回收、日常维护、涂敷与保温等多个方面都要满足水下工作的要求,从而增加了水下多相流量计的复杂程度。

图 2-142　海默水下多相流量计示意图

2.4.5　施工装备

1.海上施工初步

海洋工程结构在完成陆地建造调试后,还要进行海上安装调试。有些工程的海上施工是重头戏,如海底管道与立管工程。因此,海上作业施工是海洋工程与船舶工程的最大区别。此处简要介绍施工装备中的结构装备,不涉及施工机具装备,主要包括生产平台安装装备、海底管道铺设与立管安装装备和水下生产系统安装装备。

导管架平台的安装包括导管架的运输与定位打桩和上部组块安装,浮式平台安装包括运输及锚泊和上部组块安装。导管架的运输有两种装备,一种是普通驳船,一种是导管架下水专用驳船(见图 2-143)。对于采用立式建造的导管架,一般采用普通驳船运输,并由起重船吊放下水;而对于卧式建造的导管架,则采用导管架下水驳运输,并滑移下水(见图2-144)。上部组块的安装有吊装和浮托(见图 2-145)两种方法,分别采用起重船和驳船安装。

图 2-143　导管架下水驳

浮式平台的运输有干拖(见图 2-146)和湿拖(见图 2-147)两种方法,干拖采用半潜式驳船运输,湿拖则采用拖船拖航。浮式平台的上部组块安装方法与导管架平台相同,也有吊装和浮托两种方法,因此,使用的装备也相同。

图 2-144　导管架滑移下水

图 2-145　浮托法安装上部组块

图 2-146　张力腿平台干拖运输

图 2-147　Spar 平台湿拖

　　海底管道和输入输出立管采用起重铺管船铺设安装,近岸一般采用浮拖法(见图 2-148)铺设海底管道,近远海多采用 S 形铺管(S-Lay)或卷筒铺管(Reel lay)方法(见图 2-149 和图

图 2-148　浮拖法铺设海底管道

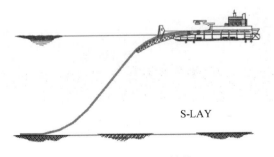

图 2-149　S-Lay 铺管

2-150),深水铺管可采用S形铺管、J形铺管(J-Lay,见图2-151)或卷筒铺管方法。采油立管则采用钻机或修井机安装,海底生产系统则采用水下建设船安装。

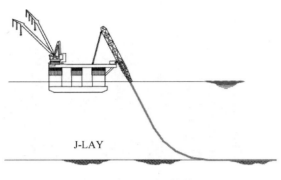

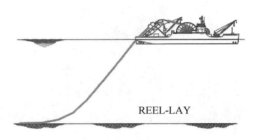

图 2-150　J-Lay 铺管　　　　　　　　　　　图 2-151　卷筒式铺管

2.起重铺管船

起重铺管船是施工装备中的重型装备,主要承担海上大型结构件水面吊装的施工作业和海底管道与立管以及脐带缆的铺设安装。起重铺管船包括单一功能的起重船或铺管船和多功能的起重铺管船,其结构形式有船形和半潜式两种,如图 2-152～2-157 所示。

图 2-152　船形起重船　　　　　　　　　　　图 2-153　半潜式起重船

图 2-154　船形铺管船　　　　　　　　　　　图 2-155　半潜式铺管船

由于 S 形铺管方法的铺管速度较快,因此,S-Lay 铺管船多为单一功能的铺管船,且多为船形结构。J 形铺管方法的铺管速度较慢,主要用于极深水铺管。因此,J-Lay 铺管船多为半潜式起重铺管多功能船。卷筒式铺管方法的铺管速度最快,且为连续移动作业,因此,Reel lay 铺管船(见图 2-158)均为单一功能的船形铺管船。

上述 3 种铺管方法用于铺设钢管,而复合管的铺设采用柔性铺管船(Flex-lay vessel)。由于复合管主要用于海底生产系统的连接,因此,柔性铺管船多为柔性铺管和水下施工多功能船(见图 2-159)。

图 2-156　船形起重铺管船

图 2-157　半潜式起重铺管船

图 2-158　Reel lay 铺管船

图 2-159　柔性铺管船

3. 水下建设船

水下建设船(见图 2-160)主要用于水下生产系统的安装和维护。其特征是吊机的缆绳较长,可进行水下的吊装作业,而起重铺管船通常只完成水面的吊装作业。此外,水下建设船还需要配备 ROV(Remote Operated Vehicle),从而可进行水下生产系统安装、连接。对于深水的水下建设船,还必须配备动力定位系统。为了提高船舶的使用率,多数的水下建设船还配备了柔性铺管甚至饱和潜水设施,因而成为多功能水下施工船(见图 2-161)。

4. 起重生活平台

起重生活平台(见图 2-162)是海上施工作业的辅助平台,它为海上施工作业人员提供休息和居住场所,是一座海上游动宾馆。其主要用途是海上油气田的生产维护作业,而非油田

图 2-160　水下建设船

图 2-161　水下建设/柔性铺管船

图 2-162　起重生活平台

图 2-163　下水驳运输导管架

图 2-164　下水驳运输上部组块

建设初期的结构安装,因此,平台上的起重能力远小于起重铺管船,以居住为主。为了提供舒适的休息和居住条件,目前的起重生活平台主要采用半潜式平台结构。

5. 运输船

海洋油气田建设用运输船包括导管架下水驳船和半潜式驳船两大类。导管架下水驳主要用于导管架运输(见图 2-163)和上部组块的运输安装(见图 2-164)。半潜式驳船主要用于具有漂浮能力的大型结构或平台运输,特别是深水浮式结构的运输(干拖),如图 2-165~2-167所示。

图 2-165 半潜驳运输钻井平台

图 2-166 半潜驳运输张力腿平台壳体

图 2-167 半潜驳运输 Spar 壳体

2.4.6 井下作业装备

1.修井船

修井船有重型修井船(见图 2-168)和轻型修井船(见图 2-169)之分。重型修井船更像是一艘钻井船,它配有修井隔水管,可进行有立管修井作业,因此,可以完成所有修井项目。轻型修井船只能进行无立管修井作业,主要用于清蜡等简单的修井作业。

图 2-168 重型修井船

图 2-169 轻型修井船

2.增产作业船

增产作业船(见图 2-170)是海上油气田生产维护的主要装备,可完成井下压裂和酸化等增产措施的作业,因此,船上装载了陆域油气田井下压裂的全套设备,包括压裂泵、酸洗罐和支撑液等,是集压裂车、酸洗车、混砂车、水泥车和仪表车为一身的井下压裂装备。

图 2-170　增产作业船

第 二 篇　装备篇

　　深水油气开发装备所涉及的领域之广,以至于众多的专业领域出现了与深水油气开发装备相关的研究工作,这些研究工作主要是围绕着结构装备展开的。但结构装备与其承载的石油开发机械装备是息息相关的,即结构装备的性能需要与机械装备的功能相匹配,且必须满足机械装备安全高效运行的条件。

　　为了使读者对深水油气开发装备有一个全面且清晰地了解,本书的第二篇将按照海洋油气开采功能分钻井装备、生产装备和施工装备3章来介绍深水油气开发装备的功能及现状。

第 3 章

钻井装备

3.1 概述

海上油气田开发的第一步就是钻井，与勘探钻井不同的是，开发钻井不再需要钻取岩芯，而是直接进行钻井和/或完井作业（有时完井作业是由生产平台完成的），以便后续采油生产，也包括前期的试油井和评价井。钻井装备是专门用于钻井和完井作业的深水油气开发装备，也可以用于开发前期的临时油气生产，包括钻井船（见图3-1）、半潜式钻井平台（见图3-2）、圆筒形钻井平台（见图3-3）和钻井隔水管系统（见图3-4）。当然，钻井装备还包括井架和钻机等其他钻井机械，但这些内容与本书面对的读者群不同，因此，本书中的钻井装备

图 3-1　钻井船

图 3-2　半潜式钻井平台

图 3-3　圆筒形钻井平台

图 3-4 钻井隔水管系统

仅限于钻井平台和钻井隔水管系统。与带有钻井功能的生产平台不同的是,钻井(船)平台是海上移动式钻井设施(MODU),便于在不同井位之间、不同油田之间快速移动,即完成不同钻井中心的钻井和/或完井作业,采用临时性锚泊。而带有钻井功能的生产平台仅完成自身管理的生产井钻井和完井作业,采用永久性锚泊。

3.2　钻井船

钻井船是一种以船形结构支撑钻井模块的钻井装备,与半潜式结构形式相比,它的机动性能较好,其巡航速度一般为 9～14kn(半潜式钻井平台的巡航速度一般为 3～7kn,最大可达 10kn),但水动力性能较差。因此,早期的钻井船主要用于作业周期较短的勘探井和评价井钻井作业,也适用于环境条件较好或油藏地质条件适宜(钻井周期短)的开发井钻井作业。

钻井船另一个区别于半潜式钻井平台的特点是可变甲板荷载较大,约为半潜式钻井平台的 2～3 倍,第 6 代和第 7 代钻井船的可变甲板荷载一般为20 000t,如 2013 年下水的第 7 代钻井船"Ocean Rig Mylos"号(见图 3-5)。目前,可变甲板荷载最大的钻井船是 2000 年下水的"GSF CR Luigs"号钻井船(见图 3-6),其可变甲板荷载达到了 26 000t。而第 6 代和第 7 代半潜式钻井平台的可变甲板荷载一般为 8 000t左右。目前,半潜式钻井平台的最大可变甲板荷载为 9 600t。因此,钻井船的钻井能力优于半潜式钻井平台。

由于勘探钻井的目标是取岩芯,不需要进行固井、完井作业,因此,专门用于勘探钻井的钻井船不配备完井设备,从而船的吨位较小,通常称为钻探船。我国的深水钻探船"海洋石油708"号,其工作水深为 3 000m,钻井深度为 600m,其钻井装备不

图 3-5　第 7 代钻井船"Ocean Rig Mylos"号

图 3-6　钻井船"GSF CR Luigs"号

能进行完井作业(见图 3-7)。而评价井在完成油气评估后常继续作为开发井采油,因此,可以完成评价井作业的钻井船能够进行完井作业,其钻井功能与半潜式钻井平台相同。

图 3-7 "海洋石油 708"号钻探船

由于钻井船具有自航能力,在动力定位系统的辅助作用下,其定位能力大大提高,因此,钻井作业的环境条件大幅度改善,第 5 代钻井船的最大作业环境条件可达 40m/s 风速和12m 有效波高,如 Transocean 公司的"Discoverer Enterprise"号(1999 年,见图 3-8)、"Discoverer Spirit"号(2000 年,见图 3-9)和"Discoverer Deep Seas"号(2001 年,见图 3-10),这 3艘钻井船的生存条件达到了 51m/s 风速、15m 有效波高、1.1m/s 流速。因此,第 5 代钻井船的作业环境条件已经可与半潜式钻井平台媲美。

图 3-8 钻井船"Discoverer Enterprise"号   图 3-9 钻井船"Discoverer Spirit"号

如果钻井船的作业环境条件与半潜式钻井平台相当,则较大的可变甲板荷载和储油能力以及良好的机动性能使得钻井船的优势凸显。因此,自第 5 代钻井船问世以来,钻井船的发展迅速。截至 2014 年,全球共有钻井船 126 艘,其中 107 艘是 1998 年以后建造的第 5代、第 6 代和第 7 代钻井船。2015 年还将新增钻井船 13 艘,到 2020 年,全球的钻井船数量将增至 174 艘。

自 1953 年第一艘钻井船"Submarex"号问世以来,钻井船技术发展迅速,作业水深从100m 发展到了 3 000m,钻井深度从 2 000m 延伸至 12 000m,可变甲板荷载从 8 000t 增大至26 000t。20 世纪 70～80 年代建造的钻井船,其最大作业水深为 300～2 100m,最大钻井深度为6 000～7 500m,钻井作业的最大可变甲板荷载为8 000～11 000t。如1976年下水的钻井船"Discoverer Seven Seas"号(见图3-11),其最大作业水深为2 100m,最大钻井深度为7 500m,钻井作业的最大可变甲板荷载为8 600t,钻井作业的极限环境条件为:风速25.7m/s、波高13.7m,而生存环境条件更是达到了51.4m/s的风速和33.5m的波高。这一时期的动力定位系统是由手动控制船的定位而自动控制船的迎浪方向,属于美国船级社(ABS)的DPS-0级、挪威船级社(DNV)的DYNPOS-AUTS级和英国劳氏船级社(LR)的DP(CM),而在其他船级社和国际组织中,该定位系统尚未入级(动力定位系统的分级如表3-1所示)。由于定位技术的限制,这一时期的钻井船主要用于勘探钻井,因此,钻井船的

图3-10　钻井船"Discoverer Deep Seas"号

图3-11　钻井船"Discoverer Seven Seas"号

表3-1　动力定位系统分级

GL	DNV	ABS	LR	BV	NK	IMO	动力定位系统描述
——	DYNPOS-AUTS	DPS-0	DP(CM)	——	——	——	最大环境条件下,手动定位控制、自动迎浪方向控制
DP 1	DYNPOS-AUT & DPS1	DPS-1	DP(AM)	DYNAPOS AM/AT	DPS A	Class 1	最大环境条件下,自动和手动定位及迎浪方向控制
DP 2	DYNPOS-AUT & DPS2	DPS-2	DP(AA)	DYNAPOS AM/AT R	DPS B	Class 2	最大环境条件及其不包括舱室损失的任何单一失效条件下,自动和手动定位及迎浪方向控制(两套独立的计算机系统)
DP 3	DYNPOS-AUT & DPS3	DPS-3	DP(AAA)	DYNAPOS AM/AT RS	DPS C	Class 3	最大环境条件及其包括火灾或灌水引起的舱室损失的任何单一失效条件下,自动和手动定位及迎浪方向控制(至少两套独立的计算机系统及A60级隔离的独立备份系统)

注:DNV——挪威船级社;ABS——美国船级社;LR——英国劳氏船级社;GL——德国劳氏船级社;BV——法国船级社;NK——日本海事协会;IMO——国际海事组织

数量发展较慢,只有19艘新建和改建的钻井船下水,仅占2014年全球钻井船总数的15%。而这一时期建造的半潜式钻井平台为136座,占2014年全球半潜式钻井平台的60%。

钻井船数量的快速膨胀始于20世纪90年代末,随着20世纪80年代深水油气田的不断发现和动力定位技术的发展以及高油价的推动,1998—2014年的17年间,全球新建和改建钻井船100多艘,其主流产品为第5代和第6代钻井船,最大作业水深达到了3 600m,最大钻井深度达到了12 000m,钻井作业的最大可变甲板荷载达到了26 000t,钻井作业的极限环境条件为40m/s风速和12m有效波高,生存的极限环境条件为51m/s风速、15m有效波高、1.1m/s流速。

目前,主流钻井船的工作水深为3 658m(12 000ft),钻井深度为12 192m(40 000ft),如2009年下水的"Discoverer Inspiration"号(见图3-12)、"Discoverer Americas"号(见图3-13)和"Discoverer Clear Leader"号(见图3-14);2010年下水的"Discoverer India"号(见图3-15)、"Discoverer Luanda"号(见图3-16)、"Platinum Explorer"号(见图3-17)、"ENSCO DS-3"号(见图3-18)、"ENSCO DS-4"号(见图3-19)和"Deepwater Champion"号(见图3-20);2011年下水的"Deepsea Metro I"号(见图3-21)、"Deepsea Metro II"号(见图3-22)、"Pacific Santa- Ana"号(见图3-23)和"Pacific Scirocco"号(见图3-24);2012年下水的"ENSCO DS-6"号(见图3-25)和"Titanium Explorer"号(见图3-26);2013年下水的"Noble Globetrotter II"号(见图3-27)、"Ocean Rig Mylos"号(见图3-28)、"Ocean Rig Skyros"号(见图3-29)、"Pacific Khamsin"号(见图3-30)、"Tungsten Explorer"号(见图3-31)、"Atwood Advantage"号(见图3-32)、"ENSCO DS-7"号(见图3-33)、"Noble Bob Douglas"号(见图

图3-12　钻井船"Discoverer Inspiration"号

图3-13　钻井船"Discoverer Americas"号

图3-14　钻井船"Discoverer Clear Leader"号

图3-15　钻井船"Discoverer India"号

3-34)、"Noble Don Taylor"号(见图 3-35);2014 年下水的"Ocean BlackHawk"号(见图 3-36)、"Bolette Dolphin"号(见图 3-37)、"Maersk Valiant"号(见图 3-38)、"Maersk Viking"号(见图 3-39)、"Noble Sam Croft"号(见图 3-40)、"Rowan Renaissance"号(见图 3-41)和即将下水的"Atwood Achiever"号、"Ocean BlackHornet"号、"Ocean BlackRhino"号、"Maersk Drillship TBN 4"号、"Maersk Venturer"号、"Noble Tom Madden"号、"Pacific Meltem"号、"Rowan Reliance"号和"Rowan Resolute"号。

图 3-16　钻井船"Discoverer Luanda"号

图 3-17　钻井船"Platinum Explorer"号

图 3-18　钻井船"ENSCO DS-3"号

图 3-19　钻井船"ENSCO DS-4"号

图 3-20　钻井船"Deepwater Champion"号

图 3-21　钻井船"Deepsea Metro I"号

图 3-22　钻井船"Deepsea Metro II"号

图 3-23　钻井船"Pacific Santa Ana"号

图 3-24　钻井船"Pacific Scirocco"号

图 3-25　钻井船"ENSCO DS-6"号

图 3-26　钻井船"Titanium Explorer"号

图 3-27　钻井船"Noble Globetrotter II"号

图 3-28　钻井船"Ocean Rig Mylos"号

图 3-29　钻井船"Ocean Rig Skyros"号

图 3-30　钻井船"Pacific Khamsin"号

图 3-31　钻井船"Tungsten Explorer"号

图 3-32　钻井船"Atwood Advantage"号

图 3-33　钻井船"ENSCO DS-7"号

图 3-34　钻井船"Noble Bob Douglas"号

图 3-35　钻井船"Noble Don Taylor"号

图 3-36　钻井船"Ocean BlackHawk"号

图 3-37　钻井船"Bolette Dolphin"号

图 3-38　钻井船"Maersk Valiant"号

图 3-39　钻井船"Maersk Viking"号

图 3-40　钻井船"Noble Sam Croft"号

图 3-41　钻井船"Rowan Renaissance"号

　　表 3-2 和表 3-3 分别列出了部分主流钻井船(工作水深 3 658m,钻井深度 12 192m)和部分早期(1970—1980 年代)钻井船的技术参数,比较可知随着水深的大幅度增加,钻井设备的尺寸增大,钻井船的吨位也随之大幅度增加。而同样水深和井深条件下,采用 Huisman 的新型钻机(见图 1-107)可使钻井船的主尺寸和吨位大幅度降低。

表 3-2　典型主流钻井船的技术参数

船名	船长/m	型宽/m	吃水/m	载重/t	井架	转盘
Discoverer Inspiration	254	38	13.0	65 573	NOV $226'\times80'\times80'$	NOV 75.5 in
ENSCO DS-4	228	45	15.0	60 162	NOV $200'\times80'\times60'$	NOV 60.5 in
Pacific Santa Ana	228	42	12.0	60 538	NOV $200'\times60'\times80'$	NOV 75.5 in
ENSCO DS-6	233	42	7.5	60 162	NOV $200'\times80'\times60'$	NOV 60.5 in
Noble Globetrotter II	189	32	9.5	35 676	Huisman$241'\times26'\times24'$	60 in
Discoverer Enterprise	251	36	12.0	63 190	Dreco $226'\times80'\times80'$	NOV 60 in

表 3-3　部分早期(1970~1980 年)钻井船的技术参数

船名	船长/m	型宽/m	吃水/m	载重/t	井架	转盘
Deepwater Navigator	167	26	7.5	14 344	Dreco $185'\times40'\times40'$	Emsco 60 in

（续表）

船名	船长/m	型宽/m	吃水/m	载重/t	井架	转盘
Jasper Explorer	165	30	7.5	12 398	AkerSol $180' \times 52' \times 52'$	NOV 49.5 in
Noble Discoverer	156	26	9.0	13 485	Pyramid $175' \times 40' \times 40'$	NOV 49.5 in
Noble Leo Segerius	155	27	7.5	17 232	Pyramid $184' \times 44' \times 36'$	NOV 49.5 in
Peregrine I	140	26	8.3	11 710	Dreco $175' \times 45' \times 36'$	NOV 49.5 in

3.3　半潜式钻井平台

半潜式钻井平台是由坐底式钻井平台演变而来的一种移动式钻井装备，由于它是由立柱将钻井模块托出水面的，因此，规范也将其称为柱稳定结构。由于其水线面远小于船形结构，因此，半潜式钻井平台的水动力性能优于钻井船，但机动性不如钻井船，一般的巡航速度为3～7kn，少数新建平台可以达到10kn，如由中集烟台来福士为中海油服建造的第6代半潜式钻井平台"COSL Innovator"号，其最大航速为10.2kn。图3-42为"COSL Innovator"号从我国烟台开赴挪威海域作业的自航雄姿，整个航程达15 000海里，可与钻井船一争高下。而早期的半潜式钻井平台一般不具有自航能力，移井位则需要由拖船拖带。随着动力定位系统的发展，大功率的推进器使得现代半潜式钻井平台具有了自航能力。

半潜式钻井平台是深水油气田开发的主流钻井装备，自1961年第一座新建半潜式钻井平台"Ocean Driller"号下水以来，半潜式钻井平台经历了半个多世纪的发展，已经发展到了第7代产品——作业水深3 658m(12 000ft)、钻井深度15 240m(50 000ft)，首座第7代半潜式钻井平台"Frigstad Deepwater Rig 1"号（见图3-43）在2015年第4季度交船，第二座"Frigstad Deepwater Rig 2"也将于2016年第2季度交船，这两座最新一代半潜式钻井平台均由我国中集烟台来福士海洋工程有限公司为新加坡Frigstad Offshore公司建造。我国的"海洋石油981"号和"海洋石油982"号均属于第6代半潜式钻井平台，其工作水深均为3 048m(10 000ft)，钻井深度分别为9 997m(32 800ft)和9 144m(30 000ft)。

半潜式钻井平台的"代"数划分并不仅仅取决于工作水深和/或钻井深度，它是平台水动力性能和钻井能力的一个综合指标。当然，"代"数越高，平台的作业水深和钻井深度也越大，但同样的工作水深和钻井深度条件下，由于平台的可变甲板荷载和/或作业海域（最大作

图3-42　钻井平台"COSL Innovator"号

图3-43　钻井平台"Frigstad Deepwater Rig 1"号

业气象窗)不同而分属于不同"代"的产品。如 1982 年下水的"Ocean Vanguard"号(见图 3-44),其作业水深为 1 500ft,钻井深度为 25 000ft,由于可在北海恶劣的环境条件作业,属于第 3 代钻井平台;而 1984 年下水的"Petrobras XVI"号(见图 3-45)虽具有相同的作业水深和钻井深度,由于只适应环境条件较温和的巴西海域作业,尽管建造年代晚于"Ocean Vanguard"号,但仍属于第 2 代产品。因此,划分半潜式钻井平台"代"数的主要依据是平台的建造年代、作业水深、可变甲板荷载(Variable Deck Load,VDL)和最大设计海况。

图 3-44 钻井平台"Ocean Vanguard"号

图 3-45 钻井平台"Petrobras XVI"号

第 1 代半潜式钻井平台主要建造于 20 世纪 60—70 年代,其最大作业水深≤180m,最大可变甲板荷载≤2 000t,全部采用系泊系统定位。由于半潜式钻井平台是从坐底式钻井平台演变而来,因此,第 1 代半潜式钻井平台延续了坐底式钻井平台的结构形式。大多数第 1 代半潜式钻井平台没有垂荡补偿能力,立管的张紧方式也采用最原始的配重方法,这些平台既可以浮式钻井,也可以坐底钻井。这一时期的半潜式钻井平台其甲板形状和立柱数量千差万别,如由坐底式钻井平台改造而成的"Bluewater 1"号(1961 年)为矩形甲板 4 立柱结构;1961 年建成的"Ocean Driller"号为'V'字形甲板 3 立柱结构;1965 年下水的"Sedco 135"号为三角形甲板 12 个立柱结构。

目前,仍在服役的第 1 代半潜式钻井平台一部分经过升级改造提高了钻井作业的能力,以适应更大水深的钻井作业,如 1976 年下水的"Alaskan Star"号(见图 3-46)2010 年进行了

图 3-46 钻井平台"Alaskan Star"号

图 3-47 钻井平台"Energy Driller"号

最后一次改造,其最大作业水深提高到了500m,现服役于巴西海域;1977年下水的"Energy Driller"号(见图3-47)是最后建造的一座第1代半潜式钻井平台,经过1991年、1996年和2006年的三次升级改造,其最大作业水深提高至300m,现服役于南亚海域。还有一部分则被改建成生产平台,如"Transworld 58"号被改装为半潜式生产平台"Argyll FPS"号,这也是世界上第一座半潜式生产平台。

第2代半潜式钻井平台是20世纪70—80年代的主流产品,其最大作业水深一般为300~1 200m,最大钻井深度≤9 000m,可变甲板荷载一般为1 500~2 000t,少数平台配备了动力定位系统。基于第1代平台的使用经验,第2代平台配备了垂荡补偿器、立管张紧器,并具有了自航能力。1969年,法国Cfem船厂见证了第2代半潜式钻井平台的诞生,该船厂为Viking Drilling公司建造了世界上第一座第2代半潜式钻井平台"Viking Producer"号(见图3-48),该平台采用了五边形的壳体结构形式,其作业水深为450m,钻井深度为6 700m,作业海域为墨西哥湾。最后一座第2代半潜式钻井平台"Istigal"号(见图3-49)于1991年下水,由俄罗斯Vyborg船厂建造,其作业水深为700m,钻井深度为6 000m,可变甲板荷载为3 400t,作业水域为里海。

图3-48　钻井平台"Viking Producer"号

图3-49　钻井平台"Istigal"号

1969—1991年的23年间,全球新建第2代半潜式钻井平台多达70余座,远远超过同期的钻井船增长数量。其中部分平台经过升级改造提高了作业能力,如1976年下水的"Sedco 706"号(见图3-50),其最大作业水深为2 000m,最大钻井深度7 600m,可变甲板荷载4 000t,钻井作业的极限海况为:风速15.4m/s、波高4.5m、流速1.1m/s;钻井深度达到9 000m的第2代半潜式钻井平台共有3座,其中,下水最早的是钻石海洋工程公司(Diamond Offshore)的"Ocean Onyx"号(1973年,见图3-51),其最大作业水深为1 830m,最大可变甲板荷载为5 080t;可在最恶劣环境条件进行钻井作业的第2代半潜式钻井平台是1977年下水的"Sedco 709"号(见图3-52),其设计作业环境条件为:风速36m/s、波高21m、流速1.2m/s,该平台最大作业水深为1 500m,最大钻井深度为7 600m,可变甲板荷载为2 870t。

由于第2代半潜式钻井平台配备了垂荡补偿系统,因此,可通过结构和设备改造升级为第 3～5 代平台,如 Transocean 公司 1976 年下水的"Sedco 707"号(见图 3-53)和 1979 年下水的"Transocean Marianas"号(见图 3-54)分别于 1997 年和 1998 年改造升级为第 4 代产品;而 Diamond Offshore 公司 1973 年下水的"Ocean Baroness"号(见图 3-55)于 2001 年改造升级为第 5 代产品。

图 3-50　钻井平台"Sedco706"号

图 3-51　钻井平台"Ocean Onyx"号

图 3-52　钻井平台"Sedco 709"号

图 3-53　钻井平台"Sedco 707"号

图 3-54　钻井平台"Ocean Marianas"号

图 3-55　钻井平台"Ocean Baroness"号

第 3 代半潜式钻井平台诞生于 1973 年,与第 2 代是同时代的产品,其设计目标是提高作业水深和适应高压油气钻井。第 3 代的最大作业水深范围为 450～1 500m,最大钻井深度为≤9 000m,可变甲板荷载为 2 000～4 500t。因此,第 2 代经过升级改造很容易达到第 3 代的能力。最后一座第 3 代半潜式钻井平台是 1991 年建成投产的"Transocean Driller"号(见图 3-56),其最大作业水深为 900m,最大钻井深度为 7 600m,可变甲板荷载为 4 000t。此前的 19 年间,全球新建和改建的第 3 代半潜式钻井平台 47 座,其中,作业水深最大的是 1973 年下水的"Sedco 702"号(见图 3-57),其最大作业水深为 2 000m,最大钻井深度为 7 500m,可变甲板荷载为 4 000t,钻井作业的极限环境条件为:风速 15.4m/s、波高 4.5m、流速 1.1m/s;钻井深度最大的是 1984 年下水的"Songa Dee"号(见图 3-58),其最大作业水深为 550m,最大钻井深度为 9 000m,可变甲板荷载为 4 300t;可变甲板荷载最大的是 1982 年下水的"Atwood Eagle"号(见图 3-59),其最大作业水深为 1 500m,最大钻井深度为 7 500m,最大可变甲板荷载为 4 500t;可在最恶劣环境条件下作业的是 1983 年下水的"勘探 IV"号(见图 3-60),其钻井作业的极限环境条件为:风速 36m/s、最大波高 30.5m,该平台的最大作业水深为 600m,最大钻井深度为 7 500m,可变甲板荷载为 2 871t。

图 3-56　钻井平台"Transocean Driller"号

图 3-57　钻井平台"Sedco 702"号

图 3-58　钻井平台"Songa Dee"号

图 3-59　钻井平台"Atwood Eagle"号

为了适应更深水和更恶劣的海洋环境条件,从 20 世纪 80 年代开始,先后对第 2 代和第 3 代平台进行了大规模的升级改造,由此而诞生了第 4 代半潜式钻井平台。第 4 代的最大作业水深为 1 400～2 400m,最大钻井深度为 7 500～10 000m,可变甲板荷载为 3 500t～6 500t。

截至 2014 年,全球新建和改建第 4 代半潜式钻井平台 39 座。其中,作业水深最大的是 1980 年下水、2006 年升级改造的"Noble Paul Wolff"号(见图 3-61),其最大作业水深 2 800m,最大钻井深度 9 000m,可变甲板荷载 4 990t,采用 DP-2 动力定位;钻井深度最大的是 1988 年下水的"Ocean Alliance"号(见图 3-62),其最大作业水深 2 400m,最大钻井深度 10 600m,可变甲板荷载 4 300t;可变甲板荷载最大的是 1988 年下水的"Ocean America"号(见图 3-63),其最大作业水深 1 500m,最大钻井深度 9 000m,可变甲板荷载 7 500t;钻井作业可承受环境条件最恶劣的是由第 2 代升级而来的"Transocean Marianas"号,其钻井作业的极限环境条件为:风速 36m/s、波高 19.8m、流速 1.0m/s,该平台的最大作业水深为 2 100m,最大钻井深度 9 000m,可变甲板荷载 3 700t。

图 3-60　钻井平台"KAN TAN IV"号

图 3-61　钻井平台"Noble Paul Wolff"号

图 3-62　钻井平台"Ocean Alliance"号

图 3-63　钻井平台"Ocean America"号

　　第 5 代半潜式钻井平台诞生与 20 世纪 90 年代末,其主流产品的最大作业水深达到了 1 500～3 000m,最大钻井深度为 9 000～11 400m,可变甲板荷载≤9 600t,除个别平台外,大多数都配备了 DP-2 或 DP-3 动力定位系统。首座第 5 代半潜式钻井平台是 1999 年下水的

"ODN Tay IV"号(见图 3-64),其最大作业水深为 2 400m,最大钻井深度为9 100m,可变甲板荷载为5 500t,配备了 DP-2 动力定位系统。2001 年世界第一座3 000m水深的半潜式钻井平台"Ocean Confidence"号(见图 3-65)下水,该平台配备了 DP-3 动力定位系统,最大钻井深度为10 700m,可变甲板荷载6 600t。除了由第 2~4 代平台改建的外,第 5 代半潜式钻井平台均采用了 4 立柱双浮箱的现代半潜式钻井平台结构设计。

第 6 代半潜式钻井平台诞生于 21 世纪初,2008 年有 8 座新建和改建的第 6 代半潜式钻井平台相继下水,如 Seadrill 公司的 4 座 West 系列平台(见图3-66),其最大作业水深为

图 3-64　钻井平台"ODN Tay IV"号

图 3-65　钻井平台"Ocean Confidence"号

(a)　　　　　　　　　　　　　(b)

(c)　　　　　　　　　　　　　(d)

图 3-66　Seadrill 公司的 West 系列第 6 代半潜式钻井平台
(a)钻井平台"West Sirius"号　(b)钻井平台"West Hercules"号
(c)钻井平台"West Pheonix"号　(d)钻井平台"West Taurus"号

3 000m,最大钻井深度为 11 400m,可变甲板荷载为8 000t,采用 DP-2 和 DP-3 动力定位。截至 2014 年,全球新建和改建第 6 代半潜式钻井平台 52 座,它们的最大作业水深为2 400～3 600m,最大钻井深度为9 000～15 000m,可变甲板荷载≤13 500t,配备 DP-2/DP-3 动力定位系统。其中,Saipem 公司 2010 年下水的"Scarabeo 9"号(见图 3-67)创造了第 6 代半潜式钻井平台的作业水深和钻井深度之最;Transocean 公司 2009 年下水的"Development Driller III"号(见图 3-68)创造了第 6 代半潜式钻井平台的可变甲板荷载之最。

图 3-67　钻井平台"Scarabeo 9"号

图 3-68　钻井平台"Development Driller III"号

第 6 代半潜式钻井平台的最突出特点是它的钻井模块——双井架、双钻盘、双井口和双提升系统等,实现了双井口作业方式。主井口用于钻进作业,辅助井口完成组装、拆卸钻杆及下放、回收水下器具等离线作业,从而提高了海上钻井作业的效率。有资料显示,双井口作业可提高效率 21%～70%。此外,第 6 代半潜式钻井平台的壳体结构形式也基本定型于4 矩形立柱与双浮箱结构,甲板为封闭式箱型结构。

第 7 代半潜式钻井平台在 2015 年下水,其结构形式与第 6 代相同,建造中的两座平台"Frigstad Deepwater Rig 1"号和"Frigstad Deepwater Rig 2"号,其最大作业水深为3 658m(12 000ft),最大钻井深度为15 240m(50 000ft)。

截至 2014 年 6 月,全球在役的半潜式钻井平台 222 座,预计到 2019 年将增至 248 座,表 3-4 列出了部分半潜式钻井平台的主要参数。

3.4　圆筒形钻井平台

圆筒形钻井平台是挪威赛万海洋工程公司(Sevan Marine)开发的新型钻井平台。其结构形式和原理更接近钻井船,但其巡航速度远远小于钻井船,而作业吃水远远大于钻井船,与半潜式平台相近,所以,业内也有人将其划归为半潜式钻井平台。但圆筒形钻井平台的甲板可变荷载远远大于半潜式钻井平台,而与同级别排水量的钻井船相近,水动力性能则优于钻井船和半潜式钻井平台。2009 年全球首座圆筒形半潜式钻井平台"Sevan Driller"号(见图 3-69)在南通中远船务工程有限公司下水,2010 年 6 月在巴西开始了为期 6 年的商业钻井。截止 2014 年,该公司已经陆续为赛万钻井公司(Sevan drilling)建造了 4 艘圆筒形半潜式钻井平台,其他 3 艘为 2012 年下水的"Sevan Brasil"号(见图 3-70)、2013 年下水的"Sevan

表 3-4　部分全球在役半潜式钻井平台的基本参数

平台名称	代	水深/m	钻深/m	VDL/t	风速/(m/s)	波高/m	流速/(m/s)	定位系统	井架尺寸/钻盘直径	下水时间	最后一次改建时间
Alaskan Star	1	500	7 600	2 500	25.7	13.7	0.8	ML	Continental Emsco 55m×12m×12m/1.26m	1976	2010
Sedco 704	2	300	7 600	2 400	20.6	7.6	1.2	ML	Lee C. Moore 56m×12m×15m/NOV 1.26m	1974	
Songa Mercur	2	360	7 600	2 400	25.7	5.0	0.8	ML	Uralmash 56m×14m×17m/ NOV 1.26m	1989	2007
Sedneth 701	2	450	7 600	3 600	25.7	12.2	1.2	ML	Lee C. Moore 56m×16m×12m/NOV 1.26m	1973	2001
J W McLean	2	450	7 600	3 500	28.3	9.1	0.7	ML	Lee C Moore 55m×12m×12m/ NOV 1.26m	1974	1996
Sedco 601	2	450	6 100	2 800	36.0	15.2	1.0	ML	Dreco (48m+56m)×12m×12m/ Continental Emsco 1.26m	1983	
Olinda Star	2	1 100	7 000	3 800	36.0	14.6	1.61	ML	Loadmaster 59m×12m×12m/Lewco 1.54m	1983	2009
Sedco 709	2	1 500	7 600	2 800	36.0	21.3	1.2	DP	Lee C Moore 56m×15m×12m/NOV 1.26m	1977	1999
Sedco 706	2	2 000	7 600	4 000	15.4	4.6	1.1	DP2	Wooslayer 56m×15m×12m/Continental Emsco 1.54m	1976	2008
Actinia	3	450	7 600	2 700	35.0	15.2	0.5	ML	Joseph Paris 55m×12m×12m/ Oilwell 1.26m	1982	
WilHunter	3	450	7 600	3 600	38.6	15.2	0.8	ML	Derrick Services Limited 53m×12m×12m/NOV 1.26m	1983	2011
Transocean Winner	3	450	7 600	3 900	33.0	8.0	1.3	ML	UIE 48m×12m×12m/ NOV 1.26m	1983	
Transocean Searcher	3	450	7 600	3 000	51.7	9.0	1.6	ML	Maritime Hydraulics 48m×12m×12m /NOV 1.26m	1983	1988
Transocean John Shaw	3	550	7 600	3 200	25.7	13.7	0.5	ML	Continental Emsco 56m×12m×12m/ 1.26m	1982	
Transocean Driller	3	900	7 600	4 100	37.6	11.0	1.0	ML	Branham 56m×12m×12m/NOV 1.26m	1991	
Sedco 700	3	1 100	7 600	2 100	25.7	12.2	1.2	ML	Lee C. Moore 56m×12m×15m/NOV 1.26m	1973	1997
Transocean Amirante	3	1 100	7 600	3 500	33.4	8.5	1.1	ML	Continental Emsco 56m×12m×12m/ NOV 1.26m	1978	1997
Sedco 710	3	1 400	7 600	3 300	20.6	7.6	1.2	DP	Dreco 48m×20m×7m/Oilwell 1.26m	1983	
Sovereign Explorer	3	1 400	7 600	3 500	33.4	15.2	0.8	ML	Branham 58m×12m×12m/NOV 1.26m	1984	

（续表）

平台名称	代	水深/m	钻深/m	VDL/t	风速/m/s	波高/m	流速/m/s	定位系统	井架尺寸/钻盘直径	下水时间	最后一次改建时间
M G Hulme Jr	3	1 500	7 600	4 000	36.0	15.2	1.5	ML	Branham 48m×12m×12m/NOV 1.26m	1983	1998
Sedco 702	3	2 000	7 600	4 000	15.4	4.6	1.1	ML	Lee C. Moore 56m×15m×12m/NOV 1.26m	1973	2007
Transocean Polar Pioneer	4	500	7 600	4 500	21.0	14.0	1.4	ML	Maritime Hydraulics 50m×12m×12m/Continental Emsco 1.26m	1985	1999
Transocean Arctic	4	500	7 600	4 500	36.0	Hs9.0	1.1	ML	Maritime Hydraulics 51m×12m×12m/Continental Emsco 1.26m	1986	
Henry Goodrich	4	600	9 100	5 000	25.7	Hs7.6	1.0	ML	Maritime Hydraulics 54m×12m×12m/Continental Emsco 1.26m	1985	
Heydar Aliyev	4	1 000	9 100	4 000	23.0	12.2	0.7	ML	Dreco 66m×12m×12m/NOV 1.26m	2003	
Transocean Rather	4	1 400	7 600	3 500	25.7	9.1	1.0	ML	Maritime Hydraulics 55m×12m×12m/Continental Emsco 1.26m	1987	1995
Transocean Leader	4	1 400	7 600	4 600	25.7	10.7	0.8	ML	Dreco 52m×12m×12m/ Continental Emsco 1.26m	1987	1997
Jack Bates	4	1 600	9 100	6 100	38.1	Hs6.1	1.5	ML	Dreco 56m×12m×12m/NOV 1.26m	1986	1997
Sedco 707	4	2 000	7 600	4 200	25.7	7.6	1.0	DP	Lee C Moore 56m×15m×15m/NOV 1.26m	1976	1997
Transocean Marianas	4	2 100	9 100	3 700	36.0	19.8	1.0	ML	Pyramid 53m×12m×12m/ Continental Emsco 1.26m	1998	
Alpha Star	5	2 700	7 500	9 600	19.6	10.7	1.6	DP-2	NOV 56m×13m×12m/ 1.54m	2009	
Gold Star	5	2 700	9 100	9 600	19.6	10.7	1.6	DP-2	NOV 56m×13m×12m/ 1.54m	2008	
Lone Star	6	2 400	7 500	6 500	19.6	10.7	1.6	DP-2	NOV 56m×12m×13m/ 1.54m	2008	
Maersk Discoverer	6	3 000	9 100	7 000	26.0	6.8	0.8	DP-2	NOV 64m×15m×16m/1.54m	2009	
Transocean Barents	6	3 000	9 100	7 000	23.2	12.0	0.5	DP	AKMH Dual RamRig/1.54m	2009	
Transocean Spitsbergen	6	3 000	9 100	7 000	23.2	12.0	0.5	DP-3	AKMH Dual RamRig/1.54m	2009	
Maersk Developer	6	3 000	10 000	7 000	26.0	6.8	0.8	DP-2	NOV 64m×15m×16m/1.54m	2009	
Maersk Deliverer	6	3 000	10 000	7 000	26.0	6.8	0.8	DP-2	NOV 64m×15m×16m/1.54m	2009	

Louisiana"号(见图 3-71)和 2015 年下水的"Sevan Developer"号(见图 3-72)。这 4 座平台为 Sevan 650 型圆筒形钻井平台,设计作业水深3 000m(10 000ft),可提高至3 600m(12 000ft),钻井深度12 000m(40 000ft)。该型号平台的设计筒体(水线面)直径 75m,甲板直径 86m,型深24.5m,空载吃水 7.8m,设计吃水 12.5m,设计吃水条件下的排水量为55 800t,可变甲板荷载20 000t,属于第 6 代钻井平台。目前,"Sevan Driller"号和"Sevan Brasil"号分别在巴西的 Campos 和 Santos 海域作业,"Sevan Louisiana"号则在墨西哥湾钻井。

图 3-69   钻井平台"Sevan Driller"号

图 3-70   钻井平台"Sevan Brasil"号

图 3-71   钻井平台"Sevan Louisiana"号

图 3-72   钻井平台"Sevan Developer"号

3.5   钻井立管

海上钻井与陆域钻井的最大区别是钻机与井口之间有海水阻隔,陆域钻井时,钻井泥浆(也称钻井液)从井口直接流入地面的泥浆池(见图 3-73)完成钻井过程中的泥浆循环,将钻井产生的岩屑带出井筒。而海上钻井时,由于泥浆罐位于钻井平台上,要实现泥浆循环,必须解决海底井口与水面钻井平台之间的泥浆循环问题。目前,解决这一问题的主要方法是通过钻井立管建立泥浆的循环通道,这也是最早出现的海上钻井泥浆循环方法。另一种方法是无立管钻井(见图 3-74),在井口在钻井平台之间安装一条泥浆回流线(Mud Return

Line，MRL）（见图 3-75）。近年来，也有人提出了海底泥浆循环的概念。

由于钻井平台在风浪的作用下会产生运动，尽管采用垂荡补偿和动力定位来减小平台运动对钻井作业的影响，但为了保证钻井立管的正常服役，仍需为钻井立管配置一些附属装置，如伸缩节（Telescopic joint）（见图 3-76）和张紧器（Tensioner）（见图 3-77）等，以防止出现过大的张力或负张力。因此，钻井立管、更严格地讲应该称其为钻井立管系统。由于钻井立管的主要作用是

图 3-73　陆域钻井泥浆池

提供钻井（船）平台与海底井之间的钻井泥浆循环通道，因此，也被称为钻井隔水管。

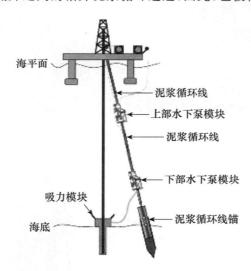

图 3-74　无立管钻井泥浆循环方案

严格地讲，供泥浆循环的隔水管只是现代钻井立管的一部分。除了泥浆循环的主要功能外，钻井立管还有钻井工艺管线，如节流和压井管线、钻井液增压管线和液压控制管线。这些工艺管线通常小于钻井立管的主体——隔水管，用管卡固定在隔水管周围，成为隔水管的卫星管，如图 3-78 所示。

钻井立管系统由标准立管段（见图 3-79）及短节、卡盘（见图 3-80）、万向节（见图 3-81）、分流器（见图 3-82）、上部柔性接头、伸缩节、填充阀（见图 3-83）、底部柔性接头、底部立管总成（见图 3-84）和防喷器（是底部立管总成的一部分，见图 3-85）等部件组成，各部件之间主要采用法兰连接，而标准立管段之间的连接有法兰式、卡扣式和卡箍式等多种连接形式。

图 3-75　独立的泥浆循环系统

图 3-76　伸缩接头

法兰式连接是钻井立管发展之初采用的一种连接方式,也是钻井立管的主要连接方式。如 GE-Vetco Gray 公司的 HM F 型法兰接头钻井立管(见图 3-86)、Cameron 公司的 LoadKing 型和 RF 型法兰接头钻井立管(见图 3-87)以及 Dril-Quip 公司开发的 FRC 型法兰接头(见图 3-88)钻井立管。由于法兰式钻井立管的连接速度较慢,为了减少非钻井时间,近年来,出现了以卡箍和卡扣等各种快速连接方式为接头的钻井立管。如 GE-Vetco Gray 公司开发的 MR-6H SE 型卡扣式接头(见图 3-89)和 MR-6E 型爪式接头(见图 3-90)钻井立管;Aker kvaerner 公司开发的卡箍式接头钻井立管(见图 3-91);法国石油研究院(IFP)开发的尾闩式接头(见图 3-92)钻井立管和 Dril-Quip 公司开发的 QM FC 型接头(见图 3-93)钻井立管,该接头采用裂环锁定机构与锁定槽啮合的方式,具有所有部件自锁定的优点。

图 3-77　张紧器

图 3-78 钻井立管结构

图 3-79 标准立管段

图 3-80 卡盘

图 3-81 万向节

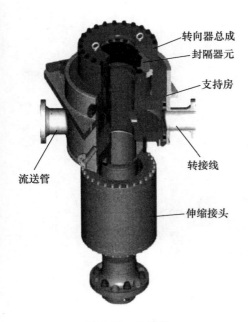

转向器总成

封隔器元

支持房

转接线

流送管

伸缩接头

图 3-82 分流器

图 3-83 填充阀

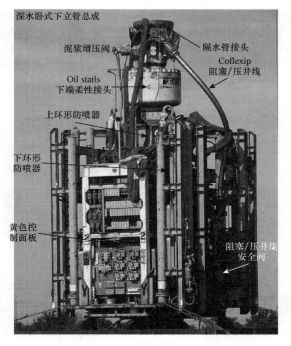

图 3-84　卧式立管底端总成

图 3-85　防喷器

图 3-86　HM F 型法兰接头

(a)

(b)

图 3-87　LoadKing 型和 RF 型法兰接头钻井立管

（a）LoadKing 法兰接头　（b）RF 法兰接头

图 3-88　RFC 型法兰接头

图 3-89　MR-6H SE 型卡扣接头

图 3-90　MR-6E 型爪式接头

图 3-91　CLIP 型卡箍接头

图 3-92　尾闩式接头

图 3-93　QM FC 型接头

第 4 章

生产装备

4.1 概述

海上油气田的生产装备是完成钻、完井作业后进行采油作业的设施,包括生产平台、生产立管、脐带缆和水下生产系统。

生产平台可分为刚性开发系统的水面设施和柔性开发系统的水面设施两大类,刚性开发系统的水面设施包括张力腿平台、Spar 平台和干树半潜式生产平台(Dry Tree FPU),柔性开发系统的水面设施包括半潜式生产平台、FPSO/FDPSO 和 FLNG。

生产立管按其在生产中所起的作用可分为采油立管(注水立管)和输入/输出立管,在刚性开发系统中,采油立管为顶张式立管(TTR),输入/输出立管为悬链式立管。对于柔性开发系统,由于采油树在水下井口处,因此,系统没有直接与井口连接的采油立管,水下采油树(湿树)通过跨接管将油气汇集于管汇,并经过水下生产系统处理后输送到水面设施,其输送立管包括自由站立式立管(FSHR)和悬链式立管,包括简单悬链式立管、缓波立管(Lazy Wave Riser)和陡波立管(Steep Wave Riser)。刚性开发系统和柔性开发系统的输入输出均采用悬链式立管,悬链式立管的管体既有钢管也有复合管。

水下生产系统具有生产平台的部分功能,如气液分离增压、两相和三相分离压缩等功能,主要设施包括湿树、管汇、分离器和压缩站。

4.2 张力腿平台

张力腿平台是一种特殊的浮式结构,它的锚固方式不同于其他任何一种浮式结构——Spar、半潜式和 FPSO。其张力腿是一种竖向刚性较大的锚固系统,由 3 组或 4 组垂直的张力腿锚固于海底基础,每组张力腿有 2~4 根张力筋腱,如图 4-1 所示。与张紧或半张紧缆索系泊的浮式结构比较,其水动力性能好。也正是由于这种特殊的锚泊方式,使其适用水深受到限制(张力腿的自重导致过大的张力)。目前,张力腿平台的最大服役水深已经达到了 1 615m。此前,张力腿平台被认为的适用水深<1 500m。如果能够有效地降低张力腿的张力或提高张力腿的强度,则张力腿平台的适用水深有望进一步增大。

张力腿平台的概念是从顺应式平台发展而来的,即将顺应式平台的底部支座从一桁架结构简化为几根独立的杆(张力腿),并由浮力取代了基础支撑反力。其整体水动力性能与顺应式平台相似而有别于系泊缆锚泊的浮式结构,因此,按结构的承载方式划分,张力腿平台属于浮式结构,而按结构的水动力性能来划分,张力腿平台可归类于顺应式结构。

由于张力腿平台优良的水动力性能,使其成为刚性开发系统的水面设施,有一些混合开发系统采用张力腿平台作为井口平台(Tension Leg Wellhead Platform,TLWP),如巴西 Papa Terra 油田(位于 Campos Basin BC-20 区块)的"P-61"号(见图 4-2)平台。也有一些柔性开发系统采用张力腿平台作为水面生产设施,如墨西哥湾的 Morpeth、Allegheny、Typhoon、Neptune 和 Shenzi 油田均采用张力腿平台作为湿树井的水面生产设施。

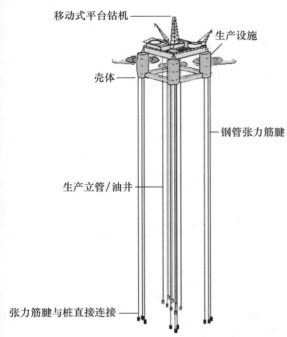

移动式平台钻机
生产设施
壳体
钢管张力筋腱
生产立管/油井
张力筋腱与桩直接连接

图 4-1　张力腿平台

图 4-2　Papa Terra 油田的"P-61"号 TLWP

自 1984 年第一座张力腿平台"Hutton"号问世以来,全球已建和在建张力腿平台 31 座(已投产 28 座,在建 3 座),其中,墨西哥湾 19 座(在建 1 座)、北海 3 座、西非 5 座(在建 1 座)、巴西 1 座、亚洲 3 座(在建 1 座),如表 4-1 所示。其中的"Typhoon"号在 2005 年的 Rita 台风中损毁。这 31 座张力腿平台具有不同的结构形式,最早出现的被称为传统型张力腿平台(Conventional TLP,CTLP),此后,先后出现了 SeaStar、MOSES(Minimum Offshore Surface Equipment Structure)、ETLP(Extended Tension Leg Platform)和 SSIP(Self-stable Integrated Platform)(见图 4-3)。其中,CTLP、ETLP 和 SSIP 是张力腿平台中排水量较大的 3 种结构形式,主要用于干树开发模式,即刚性开发系统的水面生产设施或混合开发系统的井口平台;MOSES 和 SeaStar 是张力腿平台中排水量较小的两种结构形式,因此,也称为小型张力腿平台(Mini-TLP),主要用于边际油田开发或距主区块较远的小区块开发。由于 Mini-TLP 的成本较低(与传统张力腿平台相比),因此,也被用于湿树开发模式。目前,在役的 3 座 MOSES 中,有一座为湿树的生产平台——墨西哥湾 Shenzi 油田的张力腿平台(见图 4-4);在役的 4 座 SeaStar 中,有 3 座为湿树的生产平台,它们是现服役于墨西哥湾的"Morpeth"号、"Allegheny"号和"Neptune"号,见(见图 4-5)。在台风 Rita 中损毁的 SeaStar "Typhoon"号(见图 4-6)也是一座湿树生产平台,已建成投产的 5 座 SeaStar 中只有现服役于墨西哥湾的"Matterhorn"号(见图 4-7)是一座干树生产平台。

表 4-1 全球张力腿平台统计

平台名称	结构形式	水深/m	采油树	甲板模块/t	壳体重/t	排水/t	张力腿	服役海域	投产年代
Hutton	CTLP	147	干	20 792	25 500	61 500	Φ260×16	北海	1984
Jolliet	CTLP	536	干	1 950	4 170	16 602	Φ610×12	墨西哥湾	1989
Snorre A	CTLP	335	干	43 700	30 000	106 000	Φ813×16	北海	1992
Auger	CTLP	872	干	21 772	35 380	66 224	Φ660×12	墨西哥湾	1994
Heidrun	CTLP	345	干	89 000	166 000	290 610	Φ1 066×16	北海	1995
Mars	CTLP	894	干	6 532	15 105	49 099	Φ711×12	墨西哥湾	1996
Ram Powell	CTLP	980	干	8 100	13 608	49 100	Φ711×12	墨西哥湾	1997
Morpeth	SeaStar	518	湿	2 817	2 540	10 605	Φ660×6	墨西哥湾	1999
Ursa	CTLP	1 158	干	20 321	26 018	88 451	Φ813×16	墨西哥湾	1999
Marlin	CTLP	986	干	5 000	8 165	23 800	Φ711×12	墨西哥湾	1999
Typhoon	SeaStar	639	湿		2 817	12 157	Φ711×6	墨西哥湾	2001
Brutus	CTLP	910	干	19 958	13 154	49 623	Φ813×12	墨西哥湾	2001
Prince	MOSES	454	干	3 629	3 175	13 097	Φ610×8	墨西哥湾	2001
Allegheny	SeaStar	1 009	湿	2 780	2 359	10 605	Φ711×6	墨西哥湾	2003
West Seno A	CTLP	1 021	干	4 800	9 000	23 059	Φ660×8	印度尼西亚	2003
Matterhorn	SeaStar	858	干	5 570	5 352	14 881	Φ813×6	墨西哥湾	2003
Marco Polo	MOSES	1 311	干	12 500	5 216	24 947	Φ711×8	墨西哥湾	2004
Kizomba A	ETLP	1 200	干	11 600	13 464	58 480	Φ813×8	安哥拉	2004
Kizomba B	ETLP	1 006	干	11 600	13 464	58 480	Φ813×8	安哥拉	2005
Magnolia	ETLP	1 425	干	13 816	10 000	37 794	Φ813×8	墨西哥湾	2005
West Seno B	CTLP	914	干					印度尼西亚	2005
Oveng	SSIP	271	干	2 250	2 650		Φ610×8	赤道几内亚	2007
Okume/Ebano	SSIP	503	干	2 250	2 700		Φ610×8	赤道几内亚	2007
Neptune	SeaStar	1 280	湿	5 778	5 398	24 494	Φ914×6	墨西哥湾	2007
Shenzi	MOSES	1 333	湿	8 684	12 493	39 400	Φ914×8	墨西哥湾	2009
Papa Terra P-61	ETLP	1 180	干	23 000			巴西		2014
Olympus	CTLP	945	干					墨西哥湾	2014

（续表）

平台名称	结构形式	水深/m	采油树	甲板模块/t	壳体重/t	排水/t	张力腿	服役海域	投产年代
Big Foot	ETLP	1 615	干					墨西哥湾	2015
Moho Nord	CTLP	780	干					西非	2016
Malikai	CTLP	565	干	14 000	12 000			马来西亚	2017
Stampede	MOSES	1 067	湿	11 500				墨西哥湾	2018

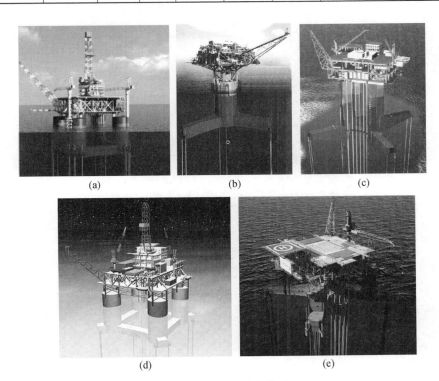

(a) (b) (c)

(d) (e)

图 4-3　张力腿平台类型

(a) CTLP　(b) SeaStar　(c) MOSES　(d) ETLP　(e) SSIP

图 4-4　湿树 MOSES 张力腿平台"Shenzi"号

图 4-5　湿树 SeaStar 张力腿平台
（a）"Morpeth"号　（b）"Allegheny"号　（c）"Neptune"号

图 4-6　湿树 SeaStar TLP "Typhoon"号

图 4-7　干树 SeaStar TLP "Matterhorn"号

张力腿平台之最是服役于北海 Heidrun 油田的 CTLP "Heidrun"号（见图 4-8）和即将建成投产的 ETLP "Big Foot"号（见图 4-9）。CTLP "Heidrun"号是目前排水量最大的张力腿

图 4-8　CTLP "Heidrun"号

图 4-9　建设中的 ETLP"Big Foot"号

平台,其上部组块重89 000t,混凝土结构的壳体重166 000t,排水量达到了290 000t,也是目前世界上唯一一座混凝土张力腿平台。ETLP "Big Foot"号将是迄今为止服役水深最深的张力腿平台,其锚固水深达到了1 615m,突破了张力腿平台适用水深<1 500m的传统概念。

尽管第一座张力腿平台建成投产于 1984 年,但是,关于张力腿平台的研究始于 20 世纪 60 年代初,甚至有学者认为美国学者 R. O. Marsh 于 1954 年提出的倾斜系泊索群固定海洋平台的概念是张力腿平台的起源(这一概念被用于第一座顺应式平台)。在此后的 30 年间,英国、美国、日本、挪威、荷兰和意大利等国家的相关科研机构投入了大量的人力和物力进行了广泛深入的理论和实验研究,提出了不同形式的张力腿平台方案。在张力腿平台总体性能、主尺度优化、张力腿内力变化特点和施工安装等各个具体环节进行了全面深入的研究,并建成了几座实验平台。其中两个比较成功的项目是:英国石油公司开展的三角形张力腿平台研究,该公司在大量地理论分析和试验研究的基础上,于 1962 年在苏格兰附近海域 30m 水深处安装了 124t 重的三角形张力腿实验平台"Triton"号,从而较好地认识了张力腿平台的水动力性能,为后续的研究工作提供了经验。另一个卓有成效的研究工作是美国深海石油技术公司对张力腿平台"Deep Oil X-1"号长达 5 年的研究,该平台是一座 650t 重的实验平台,于 1974 年安装在加州附近海域 60m 水深处,通过理论分析和实验研究,在张力腿平台的水动力性能、张力腿的内力变化规律和海底锚固基础等方面获得了大量有益的数据和结论。

4.3　Spar 平台

Spar 平台是刚性开发系统的两种主要水面设施之一,其结构形式不同于其他的生产平台(TLP、半潜式和 FPSO)——圆柱形壳体(见图 4-10)提供平台及压载所需的浮力。由于 Spar 平台的吃水较深(>100m),规范将其定义为深吃水结构。

除结构形式外,Spar 平台与其他浮式结构的最大区别是重心低于浮心,因此,是无条件稳定的结构,被戏称为"不倒翁"。正因为如此,尽管 Spar 平台的系泊系统与半潜式平台的系泊系统完全相同,但它的水动力性能却远远优于半潜式平台,使其能够作为刚性开发系统的水面设施——干树生产平台。

由于 Spar 平台采用以尼龙缆为主体的张紧式或半张紧式系泊系统,因此,其结构本身的适用水深与半潜式平台是相同的。限制 Spar 平台适用水深的不是系泊系统,而是刚性立管系统。通常认为,Spar 平台的适用水深<2 500m。目前,Spar 平台的最大服役水深达到了 2 383m。

Spar 平台的概念来自于 20 世纪 60 年代初的海洋观测平台,如美国海军的水文观测平台 FLIP(Floating Instrument Platform)(见图 4-11)和日本电信的微波中继站。其中,FLIP 是世界上第一座 Spar 平台,1965 年服役,当时主要用于美国海军反潜及导弹制导的水下声波传播研究,现为斯克里普斯海洋研究院(Scripps Institute of Oceanography)用于海洋声学研究。该平台长 355ft(约108.2m),吃水 300ft(约91.4m),水线面直径12.5ft(约3.8m),水下直径 20ft(约6.1m),大小直径锥形过渡(见图 4-12),作业排水约 2 032t。日本电信的微波中继站壳体为阶梯形结构,最小直径 10ft(约3.0m),最大直径 20ft(约6.1m),长 445ft(约135.6m),作业吃水 330ft(约100.6m),上部圆筒形封闭甲板高 33ft(约10.0m)、直径 50ft(约15.2m),圆筒顶部为直升机甲板。

图 4-10　Spar 的圆柱形壳体

图 4-11　水声观测平台 Flip

海洋石油开发的先驱者们借鉴了上述 Spar 的设计理念,于 1976 年在北海的 Brent 油田建成投产了一座用于原油储存和转运的 Spar 平台"Brent"号[见图 4-13(a)],该平台锚固在 140m 水深处,作业吃水108.8m,其壳体由两段不同直径的圆筒组成[见图 4-13(b)],水线面处的颈部直径为 16.8m,下部直径为 29.0m。该平台的储油能力为 420 000t,空载排水74 000t。

第一个提出将 Spar 的概念用于钻井生产的是 Edward E. Horton(Horton Wison Deepwater In. 公司的创始人),他于 1987 年完成了深水钻井生产的 Spar 平台设计,被公认为是现代 Spar 生产平台的鼻祖。10 年后的 1997 年,Kerr-McGee 公司在墨西哥湾的 Neptune 油气田建成投产了世界上第一座 Spar 生产平台"Neptune"号（见图 4-14），该平台的作业水深 588m，其壳体为一 22m 直径、215m 长的等直径圆柱体，吃水 198m。

图 4-12　FLIP 的壳体结构

(a)　　　　　　(b)

图 4-13　第一座储油 Spar 平台"Brent"号

（a）"Brent"号服役姿态　　（b）" Brent "号结构

图 4-14　第一座 Spar 生产平台"Neptune"号

　　由于 Spar 平台优良的水动力性能,继第一座 Spar 生产平台投产后,Spar 平台技术得到了快速的发展,承载能力从"Neptune"号的 2 900t 发展到"AASTA Hansteen"号的 21 500t,结构形式也从整体的圆柱形壳体发展为圆柱形舱室＋桁架＋压载的结构以及多圆柱组合的圆柱束结构,以这 3 种结构形式为壳体的 Spar 平台分别被称为 Classic Spar、Truss Spar 和 Cell Spar(见图 4-15)。目前,全球已建和在建 Spar 平台 21 座,其中 Classic Spar 4 座、Truss Spar 16 座、Cell Spar 1 座(见表 4-2)。按照出现的时间顺序,业内也将这 3 种 Spar 平台称为第 1 代 Spar(Classic Spar)、第 2 代 Spar(Truss Spar)和第 3 代 Spar(Cell Spar)。

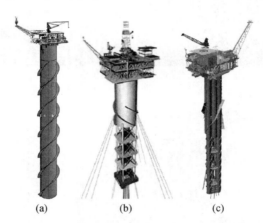

图 4-15　Spar 平台的 3 种结构形式

(a) Classic Spar　(b) Truss Spar　(c) Cell Spar

表 4-2　全球已建/在建 Spar 平台主要参数

名称	类型	水深/m	壳体长/m	硬舱直径/m	甲板模块重/t	壳体重/t	服役海域	建成年代
Neptune	Classic	588	215	22	2 903	11 698	墨西哥湾	1997
Genesis	Classic	792	215	37	11 340	26 036	墨西哥湾	1999
Hoover/Diana	Classic	1 463	215	37	15 613	32 505	墨西哥湾	2000
Boomvang	Truss	1 063	166	27	4 899	10 850	墨西哥湾	2001
Nansen	Truss	1 121	166	27	4 844	10 850	墨西哥湾	2002
Horn Mountain	Truss	1 653	169	32	3 992	13 272	墨西哥湾	2002
Gunnison	Truss	960	167	30	5 171	12 115	墨西哥湾	2003
Medusa	Truss	678	179	29	5 443	11 700	墨西哥湾	2003
Devil Tower	Truss	1 710	179	29	3 456	10 623	墨西哥湾	2004
Holstein	Truss	1 324	227	46	15 766	21 327	墨西哥湾	2004
Mad Dog	Truss	1 348	168	39	18 500	29 051	墨西哥湾	2004
Front Runner	Truss	1 015	179	29	9 979	12 785	墨西哥湾	2004

（续表）

名称	类型	水深/m	壳体长/m	硬舱直径/m	甲板模块重/t	壳体重/t	服役海域	建成年代
Red Hawk	Cell	1 616	171	20	3 357	6 532	墨西哥湾	2004
Constitution	Truss	1 515	169	30	5 320	13 426	墨西哥湾	2005
Kikeh	Truss	1 330	142	32	5 428	13 426	马来西亚	2006
Tahiti	Truss	1 250	169	39	18 950	21 800	墨西哥湾	2008
Perdido	Truss	2 383	171	20	11 250	20 573	墨西哥湾	2009
Lucius	Truss	2 165	184	34	15 000	23 000	墨西哥湾	2014
Gulfstar	Classic	1 311	178	26	7 800	21 500	墨西哥湾	2014
AASTA Hansteen	Truss	1 300	196	50	21 500	45 332	北海	2015
Heidelberg	Truss	1 616	184	34	15 000	23 000	墨西哥湾	2016

　　第 1 代 Spar 平台分别建造于 1997 年（"Neptune"号）、1999 年（"Genesis"号）、2000 年（"Hoover"号）和 2014 年（"Gulfstar"号），其中，"Neptune"号、"Genesis"号和"Hoover"号由 Technip 公司设计建造，"Gulfstar"号由 Williams 公司设计。"Genesis"号和"Hoover"号是一对姊妹平台，直径 37m、长 215m，锚泊处的水深分别为 792m 和 1 463m（见图 4-16 和图 4-17）。自第 2 代 Spar 平台问世后，第 1 代 Spar 平台便消失了踪影。正当人们认为它已完全被第 2 代所替代时，2014 年，它又浮出了水面，赫世（HESS）石油公司在墨西哥湾建造了一座 Spar 型 FPSO "Gulfstar"号（见图 4-18），它不仅使第 1 代 Spar 重新回到了深水油气开发装备的行列，而且突破了第 1 代和第 2 代 Spar 的干树应用理念，开辟了 Spar 平台新的应用领域。

图 4-16　Classic Spar "Genesis"号

图 4-17　Classic Spar "Hoover"号

图 4-18　Classic Spar"Gulfstar"号

第 2 代 Spar 平台诞生于 2001 年，Technip 公司推出了世界上第一座 Truss Spar "Boomvang"号（见图 4-19），独特的垂荡板设计改善了 Spar 平台的水动力性能。第 2 代 Spar 平台中，壳牌公司 2009 年投产的"Perdido"号（见图 4-20）是目前服役水深最深的 Spar 平台。壳体尺寸最大的第 2 代 Spar 平台是英国石油公司（BP）2004 年投产的"Holstein"号（见图 4-21），其壳体长 227m、直径 46m，它也是 Spar 家族中壳体最大的成员。结构最重的第 2 代 Spar 平台是 Technip 公司为挪威国家石油公司（Statoil）建造的"AASTA Hansteen"号（见图 4-22），其上部组块重 21 500t，壳体重 45 332t。

图 4-19　Truss Spar"Boomvang"号

图 4-20　第 2 代 Spar 平台"Perdido"号

图 4-21　Truss Spar"Holstein"号

图 4-22　Spar "AASTA Hansteen"号

第 3 代 Spar 平台诞生于 2004 年,称其为第 3 代,仅仅是因为它的出现年代晚于第 2 代,且结构形式不同于第 2 代。但是,与第 2 代可以取代第 1 代完全不同,第 3 代不仅不能取代第 2 代,而且,它的适用范围也仅仅限于边际油田或地质储量较少的小区块开发。因为,它属于轻型平台,与 Mini TLP 在张力腿平台中的地位相同。如果用于重型平台的设计,不仅它的建造优势荡然无存,而且承载效率较低。目前,全球唯一的一座第 3 代 Spar 平台"Red Hawk"号(见图 4-23)已经退役,它是一座湿树平台。

Spar 平台的圆柱壳内设有矩形中央井,生产立管穿过中央井与甲板上的干式采油树连接。因此,立管的数量决定了 Spar 平台的尺寸。

Spar 平台家族还有一位另类——3 柱式深吃水结构,它是由 Gulf Island 公司和 Bennett & Associates 公司联合提出的一种组合式 Spar 的概念——MinDOC。2010 年,ATP 油气公司(ATP Oil&Gas)在墨西哥湾的 Telemark Hub 油气田采用基于 MinDOC 概念设计的 3 柱 Spar 平台——"ATP Titan"号(见图 4-24)。

图 4-23　第 3 代 Spar 平台"Red Hawk"号

图 4-24　3 柱 Spar 平台"ATP Titan"号

4.4　半潜式生产平台

半潜式生产平台是作为柔性开发系统的水面设施发展起来的,是水下生产系统的管理和生产平台,其设计理念直接来自于半潜式钻井平台,且第一座半潜式生产平台"Argyll"号 FPU 就是由半潜式钻井平台"Transocean 58"号改装而成的,是继船形浮式生产系统"Arco Ardjuna"号后出现的第 2 种浮式生产设施(Floating Production Unit,FPU)。由于半潜式生产平台的立管系统是悬链式立管,其适用水深远远大于张力腿平台和 Spar 平台。决定其适用水深的是系泊系统,因此,被认为其适用水深是无限的。目前,半潜式生产平台的服役水深已经达到了 2 438m。

半潜式生产平台与半潜式钻井平台的结构差异在于水下浮箱,由于生产平台正常服役时不需要大范围地移动平台,因此,其浮箱均采用环形浮箱结构(见图 4-25),而钻井平台则因移井位的需要而采用双浮箱结构(见图 4-26)。

由于半潜式生产平台管理的是水下生产系统,其井口分散且不在平台的垂直下方,因此,半潜式生产平台不便于进行钻/修井作业。目前,已建成的53座半潜式生产平台(见表4-3)中,除了由半潜式钻井平台改装的生产平台外,新建的半潜式生产平台中有五座配备了钻/修井模块,它们是服役于北海Balmoral油田的半潜式生产平台"Balmoral"号[见图4-27(a)]、服役于北海Snorre油田的半潜式生产平台"Snorre B"号[见图4-27(c)]、服役于北海Njord油田的半潜式生产平台"Njord A"号[见图4-27(d)]、服役于北海Visund油田的半潜式生产平台"Visund"号[见图4-27(e)]和服役于墨西哥湾Thunder Horse油田的半潜式生产平台"Thunder Horse"号[见图4-27(b)],这5座平台管理的水下井口位于平台的下方(见图4-28),从而可由平台进行钻/修井作业。

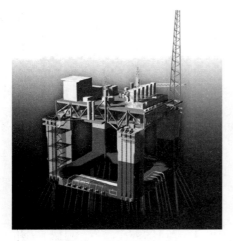

图4-25　半潜式生产平台

图4-26　半潜式钻井平台

图4-27　配备了钻/修井模块的半潜式生产平台

(a)"Balmoral"号　(b)"Snorre B"号　(c)"Njord A"号　(d)"Visund"号　(e)"Thunder Horse"号

表 4-3 全球(截止 2015 年)半潜式生产平台统计

船名	长	宽	高	浮箱 数量	浮箱 宽/m	立柱 数量	立柱 宽/m	作业 吃水 /m	作业 水深 /m	排水 量/t	生产能力 油/Mbpd	生产能力 气/MMscfd	当前服役 役海域	新建/ 改建	运营商	投产 时间
AH001	94.8	75.9	29.9	4	16.5	8	12.2	19.8	140	26 639	80	425	北海	改建	Aker Kvaerner	1989
Åsgard B	114.0	96.0	54.0	4		6		25.0	300	84 848	135	1 300	北海	新建	Statoil	2000
Atlantis	128.9	118.9	89.6	4	19.8	4	19.8	25.9	2 156	89 000	200	180	墨西哥湾	新建	BP	2006
Balmoral	103.0	125.9	57.6	2	16.5	4	15.2	22.6	143	34 000	60	53	北海	新建	Agip	1986
Blind Faith				4	13.4	4	6.7		1 980	40 000	45	45	墨西哥湾	新建	Chevron	2008
Buchan A	99.1	103.0	34.7	4	21.9	4	8.5	21.9	118	18 995	28		北海	改建	Talisman	1981
Calauit	94.5	71.3	39.6	3	24.4	3	10.7			17 617	40	30	菲律宾	改建	Frigstad Offshore	
Dai Hung I	108.2	67.4	36.6	2	11.0	8	7.9	21.3		19 327	40		越南	改建	Petrovietnam	
Gjøa	100.0	100.0		4	17.7	4	17.7		360	58 400	90	350	北海	新建	GDF Suez	2010
Gumusut-Kakap	79.9	79.9		2		4			1 189	40 000	100		马来西亚	新建	Sabah Shell	2012
Independence Hub	70.7	70.7	48.8	4	11.6	4	14.0	32.0	2 413	46 160		1 000	墨西哥湾	新建	Anadarko	2007
Innovator	85.3	64.0	30.5	2	12.2	8	4-8.2/ 4-5.5		914	15 848	20	100	墨西哥湾	改建	ATP	2006
Jack/St. Malo				4		4			2 134	73 500	170	42.5	墨西哥湾	新建	Chevron	2014
Kristin	124.7	89.6	50.6	4	21.3	4	21.3	21.3	320	56 600	126	646	北海	新建	Statoil	2005
Molly Brown	71.0	75.6	36.6	2	21.3	6	10.0	21.3		24 254	60	12	北海	新建	Compass Energy	
Na Kika	142.0	142.0	56.1	4	12.5	4	17.1	27.4	1 932	64 000	110	425	墨西哥湾	新建	BP	2003

（续表）

船名	长	宽	高	浮箱		立柱		作业吃水/m	作业水深/m	排水量/t	生产能力		当前服役海域	新建/改建	运营商	投产时间
				数量	宽/m	数量	宽/m				油/Mbpd	气/MMscfd				
南海挑战者号	27.4	22.9	12.2			8			332		65		中国南海	改建	CNOOC	1995
Njord A	100.0	79.9		2	17.7	4	15.8	23.2	330	45 077	70	350	北海	新建	Statoil	1997
Northern Producer	32.9	20.4	11.3			10			350		55	60	北海	改建	Petrofac	2009
Opti-Ex	76.8	76.8	47.8	4	9.1	4	12.2	25.9	975	24 994	60	150	墨西哥湾	新建	LLOG Exploration LLC	2011
P-07	108.2	67.4	36.6	2	11.0	8	7.9	21.3	209	20 493	56	32	巴西	改建	Petrobras	1988
P-08	108.2	67.4	36.6	2	11.0	8	7.9	20.4	423	20 990	60	56	巴西	改建	Petrobras	1993
P-09	108.2	69.2	36.9	2	12.8	8	9.1	21.3	230	22 896	38	21	巴西	新建	Petrobras	1983
P-12	108.2	69.2	36.9	2	12.8	8	9.1	21.3	103	22 896	35	32	巴西	改建	Petrobras	1984
P-13	92.0	68.9	27.1	2	14.0	6	9.4	21.6	625	22 243	18	11	巴西	新建	Petrobras	1993
P-14	92.0	68.9	27.1	2	14.0	6	9.4	21.6	195	22 243	10	18	巴西	新建	Petrobras	1993
P-15	104.5	67.0	35.0	2	11.9	8	9.1	20.1	243	21 616	37	21	巴西	改建	Petrobras	1983
P-18	97.2	85.0	43.9	2	15.8	4	10.0	18.3	910	36 100	100	75	巴西	新建	Petrobras	1994
P-19	102.1	70.1	43.0	2	16.2	6	11.0	21.0	770	33 400	100	71	巴西	改建	Petrobras	1997
P-20	96.9	99.1	41.2	2	15.8	4	12.8	20.4	625	25 983	60	35	巴西	改建	Petrobras	1992
P-21	80.5	67.1	34.4	4	6.1	20	7.0	16.8	112	10 765	40	42	巴西	改建	Petrobras	1984
P-22	96.0	83.8	50.6	3		3	10.7	24.4	114	17 400	10	7	巴西	改建	Petrobras	1986

（续表）

船名	长	宽	高	浮箱		立柱		作业吃水/m	作业水深/m	排水量/t	生产能力		当前服役海域	新建/改建	运营商	投产时间
				数量	宽/m	数量	宽/m				油/Mbpd	气/MMscfd				
P-25	116.0	71.9	41.4	2	13.4	6	10.0	23.5	252	29 464	100	115	巴西	改建	Petrobras	1996
P-26	92.0	71.3	31.4	2	14.9	6	9.8	18.3	515	27 656	100	107	巴西	改建	Petrobras	2000
P-27	87.8	65.8	42.1	2	21.3	6	10.0	21.3	530	41 659	50	64	巴西	改建	Petrobras	1996
P-40	123.7	83.8	39.6	3	15.2	13		21.3	1 080		150	163	巴西	改建	Petrobras	2004
P-51	110.0	89.9	64.0	4		4	17.7	27.4	1 255	80 114	180	212	巴西	新建	Petrobras	2007
P-52	110.0	89.9	64.0	4		4	17.7	27.1	1 795	80 201	180	212	巴西	新建	Petrobras	2007
P-55	93.9	93.9	43.9		19.8	4		34.1	1 706	105 000	180	212	巴西	新建	Petrobras	2013
P-56	125.0	110.0		4	110.0	4		27.4	1 700	80 000	100	212	巴西	新建	Petrobras	2012
Snorre B				4	17.4	4	17.4	21.0	350	56 600	115	3	北海	新建	Statoil	2007
SS-11	67.4	55.5	32.9	2	9.8	8	9.8	14.6	126		10	90	巴西	改建	Petrobras	2003
Tahara	105.8	117.3	44.5	3	24.4	3	10.7	25.9	82	17 617	20	17	印度	改建	Aban Offshore	1997
Thunder Hawk	70.7	70.7	51.8	4	11.6	4	14.0	32.0	1 844	42 000	60	70	墨西哥湾	新建	Murphy	2009
Thunder Horse	164.0	125.9	110.0	4		4	27.1	30.2	1 849	130 000	250	200	墨西哥湾	新建	BP	2008
Troll B	102.1	102.1	64.9	4	16.8	4	29.0	39.9	320	188 968	268	283	北海	新建	Statoil	1995
Troll C	90.8	100.9	48.2	4	16.8	4	16.8	21.0	340	54 377	190	320	北海	新建	Statoil	1999
Veslefrikk B	107.6	78.9	49.4	2	14.3	4	12.5	25.9	175	43 305	63	52	北海	改建	Statoil	1989
Visund	121.3	100.9	48.2	4	16.8	4	16.8	21.0	335	52 600	100	650	北海	新建	Statoil	1999

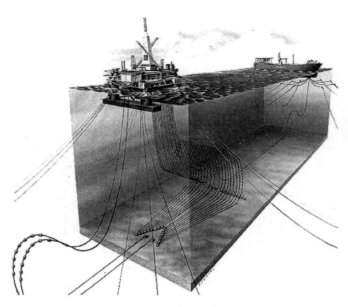

图 4-28　北海 Njord 油田开发模式

　　第一座新建半潜式生产平台是意大利 Agip 石油公司 1986 年在北海 Balmoral 油田投产的半潜式生产平台"Balmoral"号,该座平台由瑞典 GVA 咨询公司(GVA Consultants AB)设计(GVA 5 000)、瑞典 Götaverken 船厂建造。该平台仍然沿用了半潜式钻井平台的壳体结构形式——4 立柱两浮箱结构,与服役于巴西 Marlim 油田的半潜式生产平台"P-18"号(见图 4-29)和服役于北海 Njord 油田的"Njord A"号成为仅有的 3 座结构形式与半潜式钻井平台相同的半潜式生产平台。环形浮箱的半潜式生产平台也出自 GVA 公司之手,挪威国家石油公司于 1999 年先后在北海的 Visund 油田和 Troll 油田建成投产了两座由该公司设计的 GVA 8 000 型半潜式生产平台"Visund"号和"Troll C"号(见图 4-30),这两座平台的投产开启了环形浮箱半潜式生产平台的时代,至此,半潜式生产平台和半潜式钻井平台从结构上有了明显的区分。

　　半潜式生产平台之最是挪威石油公司(StatoilHydro)1995 年投产的"Troll B"号、阿纳达科石油公司(Anadarko)2007 年投产的"Independence Hub"号和英国石油公司(BP)的"Thunder Horse"号。"Troll B"号以 188 000t 的排水量居半潜式生产平台的排水量之首,这是一座混凝土壳体的半潜式生产平台,也是世界上唯一一座混凝土半潜式平台(见图 4-31)。该平台服役于北海最大的油气田之一——Troll West 气田,管理着 42 口气井的天然气和少量原油生产。"Independence Hub"号是目前服役水深最深的半潜式生产平台(见图 4-32),服役于墨西哥湾 2 438m 的 Independence Hub 油田,日产凝缩油 5 000 桶、天然气 28 300 000m³。"Thunder Horse"号是结构最大的半潜式生产平台,其甲板面积有 3 个足球场之大,配备了双井架钻机,大钩荷载为 1 000t,生产装置的设计能力为日产原油 250 000 桶,5 660 000m³ 的天然气,注水 300 000 桶,包括油井产出水 140 000 桶。该平台的排水量达到了 130 000t,居钢结构半潜式生产平台排水量之首。该平台是一座浮式生产钻井设施(production-drilling-quarters,PDQ),服役于墨西哥湾最大的油气田之一——Thunder Horse 油田,该油田为高温高压油气田,井下温度为 135℃,压力为 126 kPa。该平台建成于 2005 年,飓风 Dennis 过后倾斜了 20°(见图 4-33),事故是由压载舱的联通管线没有关闭而导致压载水的自由流动造成的。尽管飓风没有对结构造成任何损伤,但海底生产系统有些零部件需要更换后才能生产,因此,该平台于 2008 年 12 月生产出第一桶油。

图 4-29 半潜式生产平台"P-18"号

图 4-30 半潜式生产平台"Troll C"号

图 4-31 混凝土半潜式生产平台"Troll B"

图 4-32 半潜式生产平台"Independence Hub"号

钢悬链式立管问世后,为了满足钢悬链式立管对平台垂荡性能的要求,在不改变结构形式的条件下,通过增加吃水提高了半潜式平台的垂荡性能,从而出现了深吃水半潜式平台,如服役于墨西哥湾 Blind Faith 油田的半潜式生产平台"Blind Faith"号(见图 4-34)。随着深水油气开发的水深不断增加,张力腿平台的应用受到了限制,而 Spar 平台的甲板必须在现场安装,海上施工周期长且需要大型起重船舶吊装或浮托法安装。因此,人们将极深水的刚性开发模式寄托于半潜式生产平台,提出了干树半潜的概念,目前,已开发出第一代干树半潜式生产平台"Cheviot"号(见图 4-35)。

图 4-33　飓风过后的"Thunder Horse"号

图 4-34　深吃水半潜式平台"Blind Faith"号

图 4-35　干树半潜式平台"Cheviot"号壳体

4.5　FPSO/FLNG

FPSO 和 FLNG 是一种船形浮式生产设施(见图 4-36 和图 4-37),其中,FPSO 用于原油生产,而 FLNG 则用于天然气生产。由于原油是在常温常压下储存的,而天然气是在低温常压下储存(常温常压下体积大且易挥发),因此,FPSO 和 FLNG 尽管外壳结构相同,但内壳结构有较大的区别。FPSO 的内壳与油船相同,是船用钢板结构,而 FLNG 的内壳则采用低温韧性较好的不锈钢建造,且结构形式也与 FPSO 不同(见图 4-38)。

由于船形结构对甲板荷载不敏感,因此,FPSO 可以方便地改装以适合不同油田的生产需要。这是 FPSO 区别于其他浮式生产设施的独特优点,直接导致了 FPSO 的灵活运营方式——租赁,这也使得 FPSO 成为目前应用最多的一种浮式生产设施。截至 2015 年,全球已建成FPSO 200 多艘(见表 4-4 和表 4-5),包括 LPG FPSO 和 FLNG,其中 2/3 是由油船改装而成的。由于 FPSO 没有航速要求,因此,新建 FPSO 的船体曲面较为简单。目前,世界上最大的 FPSO是雪弗龙公司 2008 年投产的"Agbami"号(见图 4-39),其生产能力为 25 万桶/天,储油能力为

230万桶,服役于尼日利亚的 Agbami 油田,水深1 463m。FPSO 也是目前作业水深最大的浮式生产设施,服役于墨西哥湾 Cascade and Chinook 油田的FPSO "BW Pioneer"号(见图 4-40)其水深达到了2 500m。

　　FPSO 是柔性开发系统的水面设施,因此,大部分不具有钻井功能,具有钻井功能的称其为 FDPSO。由于 FPSO 具有较大的储油能力,因此,其油的输出不采用立管+海底管线的模式,而是采用穿梭油轮输送。对于缺少海底管网设施的偏远或独立油藏,FPSO+海底生产系统的开发模式是一个较好的选择。

图 4-36　FPSO

图 4-37　FLNG

图 4-38　FLNG 的内壳结构

表 4-4　全球部分新建深水（>300 m）FPSO

船名	船体尺寸/m				生产能力			水深/m	系泊形式	船东	服役国家	建造商	投产时间
	船长	型宽	型深	吃水	油/Mbpd	气/MMscfd	储油/Mbbl						
Agbami	319	58	32		250	212	1 800	1 462	SM	Chevron	尼日利亚	韩国大宇重工	2008
Akpo	310	61			240	282	2 000	1 350	SM	TATOL	尼日利亚	韩国现代重工	2009
Asgard A	278	45	27	19	200	600	920	300	IT	Statoil	挪威	日本日立重工	1999
Bonga	305	58	32	23	170	100	1 400	1 250	SM	Shell	尼日利亚	韩国三星重工	2005
Clov	305	61			160	230	1 800	1 400		TATOL	安哥拉	韩国大宇重工	2013
Dalia	322	56	29	23	240	282	2 000	1 360	SM	TATOL	安哥拉	韩国三星重工	2006
Girassol	300	60	31	23	60	90	2 000	1 400	SM	TATOL	安哥拉	韩国现代重工	2001
Glas Dowr	242	42	21	15	60	92.5	657	344	IT	Bluewater	澳大利亚	日本名村造船	2003
Greater Plutonio	310	58	32	18	155	190	950	1 200	IT	BP	安哥拉	韩国现代重工	2007
海洋石油118	267	49	27	18	56		1 800	330	IT	CNOOC	中国	中国大连造船厂	2014
Kizomba A	285	63	32	24	250	400	2 200	1 180	SM	ExxonMobil	安哥拉	日本石川岛播磨重工	2004
Kizomba B	285	60	32	24	100	150	940	1 016	IT	ExxonMobil	安哥拉	日本石川岛播磨重工	2005
Munin	252	42	23	16	60	27	600	330	DP/IT	Bluewater	中国	韩国三星重工	1997
Nganhurra	260	46	26	18	100	80	900	400	RTM	Woodside/Mitsui	澳大利亚	韩国三星重工	2006
Norne	260	41	25	19	225	530	2 000	380	SM	Statoil	挪威	新加坡吉宝船厂	1997
Northern Endeavour	273	50	28	19	180	60	1 400	380	IT	Woodside	澳大利亚	韩国三星重工	1999
Pazflor	325	61	32		160	177	2 000	1 200	SM	TATOL	安哥拉	韩国大宇海洋工程	2011
Petrojarl Knarr	256	48			63	47	800	410	ET	Teekay Offshore	挪威	韩国三星重工	2015
Schiehallion	245	45	27	20	90	665	950	425	IT	Shell	英国	英国哈兰与沃尔夫重工	1998
Sea Eagle	274	50	28	20	200	600	920	375	JSY	Shell	尼日利亚	新加坡胜宝旺船厂	2003
Skarv	295	51	20		85	670	850	400	IT	BP	挪威	韩国三星重工	2012
Stybarrow Venture MV16	265	48			80	45	900	825	IT	MODEC	澳大利亚	韩国三星重工	2007
Usan	320	61	32	25	180	35	2 000	850	SM	Tatol	尼日利亚	韩国现代重工	2012

表 4-5 全球部分改建深水（>300m）FPSO

船名	船体尺寸/m				生产能力			水深/m	系泊系统	船东	服役国家	改装厂	投产时间
	船长	型宽	型深	吃水	油/Mbpd	气/MMscfd	储油/Mbbl						
Abo	269	54	20	15	40	44	930	550	SM	BW Offshore	尼日利亚	新加坡吉宝船厂	2003
Armada Perdana	308	46	23	17	40	60	1 100	350	SM	Bumi Armada	尼日利亚	新加坡吉宝船厂	2009
Armada Sterling	247	42	21		60		580		IT	Bumi Armada	印度	新加坡吉宝船厂	2012
Armada Sterling II	247	42	21		27		510		IT	Bumi Armada	印度	新加坡吉宝船厂	2014
Aseng	350				80	174	1 695	960	IT	SBM Offshore	赤道几内亚	新加坡吉宝船厂	2011
Azurite	312	56	30	18	40	60	1 300	1 400	SM	BW Offshore	刚果	新加坡吉宝船厂	2009
Baobab Ivoirien MV10	350	60	28		70	75	2 000	970	ET	MODEC	象牙海岸	新加坡裕廊船厂	2005
Berge Helene	245	43	20		75	80	1 650	694	ET	BW Offshore	毛里塔尼亚	新加坡吉宝船厂	2006
Bourbon Opale	91	16	8	6	15	27	306		DP		墨西哥		2004
FPSO Brasil	248	52	26	20	90	106	1 708	1 360	IT	SBM Offshore	巴西	新加坡吉宝船厂	2002
BW Athena	101	21	12	9	40	53	400	825	DP	BW Offshore	英国		2012
BW Joko Tole	247	42	20		7	340	200	300	SM	BW Offshore	印度尼西亚	新加坡胜宝旺船厂	2012
BW Pioneer	276	44	22		80		600	2 600	T	BW Offshore	美国 GOM	新加坡吉宝船厂	2012
Capixaba	346	55	27	21	100	113	2 038	1 485	IT	SBM Offshore	巴西	新加坡吉宝船厂	2010
Cidade de Anchieta	344	52	28	22	100	35	1 900	1 221	IT	SBM/Petrobras	巴西	新加坡吉宝船厂	2012
Cidade de Angra dos Reis	330	58	30		100	150	1 600	2 250	SM	MODEC	巴西	中远船务大连船厂	2010

（续表）

船名	船体尺寸/m				生产能力			水深/m	系泊系统	船东	服役国家	改装厂	投产时间
	船长	型宽	型深	吃水	油/Mbpd	气/MMscfd	储油/Mbbl						
Cidade de Mangaratiba	332	58	31		150	280	1 600	2 200	SM	MODEC	巴西	吉宝巴西船厂	2014
Cidade de Niteroi	315	60	28		100	124	1 600	1 370	SM	MODEC	巴西	中远船务大连船厂	2009
Cidade de Paraty	322	56	29		120	174	1 600	2 120	SM	SBM Offshore	巴西	吉宝巴西船厂	2013
Cidade do Rio de Janeiro	321	58			100	87	1 600	1 350	SM	MODEC	巴西	新加坡裕廊船厂	2007
Cidade de Santos	334	51			35	350	700	1 300	SM	MODEC	巴西	MODEC	2010
Cidade de São Mateus	337	55			25	353	700	700	SM	BW Offshore	巴西	新加坡吉宝船厂	2009
Cidade de São Paulo	332	58	28		120	177	1 600	2 100	SM	MODEC	巴西	COSCO/吉宝巴西船厂	2013
Cidade de São Vicente	254	44	23	14	30		470	2 120	ET	BW Offshore	巴西	新加坡吉宝船厂	2009
Cidade de Vitoria	337	54	27	21	100	118	1 900	1 386	SM	Saipem	巴西	迪拜船厂	2007
Dhirubhai-1	332	58	28	17	80	316	1 300	1 200	IT	Aker FP	印度	新加坡裕廊船厂	2008
Dynamic Producer	101	21	12		30		300	2 500	DP	DPI	巴西	新加坡胜宝旺船厂	2011
Erha	285	63	33	22	250	400	2 200	1 180	SM	ExxonMobil	尼日利亚	韩国现代重工	2006
Espirito Santo	331	57	28	22	100	45	2 000	1 780	IT	SBM Offshore	巴西	新加坡吉宝船厂	2009
Firenze	268	42	21	17	12	7.2	700	800	ET	Saipem	意大利		2012
Fluminense	411	60	28	16	70	75	1 300	740	ET	Shell	巴西	新加坡裕廊船厂	2003
Frade	337	55	27	21	100	106	1 500	1 080	IT	Shevron	巴西	迪拜船厂	2009

（续表）

船名	船体尺寸/m				生产能力			水深/m	系泊系统	船东	服役国家	改装厂	投产时间
	船长	型宽	型深	吃水	油/Mbpd	气/MMscfd	储油/Mbbl						
Gimboa	337	55	27	21	60	37	1 800	711	SM	Saipem	安哥拉	新加坡吉宝船厂	2009
Kikeh	337	55	27	21	120	141	2 179	1 350	ET	SBM Offshore	马来西亚	马来西亚海洋重工	2007
Kuito	335	44	28	21	100	30	1 636	373	SM	SBM Offshore	安哥拉	新加坡胜宝旺船厂	1999
Kwame Nkrumah MV21	359	59	30	20	123	160	1 600	1 100	ET	MODEC	加纳	新加坡裕廊船厂	2010
Maersk Ngujima-Yin	261	58	31	23	120	100	1 900	340	IT	Woodside	澳大利亚	新加坡吉宝船厂	2008
Marlim Sul	343	52	27	21	100	80	2 026	1 015	IT	SBM Offshore	巴西	新加坡吉宝船厂	2004
MODEC Venture 11	258	46	24		100	2	930	492	IT	MODEC	澳大利亚	新加坡吉宝船厂	2005
Mondo	370	54	27	21	100	95	2 100	728	ET	SBM Offshore	安哥拉	新加坡吉宝船厂	2008
N'Goma	348	52	26	20	100	115	1 963	1 320	ET	Sonasing	安哥拉	新加坡裕廊船厂	2014
南海胜利	267	44	23	17	65	5	650	305	IT	MODEC	中国	新加坡裕廊船厂	1996
Ningaloo Vision	238	42	24	15	63	80	650	350	SM	BW Offshore	澳大利亚	新加坡吉宝船厂	2009
P-31	337	55	28	22	100	6	1 000	330	IT	Petrobras	巴西	巴西 Ishibras 船厂	1998
P-33	337	55	28	22	50		700	780	IT	Petrobras	巴西	现代重工	2002
P-34	231	26	18	13	190	35	1 800	840	IT	Petrobras	巴西	巴西 Ishibras 船厂	2005
P-35	337	54	28	21	100		2 000	850	IT	Petrobras	巴西	现代重工	1999
P-37	339	54	26	21	150	16	1 000	905	IT	Petrobras	巴西	新加坡裕廊船厂	1999

（续表）

船名	船体尺寸/m				生产能力			水深/m	系泊系统	船东	服役国家	改装厂	投产时间
	船长	型宽	型深	吃水	油/Mbpd	气/MMscfd	储油/Mbbl						
P-43	337	55	27	21	150	14	880	790	SALM	Petrobras	巴西	裕廊 Maua 船厂	2004
P-48	337	55	27	21	150	15	500	1 040	CALM	Petrobras	巴西	裕廊 Maua 船厂	2005
P-50	337	55	28	21	180	85	1 035	1 225	SM	Petrobras	巴西	新加坡裕廊船厂	2006
P-53	346	57	28	22	180	210	2 000	1 080	IT	CDC	巴西	新加坡吉宝船厂	2008
P-54	337	54	28	22	180	210	2 000	1 400	SM	Petrobras	巴西	新加坡裕廊船厂	2007
P-57	311	56			180	4	1 600	1 260	SM	Petrobras	巴西	新加坡吉宝船厂	2010
P-58	330	56			180	212		1 400		Petrobras	巴西	新加坡吉宝船厂	2014
P-62	328	57	119		180	6		1 600		Petrobras	巴西	新加坡裕廊船厂	2014
P-63	334	58	28		140	35	2 031	1 200	SM	BW Offshore	巴西	中远船务	2013
P-76	332	25	31		180	250	1 400	1 600	SM	Petrobras	巴西	中远船务	2017
Petrojarl Foinaven	250	34	13		140	100	260	520	IT	Teekay Petrojarl	英国	西班牙奥斯坦诺船厂	1997
PSVM	318	57	32	23	157	245	2 000	2 000	ET	BP	安哥拉	新加坡裕廊船厂	2012
Saxi Batuque	369	56	29	22	105	150	2 431	720	ET	SBM Offshore	安哥拉	新加坡吉宝船厂	2008
Seillean	246	37	21	12	24	5	306	1 440		Frontier Drilling	巴西	Harland & Wolff	2006
Sendje Ceiba	265	52	27	22	160	45	2 000	800	SM	BW Offshore	赤道几内亚	新加坡裕廊船厂	2002
Serpentina	362	56	29	22	110	160	1 900	475	ET	SBM Offshore	赤道几内亚	新加坡吉宝船厂	2003

图 4-39 浮式生产储卸油船"Agbami"号

图 4-40 浮式生产储卸油船"BW Pioneer"号

FPSO 有两种系泊方式——单点系泊(见图 4-41)和分布式系泊(见图 4-42),其中,单点系泊的形式包括浮筒单点[见图 4-41(a)、(b)]、立管单点[见图 4-41(c)]、内转塔单点[见图 4-41(d)]、外转塔单点[见图 4-41(e)]和浮式转塔单点[见图 4-41(f)]。浮式转塔(见图 4-43)是可分离式单点系泊系统,使得 FPSO 可以躲避暴风的袭击,从而扩大了 FPSO 的服役海域。由于单点系泊系统允许 FPSO 绕着单点转动,因此,其适用的环境条件比分布式系泊系统更宽。这两

图 4-41 FPSO 的单点系泊系统

(a) 柔性浮筒单点系泊系统 (b) 刚性浮筒单点系泊系统 (c) 立管单点系泊系统
(d) 内转塔单点系泊系统 (e) 外转塔单点系泊系统 (f) 浮式转塔单点系泊系统

种系泊系统采用的立管系统是不同的,单点系泊系统采用的是悬链式立管(见图4-44),而分布式系泊系统则采用组合立管塔(Hybrid Riser Tower,HRT,见图4-45),组合立管塔也被称为自由站立式立管(Free Standing Hybrid Riser,FSHR)。

图 4-42　分布式系泊系统

图 4-43　浮式转塔

图 4-44　单点系泊的悬链式立管

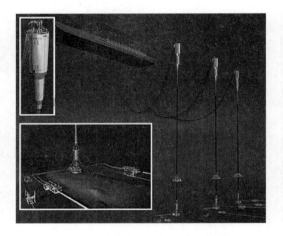

图 4-45　分布式系泊的组合立管塔

由于船形结构的水动力性能较差,因此,FPSO多用于海洋环境条件较好的海域。目前,采用FPSO的开发模式最多的是西非和巴西,而美国的墨西哥湾仅有一艘FPSO,表4-6列出了这3个海域的环境条件。但是,船形结构对甲板荷载不敏感的优点,使得FPSO可以方便地改装而适应不同油田的生产需要,因此,随着可分离式单点系泊系统的出现,FPSO的适用范围进一步扩大。

FPSO家族有一个新成员——Sevan系列圆筒形FPSO(见图4-46),圆筒形的壳体给了该结构良好的水动力性能,轴对称的性质使其可采用分布式系泊系统,因此,可采用悬链式立管或组合立管塔。与船形结构相比,Sevan的适用条件更宽,目前,除吨位(5～6万吨)还不及较大的船形结构外,其他性能指标均好于船形结构。目前,已开发出Sevan 300、Sevan 400和Sevan 1000等3个型号的产品,其中,Sevan 300系列的产品有"Piranema"号[图4-46(a)]、"Hummingbird"号[见图4-136(b)]和"Voyageur"号[见图4-46(c)],这3座平台分别服役于巴西的Piranema油田、北海(英国)的Chestnut油田和Huntington油田;Sevan 400的产品是在建的

"Western Isles"号（见图 4-47），该平台将于 2015 年投产，服务于北海（英国）的 Western Isles 油田；Sevan 1000 的产品为 2013 年投产的"Goliat"号（见图 4-48），该平台服役于巴伦支海（挪威）的 Western Isles 油田（见表 4-7）。

图 4-46　Sevan 300 系列 FPSO

（a）Sevan"Piranema"号　（b）Sevan"Hummingbird"号　（c）Sevan"Voyageur"号

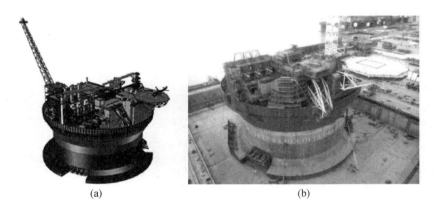

图 4-47　Sevan 400 系列 FPSO "Western Isles"号

（a）"Western Isles"号设计效果　（b）建造中的"Western Isles"号

图 4-48　Sevan 1000 系列 FPSO "Goliat" 号

表 4-6　西非、巴西和墨西哥湾的浪流参数

海域	波浪				海流/m/s	
	一年一遇		百年一遇		一年一遇	百年一遇
	Hs/m	T/s	Hs/m	T/s		
西非	2.3	15.0	3.4	16.0	0.9	1.2
巴西	5.7	13.7	7.8	15.4	1.5	2.0
墨西哥湾	5.0	8.8	12.5	14.2	1.3	2.3

表 4-7　全球 Sevan 系列 FPSO

船名	水深/m	生产能力/Mbpd	储油能力/Mbbl	当前业主	服役国家/油田	建造商	投产时间
Piranema Spirit	1 600	30	250	Teekay Petrojarl	巴西/Piranema	中集烟台来福士	2007
Hummingbird	120	30	270	Teekay Offshore	英国/Chestnut	中集烟台来福士	2007
Voyageur	120	30	270	Teekay Offshore	英国/Huntington	中集烟台来福士	2008
Goliat	400	100	1 000	Sevan Marine	挪威/Goliat	韩国现代重工	2015
Western Isles	165	40	400	Sevan Marine	英国/Western Isles	南通中远船务	2015

4.6　生产立管

　　生产立管包括采油立管、注水(气)立管、输入/输出立管,其中,采油和注水(气)立管用于连接干树和海底井口,采用直立式结构,以便于修井等井干涉作业。由于没有"依靠"或支撑,因此,采用顶端施加张力的方法令其保持直立状态,故而称其为顶张式立管。输入/输出立管用于连接水面设施和海底管线或海底生产系统,包括悬链式立管和组合立管塔。悬链式立管是悬挂在水面设施上自由悬垂而形成悬链线形状的一种柔性立管系统,这里的柔性并不表示

立管的材料,而是表示立管的结构形式——悬链线能够吸收较大的水面设施运动而不发生破坏。输入/输出立管的另一种形式是组合立管塔,它是顶张式立管和悬链式立管的组合。

1. 顶张式立管

顶张式立管(见图 4-49)是刚性开发系统的采油、注水(气)立管,其平面结构形式为管中管结构[见图 4-50(a)]。目前,采油立管多采用双套管配置,即芯管为油管(tube),第一层套管为气举线(gas lift),第二层套管则是结构性套管,3 根管呈同心管结构。早期的立管也有并行的油管和气举线结构[见图 4-50(b)],即油管和气举线为平行的两根立管,而外套管仍为结构套管。

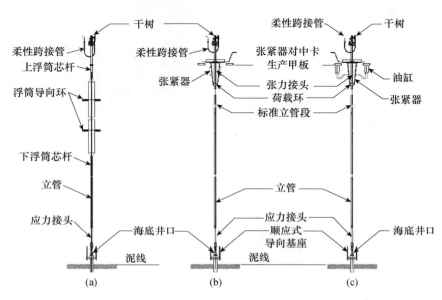

图 4-49　Spar 和 TLP 的顶张式立管

(a) Spar TTR　(b) TLP TTR　(c) TLP TTR

顶张式立管的立面结构由张紧器(见图 4-51)或浮筒、标准立管段和应力接头(见图 4-52)组成。生产立管的张紧器与钻井立管的张紧器具有相同的作用——减小平台升沉运动引起的立管张力波动,但由于作为顶张式生产立管主平台的张力腿平台和 Spar 平台具有较小的升沉运动(与半潜式平台相比),因此,生产立管的张紧器行程远远小于钻井立管。此外,生产立管的张紧器还因平台的不同而不同。Spar 平台的立管位于中央井内,而中央井的大小决定了硬舱的尺寸,因此,为了尽可能减小 Spar 壳体的水线面,立管的间距受到严格的限制,这正是目前主要采用浮筒提供 Spar 平台顶张式立管

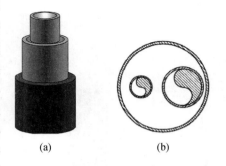

图 4-50　顶张式立管截面结构示意图

(a) 同心管结构　(b) 平行管结构

顶张力的原因。近年来出现的紧凑型张紧器(见图 4-53)使得 Spar 平台可以采用张紧器来提供立管的顶张力,从而使 Spar 平台可以采用封闭的中央井结构。而且,张紧器的使用也解决了浮

筒长度受到硬舱长度限制的问题。张力腿平台的顶张式立管位于环形浮箱内［CTLP 或 ETLP，见图 4-3(a)和图 4-3(d)］或中心浮箱外侧［MOSES 或 SSIP，见图 4-3(c)和图 4-3(e)］或是中心立柱内(SeaStar，见图 4-54)，因此，立管的间距较大，对张紧器的限制远小于 Spar 平台。

图 4-51　张紧器

图 4-52　应力接头

图 4-53　紧凑型张紧器

图 4-54　SeaStar 的 TTR 示意图

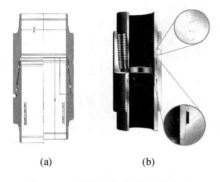

(a)　　　　　(b)

图 4-55　顶张式立管的连接方式

顶张式立管的标准立管段采用螺纹连接，这与钻井立管的快速连接方式是完全不同的。顶张式立管有两种方式的螺纹连接，一种与钻杆的连接方式相同［见图 4-55(a)］，另一种是套袖连接方式［见图 4-55(b)］。

应力接头是标准立管段与海底井口之间的过渡段，其作用是承担较大的固定端弯矩，因此，通常采用高强钢制造。目前，常用的是钛合金应力接头。为了避免刚度突变，应力接头采用锥形结构，两端采用法兰连接。Spar 平台的顶张式立管还有一个龙骨接头，位于平台底部的压载舱(龙骨)高度，即立管伸入平台的位置，其作用与应力接头相同——承担平台运动而引起的立管弯矩。

2. 悬链式立管

悬链式立管是水面设施的输入/输出立管,即海底生产系统向水面设施输送油气产品,或一个水面设施向另一个水面设施输送油气产品,亦或是水面设施向陆地输送加工处理后的油气产品,以及水面设施向海底生产系统输送注水、注气用的水和气。因此,悬链式立管可应用于刚性或柔性开发系统。

悬链式立管是伴随着 FPSO 和半潜式生产平台出现的,由于 FPSO 和半潜式生产平台发展之初的作业水深较浅,悬链式立管的管体是复合管(见图 4-56)。目前,有金属和非金属两种材料的复合管,同一种材料的复合管又分为黏结和非黏结两种产品。

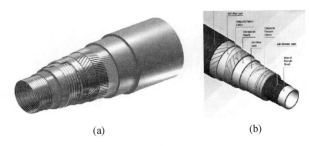

(a)   (b)

图 4-56　复合管管体结构

(a) 金属复合管　(b) 非金属复合管

由于深水油气田具有高温高压的性质,随着水深的增加,复合管受到了高温、高压和大管径的挑战,为此,人们把目光转向了钢管,提出了钢悬链式立管的概念。1994 年,Shell 公司在墨西哥湾的张力腿平台"Auger"号上安装了世界上第一条钢悬链式立管,引起了工程界和学术界的广泛关注和高度重视,并由此引发了对钢悬链式立管深入的理论和工程应用研究。自第一根钢悬链式立管问世以来,在巴西、墨西哥湾和北海以及印度东海岸,钢悬链式立管得到了迅速发展和广泛应用。巴西石油公司先后在坎普斯盆地(Campos Basin)的半潜式平台"P-18"号和"P-51"号上安装了钢悬链式立管;挪威在北海的重力式平台"Statfjord C"号和半潜式平台"Åsgard B"号上安装了钢悬链式立管,美国在墨西哥湾的张力腿平台"Mars"号、"Ram-Powell"号、"Moses"号、"Morpeth"号和"Allegheny"号上安装了钢悬链式立管。2001 年,印度在东海岸的 KG 油田开发中分别在 350m 水深的张力腿平台和 760m 水深的半潜式平台上安装了钢悬链式立管。

悬链式立管按照其曲线形状可分为简单悬链式立管(见图 4-57)、缓波(Lazy Wave)立管(见图 4-58)和陡波(Steep Wave)立管(见图 4-59)。采用缓波或陡波曲线形状的目的是为了减小深水应用时的顶张力。对于复合管立管,缓波或陡波还可以避免简单悬链式立管触地区(见图 4-60)与海床相互作用引起的磨损。

悬链式立管由两部分组成——悬垂段和流线段(Flowline),其悬垂段是不与海床接触的立管,而流线段则是铺设在海床上的海底管线,两段之间的划分标记点称为触地点(Touch Down Point,TDP)。由于平台的运动将改变悬链式立管与海床的接触状态,因此,触地点在管体上并不是固定的,而是在一定范围内变化的,故称这个变化范围为触地区。悬链式立管的这两部分是一根连续的管体,在触地点(触地区)除焊缝外没有接头。

为了改善悬链式立管悬挂点（与水面设施连接处）的变形和受力状态，柔性管管体的悬链式立管在悬挂点的端部接头（见图4-61）与管体连接处采用限弯器（Bending stiffer，见图4-62）来增加截面抗弯刚度，钢悬链式立管则在悬挂点设有柔性接头（Flexible joint，见图4-63），依靠柔性接头的变形来减小管体的弯矩。

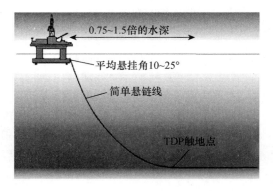

图 4-57　简单悬链式立管

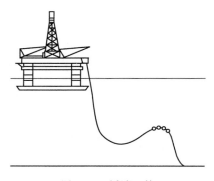

图 4-58　缓波立管

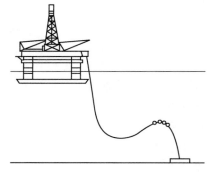

图 4-59　陡波立管

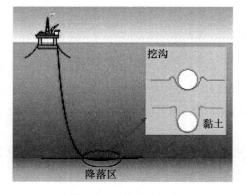

图 4-60　SCR 触地区

图 4-61　柔性管端部接头

图 4-62　限弯器

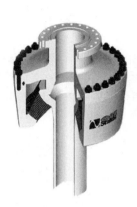

图 4-63　柔性接头

3. 自由站立式立管

自由站立式立管或组合立管塔是柔性开发系统的输入输出立管,主要用于分布式系泊的FPSO(见图 4-64)和半潜式平台(见图 4-65)。自由站立式立管由两部分组成,一部分是刚性立管,其结构特征与顶张式立管一致,即由顶张力支撑站立在水中。为了避免水面设施运动的影响,其顶张力并不靠张紧器提供,而是由浮筒提供。由于没有水面设施的支撑作用,为了避免波浪引起立管的大幅度运动,自由站立式立管的刚性立管部分一般位于海平面下一定的深度。自由站立式立管的另一部分是跨接管,以实现刚性立管与水面设施的连接。跨接管采用柔性管管体,因此能够吸收水面设施的运动,从而大大地减小了水面设施运动对刚性立管部分的影响。

自由站立式立管的刚性立管有不同的结构形式——单管、同心管中管和卫星管结构(见图

图 4-64　FSHR 与 FPSO

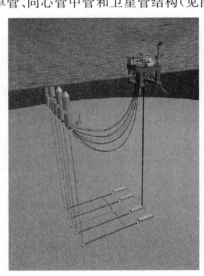

图 4-65　FSHR 与半潜式平台

4-66),并且采用浮力材料将主管和卫星管包覆固定(见图 4-67),同时减小了管体自重,降低了浮筒所需提供的顶张力。刚性立管与跨接管采用鹅颈管(Gooseneck)连接(见图 4-68),对于一体式浮筒(见图 4-69),立管穿过浮筒并与浮筒牢固连接,因此,鹅颈管位于浮筒顶端(见图 4-64)。而对于分离式浮筒(见图 4-70),浮筒与立管采用挂链连接,因此,鹅颈管位于浮筒下方(见图 4-65)。

　　自由站立式立管的设计和安装均不及悬链式立管方便,因此,工程应用远不及悬链式立管广泛。目前,应用较多的是西非的安哥拉,墨西哥湾仅有两个项目采用了自由站立式立管,而巴西仅一例。表 4-12 列出了应用自由站立式立管的开发项目。

图 4-66　FSHR 的外卫星管结构

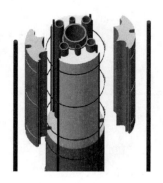

图 4-67　FSHR 的内卫星管结构

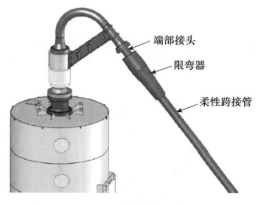

端部接头

限弯器

柔性跨接管

图 4-68　鹅颈管结构

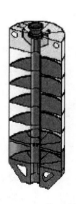

图 4-69　一体式浮筒

图 4-70　分离式浮筒

表 4-12　自由站立式立管的应用工程

刚性立管结构	油田	海域	业主/运营商	水深/m	水面设施	投产时间
卫星管	Green Canyon 29	墨西哥湾	Placid Oil Company	466	半潜式平台	1988
	Garden Banks 388	墨西哥湾	Ensearch	693	半潜式平台	1994

（续表）

刚性立管结构	油田	海域	业主/运营商	水深/m	水面设施	投产时间
卫星管	Girassol	安哥拉	道达尔 Elf	1 350	分布式系泊 FPSO	2001
	Rosa	安哥拉	道达尔 Elf	1 350	分布式系泊 FPSO	2007
	Greater Plutonio	安哥拉	BP	1 311	分布式系泊 FPSO	2007
单管	Kizomba A/B	安哥拉	埃克森	1 006～1 280	分布式系泊 FPSO	2003/2005
	Block 31 NE	安哥拉	BP	2 100	单点系泊 FPSO	2010
	Roncador	坎普斯盆地	巴西石油	1 800	半潜式平台	2007
	Cascade & Chinook	墨西哥湾	巴西石油	2 600	单点系泊 FPSO	2011

4.7　水 下 生 产 系 统

　　水下生产系统(Subsea system)是将水面设施的初级油气处理功能搬到了水下,以避免油气水混输造成的立管资源浪费,同时可以有效地提高流动保障能力。石油生产时,从井底采出的原油通常是油、气、水的混合流体。油气两相混输时,在弯管处易产生段塞流。段塞流是混输管道中经常出现的一种流型,其流动特征表现为间歇出现液塞,压力和流量大幅度变化,是典型的不稳定工况。海上油气田的集输管道多为两相混输管道,其海底水平部分的末端通过立管连接到海洋石油平台上,水平管道与垂直立管构成了类似半 U 形管的“下倾管—立管”结构。对于海洋石油平台,尤其是深海平台的集输管道,这种结构极易引发严重的段塞流,一般称之为“立管严重段塞”或“严重段塞”。当严重段塞发生时,管内瞬时液体流量能增大到平均流量的 5～20 倍,而气体流量则几乎降为 0;当液塞通过后,管内瞬时气体流量同样会激增。管内流量和压力的剧烈波动,往往会迫使下游关闭设备,造成停产,甚至会损坏管道或处理设备。因此,流动保障技术是深水油气开发中一项非常关键的技术,而采用海底生产系统则可以解决气液两相混输的问题,从而避免段塞现象的发生。

　　水下生产系统(见图 4-71)主要由湿式采油树(见图 4-72)、管汇(见图4-73)、分离站(见图 4-74)和增压站(见图 4-75)等组成。

图 4-71　水下生产系统

图 4-72　水下采油树

图 4-73　管汇

图 4-74　水下分离器

图 4-75　水下增压站

第 5 章

施工装备

5.1 引言

施工装备是指在深水油气田开发过程中,执行海上油气田施工建设和生产维护的平台或船舶,主要包括起重铺管船、水下建设船、潜水支持船、修井船、增产作业船、半潜运输船、生活(船)平台和生产支持船等。

起重铺管船是执行水面大型结构吊装或海底管道铺设及立管安装的工程船舶或平台,主要用于平台上部组块的吊装、张力腿和立管安装、Spar 平台安装、海底管道及悬链式立管以及脐带缆的铺设安装等作业。其结构形式有半潜式和船形结构两种形式。水下建设船主要用于水下生产系统安装和维护作业,潜水支持船主要用于为潜水员水下作业提供水面支持,这两类装备的结构形式为船形。修井船则是执行湿树井的修井等井干涉作业的船舶,包括轻型修井船(无立管修井)和重型修井船(有立管修井),轻型修井船为船形,重型修井船为半潜式结构。增产作业船用于井下酸化和压裂作业,以维持或提高油气产量,其结构形式为船形。起重生活平台主要用于油气田日常生产维护作业并为施工人员提供生活起居条件,由于对平稳和舒适性要求较高,起重生活平台主要采用半潜式结构。生产支持船则是油田日常生产所需生产和生活资料的运输及生产设施维护的船舶。

5.2 起重铺管船

起重铺管船包括单一功能的起重船或铺管船以及兼具两种功能的综合船舶,其浮体结构有半潜式(见图 5-1)和船形(见图 5-2)两种结构形式。由于起重铺管船是移动式水面设施,因此,半潜式起重铺管船的壳体结构与半潜式钻井平台相同——双浮箱+立柱支撑甲板的结构,而船形结构则与商船相同,且大多数船形铺管船是由商船改建而成。

起重船在深水油气田建设中发挥着重要的作用,生产平台上部组块的吊装和 Spar 壳体的竖立,立管和张力腿的安装都需要起重船来完成。大吨位的深水起重船主要采用半潜式结构,以提高其作业稳性。目前,世界上最大的起重船是 Heerema 公司的"Thialf"号(见图 5-3),其最大起重量为14 200t。

图 5-1 半潜式起重船

图 5-2 船形起重船

深水铺管方法包括 S 形铺管（S-Lay）法、J形铺管（J-Lay）法和卷管式铺管（Reel lay）法（见图 5-4）。因此，铺管船也分为 S-Lay 铺管船（见图 5-5）、J-Lay 铺管船（见图 5-6）和 Reel lay 铺管船（见图 5-7）。一些船舶具有两种方式的铺管功能，如 Subsea 7 公司的铺管船"Seven Borealis"号（见图 5-8）具有 S-Lay 和 J-Lay 铺管功能；Technip 公司的铺管船"Deep Blue"号（见图 5-9）具有 Reel lay 和 J-Lay 铺管功能。

图 5-3 半潜式起重船"Thialf"号

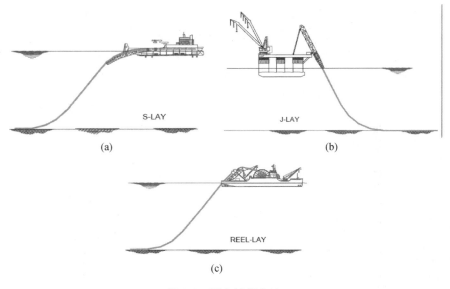

(a)

(b)

(c)

图 5-4 深水铺管方法

（a）S-Lay 铺管示意图　（b）J-Lay 铺管示意图　（c）Reel lay 铺管示意图

图 5-5　S-Lay 铺管船

图 5-6　J-Lay 铺管船

图 5-7　Reel lay 铺管船

图 5-8　铺管船"Seven Borealis"号

图 5-9　铺管船"Deep Blue"号

　　S-Lay 铺管和 J-Lay 铺管适用于钢管的铺设,其管线的接长是在船上完成的,因此,S-Lay 和 J-Lay 铺管船配备了焊接、检验和管道接口保温设备(见图 5-10),造成船的空间和吨位较大,同时,管线接长和铺设下放过程交替进行导致的铺管船间歇式移动采用了系泊缆收放的爬行方式。上述铺管方式使 S-Lay 和 J-Lay 铺管船可采用半潜式结构,因此,目前的 S-Lay 和 J-Lay 铺管船有半潜式和船形两种船形(见图 5-5、图 5-6 和图 5-11)。

　　S-Lay 铺管船是大直径海底管道和钢悬链式立管铺设的主要施工船舶。目前的最大可作业水深为 3 000 m,最大可铺管直径为 1 524 mm(60 in,包括保温层,钢管直径为 48 in)。体现 S-Lay 铺管船特征的最突出设施是托管架(Stinger),它即限制了 S-Lay 铺管的上弓段(Over bend)曲率,而且设定了管道的入水角,从而确保 S 形曲线的上弓段和触地段

图 5-10　S-Lay 铺管船的管线接长作业线

(a)

(b)

图 5-11　两种船型的 S-Lay/J-Lay 铺管船
（a）半潜式 S-Lay 铺管船　（b）船形 J-Lay 铺管船

(Sagbend)应力应变满足设计要求。深水 S-Lay 铺管船的托管架一般由 3 段或 4 段结构铰接而成，以便改变其曲率以适应不同水深的需要（见图 5-12）。

目前，世界上最大的 S-Lay 铺管船是 Saipem 公司的"Castorone"号（见图 5-13），该船长 330m、宽 39m、长 120m 的 3 段铰接式托管架，排水量 10 万吨，DP-3 动力定位，最大作业水深 3 000m，最大铺管直径为 60 in。该船设有 7 个工作站，其中焊接站 3 个，3 个 250t 张紧器，最大张紧力 750t，A&R 绞车 750t，绞车缆长 3 850m，载管能力为 20 000t，并可安装 J-Lay 塔由月池进行 J-Lay 铺管，船舱内设有管道加工车间，可完成 3 段 12m 钢管或两段 18m 钢管的连接作业。

目前，世界上铺管速度最快的 S-Lay 铺管船是 Allseas 公司的"Solitaire"号（见图 5-14），该船长 300m，宽 41m，DP-3 动力定位，作业水深 3 000m，最大铺管直径为 60 in。船上设有 10 个工作站，其中焊接站 5 个，无损检测站 1 个，接头保温站 4 个，3 个 350t 张紧器，最大张紧力为 1 050t，A&R 绞车 1 050t，绞车缆长 4 850m，载管能力达 22 000t，舱内设有两条管道加工作业线，可完成两段钢管的接长作业，每个作业线由 3 个焊接站和 1 个无损检测站组成，铺管速度为每天 9km（S-Lay 铺管船的平均铺管速度为每天 5km）。

目前，世界上作业水深最深的 S-Lay 铺管船是 Allseas 公司的"Audacia"号（见图 5-5），该船长 225m，宽 32m，DP-3 动力定位，作业水深 3 500m，最大铺管直径为 60 in。船上设有 11 个工作站，其中焊接站 7 个，无损检测站 1 个，接头保温站 3 个，3 个 175t 张紧器，最大张紧力为 525t，A&R 绞车 550t，载管能力 14 000t。

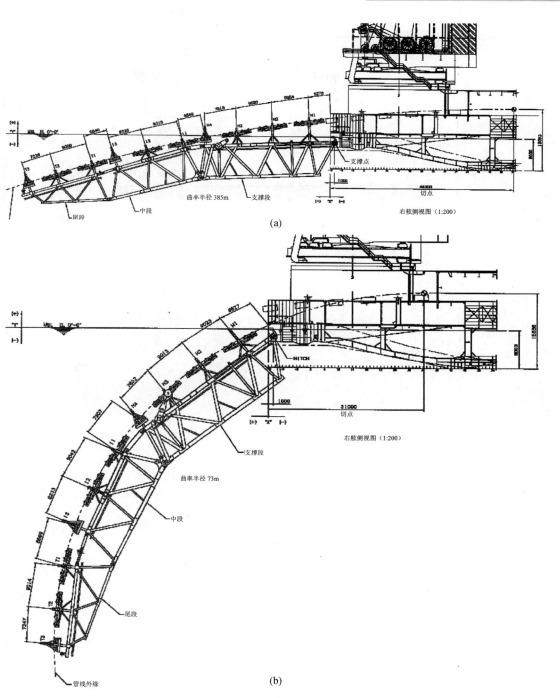

图 5-12　S-Lay 铺管船的托管架
（a）浅水铺管时的托管架姿态　（b）深水铺管时的托管架姿态

J-Lay 铺管方法是为了解决 S-Lay 铺管方法的上弓段大应变问题而开发出的一种深水铺管方法，因此，J-Lay 铺管船将 S-Lay 铺管船的托管架改造成了 J-Lay 塔（见图 5-15），使得管道入水后的形状酷似字母 J。为了控制不同管径的管线触地段应力，J-Lay 塔的倾斜角度

图 5-13　S-Lay 铺管船"Castorone"号

图 5-14　S-Lay 铺管船"Solitaire"号

是可调整的。目前,世界上最大的 J-Lay 铺管船是 Saipem 公司的半潜式起重铺管"Saipem 7000"号(见图 5-16),其 J-Lay 塔的变角范围为 90°～110°。该船长 198m、宽 87m,DP-3 动力定位,作业水深 2 000m,最大铺管直径为 32 in。该船设有焊接站 1 个,无损检测站 1 个,张紧器和 A&R 绞车均为 750t,载管能力为 6 000t。作业水深最大的 J-Lay 铺管船是 Heerema 公司的半潜式起重铺管船"Balder"号(见图 5-6),其作业水深 3 000m,J-Lay 塔变角范围为 50°～90°。该船长 137m、宽 86m,DP-3 动力定位,可铺设的单层管直径为 4.5～32 in(有浮力块为 50 in),可铺设的管中管直径为:内管 6～24 in,外管 10～30 in,最大张紧力 1 050t,A&R 绞车 700t,载管能力 8 000t。

　　Reel lay 铺管法是为铺设复合管、脐带缆和电缆而开发出来的一种快速铺管方法,称为柔性铺管法(Flex lay)。由于复合管(脐带缆、电缆)是整盘制造出来的,每根产品仅在两端设有端部接头,其间没有接头,铺设过程是连续的,因此,Reel lay 铺管船仅有船形结构。该方法的铺管速度快,被钢管铺设借鉴,开发出铺设钢管的 Reel lay 铺管船。钢管在盘管基地接长并直接卷绕在铺管船的卷盘上(见图 5-17),铺设过程与铺设复合管相似,唯一的区别是矫直工序,即 Reel lay 铺设钢管时,管道从卷盘上展开入水前需要进行矫直,因此,矫直机是钢管 Reel lay 铺管船的标志(见图 5-18)。

　　复合管(脐带缆、电缆)的 Reel lay 铺设有垂直铺设(Vertical lay)和水平铺设(Horizontal lay)两种方式:垂直铺设的管道从卷盘上展开后经铺设塔垂直入水(见图 5-19),与垂直入

图 5-15　J-Lay 塔

图 5-16　J-Lay 铺管船"Saipem 7000"号

图 5-17　管线接长并缠绕在卷盘上

图 5-18　Reel lay 铺管船矫直机

水的 J-Lay 方法相同；水平铺设的管线从卷盘展开后经托管架入水（见图 5-20），与 S-Lay 方法相似。垂直铺设方法的入水点可位于船中部、舷侧或船尾（见图 5-21）。由于卷盘尺寸的限制，目前，Reel lay 铺管船的最大可铺设钢管直径为 18 in（S-Lay 和 J-Lay 的最大可铺管直径为 48 in，包括保温层为 60 in）、复合管 24 in，因此，Reel lay 铺管船的吨位较小。较小的吨位和铺管方法的连续性使得 Reel lay 铺管船不宜采用半潜式结构，而宜采用船形结构，因此，现有的 Reel lay 铺管船均为船形结构。铺设复合管、脐带缆和电缆的 Reel lay 铺管船一般为多功能水下建设船，即集海底生产系统安装及其海底管道与脐带缆铺设安装为一体，独自承担水下油气生产设施的建设施工。

目前，世界上最大的 Reel lay 铺管船是 Heerema 公司的 J-Lay/Reel lay 两用铺管船"Aegir"号（见图 5-22），该船长 210m、宽 46.2m，DP-3 动力定位，作业水深 3 500m，Reel lay 可铺设的钢管和柔性管直径均为 16 in，J-Lay 可铺设的钢管直径为 32 in，Reel lay 铺管的最大张紧力 800t，J-Lay 铺管的最大张紧力为 2 000t，A&R 绞车 2 000t。铺管直径最大的 Reel

图 5-19　垂直 Flex lay　　　　　　　　　图 5-20　水平 Flex lay

(a)　　　　　　　　　　　　　　　　　(b)

(c)

图 5-21　Reel lay 铺管船的管线入水方式

（a）船中部入水的 Reel lay 铺管船　（b）舷侧入水的 Reel lay 铺管船　（c）船尾入水的 Reel lay 铺管船

lay 铺管船是 Technip 公司的 Reel lay/J-Lay 两用铺管船"Deep Blue"号（见图 5-23），该船长 206.5 m、宽 32 m，DP-2 动力定位，作业水深 3 000 m，Reel lay 可铺设的钢管直径为 18 in，柔性管直径为 24 in，J-Lay 可铺设钢管直径为 28 in，Reel lay 铺管的最大张紧力为 550 t，J-Lay 铺管的最大张紧力为 770 t，A&R 绞车 150 t。

大型 Reel lay 铺管船一般均具有水下施工能力，如水下生产设施的安装与维护，因此，

图 5-22 Reel lay 铺管船"Aegir"号

图 5-23 Reel lay 铺管船"Deep Blue"号

此类铺管船除配备满足铺管作业的吊机和绞车外,通常还配有专门用于水下作业的长缆绳吊机和绞车,并配有 ROV。如 Technip 公司的"Deep Constructor"号和"Deep Blue"号等 Reel lay 铺管船均配备了工作级 ROV,可完成水下生产系统的安装作业。

表 5-1~表 5-4 列出了全球(作业水深>500m)铺管船的主要技术参数。

表 5-1 全球(截至 2014 年)深水 S-Lay 铺管船的主要技术参数

| 船名 | 船型 | 作业水深/m | 船体主尺度/m | | | 起重能力/t | 定位方式 | 铺管直径/in | 张紧器/t | A&R绞车/t | 所属公司 |
			船长	型宽	型深						
海洋石油 201	船形	3 000	204.6	39.2	14.0	4 000	DP-3	~48	400	—	COOEC
Audacia	船形	3 500	225.0	32.0		150	DP-3	2~60	525	550	Allseas
Lorelay	船形	2 000	183.0	26.0		300	DP-3	2~28	165	—	Allseas
Solitaire	船形	3 000	300.0	41.0		300	DP-3	2~60	1 050	1 050	Allseas
Castoro Ootto	船形	1 500	191.4	35.0	15.0	2 177	系泊	4~60	270	350	Saipem
Castoro Sei	半潜	3 000	152.0	70.5	29.8	268	DP	~60	390	390	Saipem
Castoro 7	半潜	—	179.7	59.1	33.2	194	系泊	8~60	340	340	Saipem
Crawler	船形	—	151.4	34.2	14.2	546	DP	~48	80	90	Saipem
Semac1	半潜	600	148.5	54.9	27.8	318	系泊	~60	390	390	Saipem
Castorone	船形	3 000	330.0	39.0		600	DP-3	~60	750	750	Saipem
DB 16	船形	910	122.0	30.5	8.7	780	DP-2	4~48	136	136	McDermott
DB 27	船形	—	128.0	39.0	8.5	2 177	系泊	4~72	250	250	McDermott
DB 30	船形	—	128.0	48.2	8.5	2 794	系泊	4~60	250	317	McDermott
DB 32	船形	—	139.0	37.0	9.0	1 500	系泊	6~60	120	120	McDermott
DLV2000	船形	3 000	184.0	38.6		2 000	DP-3	4.5~60	450	500	McDermott
Seven Polaris	船形	1 800	137.2	39.0	9.1	1 440	DP-3	6~60	136	140	Subsea7
Global 1200	船形	3 000	162.3	37.8	16.1	1 200	DP-2	4~60	500	400	Technip
Global 1201	船形	3 000	162.3	37.8	16.1	1 200	DP-2	4~60	500	400	Technip

表 5-2　全球(截至 2014 年)J-Lay 铺管船的主要技术参数

船名	船型	作业水深/m	船体主尺度/m			起重能力/t	定位系统	铺管直径/in	张紧器/t	A&R绞车/t	所属公司
			船长	型宽	型深						
Balder	半潜	3 500	137.0	86.0	42.0	6 300	DP-3	4.5～32	1 050	700	Heerema
Saipem FDS	船形	2 100	163.0	30.0		600	DP	4～22	550	440	Saipem
Saipem FDS 2	船形	2 000	183.0	32.2	14.5	1 000	DP-3	4～36	180	750	Saipem
Saipem7000	半潜	2 000	198.0	87.0	43.5	14 000	DP-3	4～32	2 000	2 000	Saipem

表 5-3　全球(截至 2014 年)Reel lay/Flex lay 铺管船及其主要技术参数

船名	作业水深/m	船体主尺度/m			起重能力/t	定位系统	铺管直径/in	张紧器/t	A&R绞车/t	所属公司
		船长	型宽	型深						
North Ocean 102	3 000	133.6	27.0	9.7	100	DP-2	2～24	300	30	McDermott
North Ocean 105	3 000	133.6	30.0	9.7	400	DP-2	4～16	400	450	McDermott
Agile		139.5	20.2	12.6	100	DP-2				McDermott
Seven Navica	2 000	108.5	22.0	9.0	60	DP-2	2～16	205	250	Subsea7
Seven Ocean	3 000	157.3	28.4	12.5	350	DP-2	6～16	450	500	Subsea7
Kommandor 3000	1 000	118.4	21.0	10.1	30	DP-2		150	200	Subsea7
Lochnagar	2 000	106.4	23.0	9.7	30	DP-2	～16	255	255	Subsea7
Normand Seven	2 000	130.0	28.0	12.0	250	DP-3	4～20	300	300	Subsea7
Seven Condor	2 000	145.0	22.6	11.0	70	DP-2		230	250	Subsea7
Seven Eagle	3 000	138.4	19.5		250	DP-2	2～24	90	250	Subsea7
Seven Mar	3 000	144.6	27.0	13.2	300	DP-2		340	340	Subsea7
Seven Pacific	3 000	133.8	24.0	10.0	250	DP-2	4～24	260		Subsea7
Seven Phoenix	2 300	129.9	27.8	12.0	34.5	DP-2		340	360	Subsea7
Seven Waves	2 500	145.9	29.9	13.0	400	DP-2	4～25	550	600	Subsea7
Simar Esperanca	3 000	103.7	19.7	7.7	150	DP-2				Subsea7
Skandi Acergy	3 000	157.0	27.0	12.0	400	DP-3		125	120	Subsea7
Skandi Neptune	3 000	104.2	24.0	10.4	250	DP-2	～16	100		Subsea7
Skandi Seven	3 000	120.7	23.0	9.0		DP-3	4～24	110		Subsea7
Apache II		136.6	27.0	9.7	100	DP-2	2～16	180	163	Technip
Chickasaw		83.8	24.4	6.1	150	DP	4～12		90	Technip
Deep Energy	3 000	194.5	31.0	15.0	150	DP-3	～18	450	500	Technip
Deep Constructor	2 600	126.3	24.5	11.3	300	DP-2	～24		270	Technip
Sunrise 2000	2 000	132.0	30.0	9.8	75	DP	5.3～23.6		270	Technip
Polar Onyx	3 000	130.0	25.0		250	DP-3	2～24	275	300	Ceona
Normand Pacific	3 000	121.9	23.2		200	DP-3	4～24	75		Ceona

表 5-4　全球(截至 2014 年)两用铺管船及其主要技术参数

船名	铺管方式	作业水深/m	船体主尺度/m			起重能力/t	定位	铺管直径/in	张紧器/t	A&R绞车/t	所属公司
			船长	型宽	型深						
Sapura3000	S-Lay/J-Lay	2 000/3 000	151.0	38.0	15.0	3 000	DP-2	6～36/20	240/400	360	Subsea7
Seven Borealis	S-Lay/J-Lay	3 000	182.2	46.2	16.1	5 000	DP-3	46/24	600/937	600	Subsea7
Seven Seas	Reel lay/J-Lay	3 000	163.2	28.4	12.5	342	DP-2		430/400	450	Subsea7
Aegir	J-Lay/Reel lay	3 500	210.0	46.2		4 000	DP-3	32/16	2 000/800	2 000	Heerema
DB 50	J-Lay/Reel lay	2 210	151.0	46.0	12.5	3 800	DP-2	4～60/2～12	350/90	350	McDermott
Deep Blue	Reel lay/J-Lay	3 000	206.5	32.0	17.8	400	DP-2	4～24/4～28	550/770	150	Technip
Ceona Amazon	Reel lay/J-Lay	3 000	199.6	32.3	14.7	400	DP-2	6～24	600	600	Ceona

5.3　水下建设船

水下建设船专门用于水下生产系统和立管等水下设施的安装与维护,因此,此类船舶通常配有长缆绳绞车或吊机、观察级 ROV(Remotely Operated Vehicle)或/和作业级 ROV(见图 5-24)。由于此类船舶通常配备动力定位系统,因此,其作业水深主要取决于绞车和吊机的作业缆长度。一些 Reel lay 铺管船和潜水支持船也配备了长缆绞车和吊机,因此,能够完成水下设施的安装与维护,被称为多功能船。如 Subsea 7 公司的 16 艘柔性铺管(Flex lay)船中(见表 5-3 和表 5-4),除"Seven Waves"号之外,其他 15 艘均具有水下建设功能。该公司拥有目前世界上最大的水下建设船队,其中 15 艘具有柔性铺管功能,8 艘具有检查、维护和修复(Inspection,Maintenance,Repair,IMR)及勘测功能。如多功能水下建设船"Seven Mar"号(见图 5-25)是一艘水下建设和柔性铺管的多功能施工船,可在 3 000m 水深进行铺管作业,两台作业级 ROV 的作业水深为 3 000m,动臂起重机的作业水深为 2 000m。多功能水下建设船 Normand Subsea(见图 5-26)是一艘水下建设和 IMR 及勘测的多功能船,该船配备了 4 台观察级 ROV 和两台作业级 ROV,其作业水深为 1 200m。目前,世界上最大的水下建设船是 Subsea 7 公司的多功能船"Skandi Acergy"号(见图 5-27),该船总长 157m、型宽 27m、型深 12m,配备两台作业水深为 3 000m 的作业级 ROV 和 1 台作业水深为 3 000m 的 400t 吊机,同时可完成 1 000m 水深的柔性铺管作业。

表 5-5 列出了全球部分水下建设船的主要参数。

表 5-5　全球(截至 2014 年)部分水下建设船的主要参数

船名	船长/m	型宽/m	型深/m	定位系统	吊机/t		绞车/t		ROV 作业水深/m	
					吊重/t	水深/m	吊重/t	水深/m	观察级	作业级
海洋石油 286	140.75	29.00	12.80	DP-3	400	3 000	250	3 000	N/A	1×3 000
Acergy Viking	97.60	19.60	9.60	DP-2	100	2 000	N/A	N/A	N/A	1×3 000
Chloe Candies	82.25	18.00	N/A	DP-2	100	N/A	100	3 000	N/A	1
Grant Candies	89.25	18.00	N/A	DP-2	165	3 000	N/A	N/A	N/A	2×3 000
Havila Subsea	98.00	19.80	10.00	DP-2	150	2 000	5	N/A	1×2 000	2×3 000
Normand Subsea	113.05	24.00	11.00	DP-2	150	N/A	N/A	N/A	4×1 200	2×1 200
Ross Candies	94.30	20.00	N/A	DP-2	110	3 000	N/A	N/A	N/A	2×3 000
Seven Petrel	76.45	15.00	8.80	DP-2	21	1 500	N/A	N/A	N/A	1×3 000
Seven Viking	106.50	24.50	11.50	DP-2	135	2 000	75	2 000	1×2 000	2×3 000
Skandi Skansen	107.20	24.00	9.80	DP	250	2 500	500	3 000	N/A	2

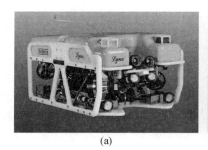 

(a) (b)

图 5-24　水下机器人 ROV

(a) 观察级 ROV　(b) 作业级 ROV

图 5-25　水下建设船"Seven Mar"号　　图 5-26　水下建设船"Normand Subsea"号

图 5-27　水下建设船"Skandi Acergy"号

5.4　潜水支持船

除起重铺管船和水下建设船外,另一大类施工装备是潜水支持船(见图 5-28),它是水下作业的水面操作平台,船上通常设有饱和潜水系统,包括潜水钟(见图 5-29)、减压舱(见图 5-30)和高压救生艇等,大多数潜水支持船都配有 ROV,包括观察级 ROV 和作业级 ROV。潜水钟和 ROV 通常是通过月池放入水中的(见图 5-31),现代的潜水支持船均设有潜水钟和 ROV 专用月池。

图 5-28　潜水支持船"Seven Atlantic"号

潜水支持船有专用和多用途两大类,多用途的潜水支持船同时具有铺管和水下施工的功能,如 Technip 公司的潜水支持和水下施工船"Skandi Arctic"号(见图 5-32)配有垂直铺管系统,可进行复合管的柔性铺管作业。该船也是目前世界上最大的潜水支持船,其船长为 156.9m、宽 27.0m。该船的 24 人饱和潜水系统配有两个可容纳 6 人和 4 个可容纳 3 人的生活舱、两个可容纳 3 人的潜水钟和两个可容纳 18 人的高

图 5-29　潜水钟

压救生艇,额定潜水深度为 350msw(米海水)。该船还配有两台 3 000m 水深的作业级 ROV、1 台 1 500m 水深的观察级 ROV 和 400t 吊机,该吊机也是潜水支持船中的最大吊机。

目前,潜水支持船的最大设计饱和潜水深度达到了 450m,如 Subsea 7 公司的"Seven Osprey"号(见图 5-33)、Technip 公司的"Orelia"号(见图 5-34)和"Wellservicer"号(见图 5-35)。

表 5-6 列出了全球部分潜水支持船的主要技术参数。

图 5-30　减压舱

图 5-31　潜水钟月池

图 5-32　多用途潜水支持船"Skandi Arctic"号

图 5-33　潜水支持船"Seven Osprey"号

图 5-34　潜水支持船"Orelia"号

图 5-35　潜水支持船"Wellservicer"号

表 5-6　全球(截至 2014 年)部分潜水支持船的主要技术参数

船名	船体主尺度/m			潜水系统			ROV/m		定位系统	吊机/t	所属公司
	船长	型宽	型深	深度/msw	饱和/人	潜水钟	观察级	作业级			
深潜号	125.7	25.0	10.6	300	12	1×3	N/A	1×3 000		140	上海打捞局
Skandi Arctic	156.9	27.0	12.0	350	24	2×3	1×1 500	2×3 000	DP-2	400	Technip
Skandi Achiever	106.0	94.7	21.0	300	18	1×3	1	1×3 000	DP-2	140	Technip
Wellservicer	111.4	25.0	11.0	450	18	2×3	N/A	1	DP-2	130	Technip
Orelia	126.0	19.0	11.2	450	18	2×3	N/A	N/A	DP-2	100	Technip
Normand Commander	93.0	19.7	7.7	300	9	N/A	N/A	1×3 000	DP-2	100	Technip
Global Orion	91.0	19.7	7.4	N/A	6	1	1	N/A	DP-2	150	Technip
New DSV	123.0	24.0	10.5	300	18	2	1×500	N/A	DP-3	120	Technip
Rockwater 1	98.4	18.0	7.6	300	18	1×3	1×500	N/A	DP-2	120	Subsea7
Rockwater 2	118.6	22.0	7.6	300	16	1×3	N/A	1	DP-2	300	Subsea7
Seven Kestrel	125.4	24.0	10.5	300	18	2	1	N/A	DP-3	120	Subsea7
Seven Atlantic	144.8	26.0	12.0	350	24	2	3×1 200	1	DP-3	120	Subsea7
Seven Discovery	124.7	19.5	11.0	200	18	2	1×1 000	N/A	DP-2	140	Subsea7
Seven Falcon	120.0	23.4	10.0	400	24	2	1×500	N/A	DP-2	250	Subsea7
Seven Osprey	101.7	19.6	8.0	450	18	2	1×1 600	N/A	DP-3	150	Subsea7
Seven Pelican	94.1	18.0	9.5	370	18	2×3	1	1	DP-3	120	Subsea7
Emerald Sea	96.0	20.0	N/A	300	12	1×3	N/A	2	DP-2	100	McDermott
Thebaud Sea	81.4	16.5	7.0	100	6	1×2	N/A	N/A	DP-2	50	McDermott

5.5　修井船

　　修井船(Well intervention vessel)主要用于湿树井的修井作业,而干树井可在安装采油树的平台上进行修井作业。因此,刚性开发系统的水面设施上通常配有修井装备,其修井方法与浅水修井作业类似。而柔性开发模式的湿式采油树位于海底且不在水面设施的下方,因此,湿树井的修井作业无法在其水面设施上实施,需要专用的水面修井装备——修井船或修井平台来完成。

　　深水油气田的修井作业可分为 3 个级别——轻型修井(Light intervention)、中型修井(Medium intervention)和重型修井(Heavy intervention)。轻型修井是指采用钢丝绳、电缆或连续油管(Coiled tube)作业的方式在采油树和完井管柱中完成的修井作业。由于不抽出油管,因此,无需安装隔水管,被称为无立管修井(Riserless Light Well Intervention,RL-

WI），可采用配备了无立管修井系统的轻型修井船完成。无立管修井系统由压力控制头（Pressure Control Head，PCH）、顶部防喷系统总成（Upper Lubricator Package，ULP）、防喷管（Lubricator Tubular，LUB）、底部防喷系统总成（Lower Lubricator Package，LLP）和底部修井装置总成（Lower Intervention Package，LIP）组成。防喷管在顶部防喷系统总成的下部，可临时存放下井仪器或从井下回收的仪器。该装置在修井期间提供井内安全保障，可用于卧式采油树和立式采油树的海底井修井作业。中型修井是指需要安装修井隔水管的修井作业，可采用一般的深水修井船，在没有修井船的条件下，也可采用半潜式钻井平台或钻井船完成。重型修井作业是指需采用钻井隔水管和防喷器进行的修井作业，因此，只能采用半潜式钻井平台或钻井船来完成。

修井船有船形和半潜式两种结构形式。无立管修井的轻型修井船均为船形，有立管修井的重型修井船则有船形（见图5-36）和半潜式（见图5-37）两种。目前，修井船的最大作业水深为3 000m，如 Helix 能源集团（Helix Energy Solutions Group）的修井船 Helix 534（图5-36）、平潜式修井平台 Q4000（见图5-37）和 Q5000（见图5-38）；Aker Solution 的修井船"Skandi Aker"号（见图5-39）。这4艘（座）修井船（平台）均配备了7-3/8英寸的隔水管系统（Intervention Riser System，IRS），因此，属于重型修井（平台）船。除"Skandi Aker"号的井架大钩荷载为450t外，其他3（座）艘修井（平台）船的井架大钩荷载均达到了600t，其中，"Q5000"号为680t。目前，世界上最大的修井船是"Helix 534"号，其船长168m、宽27m，可变甲板荷载为9 000t，隔水管系统的工作压力为69MPa，张紧器为900t，配备了6个安全阀，其中，7-3/8英寸液压闸板阀1个，7-3/8英寸闸板式安全阀两个，5-1/16英寸环空闸板式安全阀3个。

图 5-36　船形修井船

图 5-37　半潜式修井平台

轻型修井船不配备修井隔水管系统。其井架的大钩荷载远远小于重型修井船，目前，轻型修井船的井架最大大钩荷载为150t，而重型修井船的最大修井隔水管系统大钩荷载为680t，在建的半潜式修井平台"Q7000"号更是达到了800t。目前，世界上最大的轻型修井船是 DOF Subsea 公司的"Skandi Constructor"(见图 5-40),其排水量为 15 942t,井架的大钩荷载为 150t。表 5-7 列出了全球部分修井船的主要技术参数。

图 5-38 半潜式修井平台"Q5000"号

图 5-39 修井船"Skandi Aker"号

图 5-40 轻型修井船"Skandi Constructor"号

表 5-7 全球(截至 2014 年)主要修井船的技术参数

船名	船型	作业水深/m	船体主尺度/m			修井机参数			定位方式	可变甲板荷载/t	吊机/t	所属公司
			船长	型宽	型深	隔水管/in	起重量/t	张紧器/t				
Q4000	半潜	3 000	95.1	64.0	N/A	7-3/8	600	726	DP-3	4 000	327	Helix Energy Solutions
Q5000	半潜	3 000	107.0	70.1	N/A	7-3/8	680	900	DP-3	3 000	400	Helix Energy Solutions
Helix 534	船形	3 000	167.9	27.0	9.8	7-3/8	600	900	DP-2	9 000	72	Helix Energy Solutions
Skandi Constructor	船形	2 500	120.0	25.0	10.0	N/A	150	N/A	DP-3	N/A	150	Helix Energy Solutions
Well Enhancer	船形	N/A	132.0	22.0	11.0	N/A	150	N/A	DP-3	N/A	100	Helix Energy Solutions

（续表）

船名	船型	作业水深/m	船体主尺度/m			修井机参数			定位方式	可变甲板荷载/t	吊机/t	所属公司
			船长	型宽	型深	隔水管/in	起重量/t	张紧器/t				
MSV Seawell	船形	N/A	114.0	22.5	11.0	N/A	80	N/A	DP-2	N/A	130	Helix Energy Solutions
Skandi Aker	船形	3 000	156.9	27.0	12.0	7-3/8	450	725	DP-3	N/A	400	Aker Solution
Island Wellserver	船形	N/A	116.0	25.0	11.2	N/A	100	N/A	DP-3	N/A	150	Island Offshore
Island Constructor	船形	N/A	120.2	25.0	10.0	N/A	100	N/A	DP-3	N/A	140	Island Offshore
Island Frontier	船形	N/A	106.2	21.0	8.2	N/A	70	N/A	DP-3	N/A	130	Island Offshore

5.6 增产作业船

油气生产除了对油井进行维护以保证出油通畅外，还需对油层进行酸化、压裂和防砂等处理，以提高油藏的渗透率，达到增产的目的。海洋油气田完成这一作业任务的是增产作业船（Stimulation vessel，见图 5-41）。增产作业船一般并不配备钻/完井模块，而是由钻井平台（或具有钻、修井能力的生产平台）配合完成压裂作业（见图 5-42），因此，增产作业船的船长小于 100m，一般为 70～80m。目前，全球最大的增产作业船是哈里伯顿公司（Halliburton）2015 年新建的"Stim Star IV"号（见图 5-43）。

图 5-41　增产作业船

图 5-42　钻机辅助增产作业船作业

图 5-43　增产作业船"Stim Star IV"号

　　船体主尺度并不是决定增产作业船能力的主要指标,增产作业船的作业能力主要取决于工作介质的储存能力和混合/泵送能力,如支撑剂、酸、添加剂和溶剂储存能力;系统的总水马力(Total Hydraulic Horse Power)、最大作业压力、最大泵送速率和高压软管(Coflexip hoses)配置。目前,综合作业能力最强的增产作业船是贝克休斯公司(Baker Hughes)的"Blue Dolphin"号(见图 5-44),其总水马力为23 000 thhp、支撑剂储存能力为1 247t,最大工作压力为137.9MPa,最大泵送速率为 12.72m³/min。该船配备了两根 4 in 和一根 3 in 高压软管,其额定压力分别为137.9MPa 和103.4MPa。"Blue Dolphin"号的最大工作压力是目前全球增产作业船中最高的,而总水马力最大的是贝克休斯公司的"Blue Tarpon"号(见图 5-45),达到了 24 000 thhp。该船的泵送速率为 15.90m³/min,也是目前全球增产作业船中

图 5-44　增产作业船"Blue Dolphin"号

图 5-45　增产作业船"Blue Tarpon"号

泵送速率最大的。我国的首制增产作业船"海洋石油 640"号船体已下水(见图 5-46),该船的设计功率为 8 000 hp,配备了 DP-2 动力定位,可进行压裂和防砂作业,一次装载可完成两口井的水力压裂或一口井的酸化压裂作业。

目前,全球拥有增产作业船的公司有哈里伯顿公司、贝克休斯公司和斯伦贝谢公司(Schlumberger),2014 年 11 月哈里伯顿公司收购了贝克休斯公司,成为全球最大的油田服务公司。表 5-8 列出了全球部分增产作业船的主要技术参数。

图 5-46 "海洋石油 640"

5.7 半潜运输船

半潜运输船在海洋深水油气田开发中主要用于大型水面设施的运输,海洋工程的全球化使得很多海洋平台的建造场地与平台的服役海域相距甚远,需要跨越大洋的运输。因此,随着深水油气田开发不断扩大规模,半潜运输船在深水油气开发工程中的需求量将越来越大。

半潜运输船可以运输海洋平台壳体(见图 5-47)、海洋平台的上部组块(见图 5-48)或整体海洋平台(见图 5-49)。墨西哥湾的 17 座 Spar 平台除 1 座 Cell Spar 外,其余 16 座的船体均由芬兰 Pori 船厂建造,其中 1 座 Classic Spar 湿拖运输至墨西哥湾,其他 15 座由半潜运输船从欧洲跨越大西洋运输到墨西哥湾。而由亚洲建造的张力腿平台和半潜式生产平台,则需要由半潜运输船横跨太平洋运输到墨西哥湾或坎普斯盆地。

半潜运输船可以通过调整压载水使甲板潜入水下(见图 5-50),从而实现海洋平台的静态装卸船,避免了起重船动态装卸船的风险,而且,目前起重船的最大起重能力仅为 14 000 t,无法满足 2 万吨级平台船体装卸船的需要,更不能满足 4 万吨级整体平台的装卸船需要。因此,半潜运输船的大量应用,解决了海洋平台长距离快速运输问题,使得海洋工程的国际化程度越来越高。由于有了大载重量的半潜式运输船,海洋平台的建造和安装也从分体建造、运输、现场安装的方法发展为一体化建造、整体运输、现场系泊的快速施工方法。

目前,世界上最大的半潜运输船是 Dockwise 公司的"Dockwise Vanguard"号(见图 5-51),其载重量达到了 117 000 t。该船长 275 m、宽 70 m,甲板可下潜至水下 16 m。截至 2014 年,全球载重量大于 5 万吨的半潜运输船有 13 艘,其中 Dockwise 公司的"Blue Marlin"号(见图 5-52)和"White Marlin"号的载重量达到了 76 061 t 和 72 000 t。

我国有半潜运输船 9 艘,海油工程的"海洋石油 278"号(见图 5-53)是其中最大的一艘,载重量为 52 789 t。该船长 221 m、宽 42 m,甲板最大下潜深度为 13.5 m。中远航运的 6 艘半

表 5-8 全球(截至 2014 年)主要增产作业船的技术参数

船名	船体主尺度/m 船长	型宽	吃水	储存能力 支撑剂/kg(m³)	液体/m³	原酸/m³	溶剂/m³	混合/泵送能力 总水马力/thhp	最大压力/MPa	最大速率/(m³/min)	高压软管 4in	压力/MPa	3in	压力/MPa	定位方式	所属公司
MV Vestfonn	82.3	18.3	5.1	544 311 kg	1 039.9	681.4	—	13 400	103.4	9.54	1	68.9	1	103.4	DP-2	Baker Hughes
StimFORCE	78.0	16.0	6.0	212m³	1654.0	53.0	60.6	8 800	103.4	7.16	2	103.4	—	—	DP-2	Baker Hughes
Blue Angel	84.0	18.1	6.3	975 223 kg	556.4	240.0	227.0	13 800	103.4	7.95	1	68.9	1	103.4	DP-2	Baker Hughes
Blue Dolphin	91.6	18.3	7.3	1 247 392 kg	1 875.8	47.7	23.8	23 000	137.9	12.72	2	137.9	1	103.4	DP-2	Baker Hughes
Blue Marlin	85.3	17.0	6.4	701 253 kg	817.9	240.0	144.0	12 800	103.4	7.95	1	68.9	1	103.4	DP-2	Baker Hughes
Blue Orca	94.8	18.3	6.5	1 133 000 kg		681.4	—	15 000	103.4	12.72	2	103.4	—	—	DP-2	Baker Hughes
Blue Shark	79.2	17.0	5.0	657 709 kg	413.4	264.9	113.5	10 600	103.4	7.95	1	68.9	1	103.4	DP-2	Baker Hughes
Blue Tarpon	91.6	18.3	7.3	1 247 392 kg	1 621.6	23.8	94.1	24 000	103.4	15.90	2	103.4	—	—	DP-2	Baker Hughes
Falcon Tide	78.6	14.9	—	108 960 kg	—	946.4	—	7 500	79.3	7.95	—	—	1	68.9	DP-1	Halliburton
Halliburton 301	64.0	12.8	—	N/A	—	488.3	—	4 800	77.2	11.13	—	—	1	68.9	N/A	Halliburton
HOS Hawke	61.0	17.1	—	N/A	—	254.7	—	6 750	103.4	5.56	—	—	1	103.4	DP-1	Halliburton
HOS Saylor	74.1	16.4	—	N/A	—	117.3	—	6 750	103.4	6.36	—	—	1	103.4	DP-1	Halliburton
Stim Star	83.5	17.1	—	303 272kg+229m³	—	227.1	—	10 150	103.4	11.92	1	103.4	1	103.4	DP-2	Halliburton

（续表）

船名	船体主尺度/m			储存能力				混合/泵送能力			高压软管				定位方式	所属公司
	船长	型宽	吃水	支撑剂/kg(m³)	液体/m³	原酸/m³	溶剂/m³	总水马力/thhp	最大压力/MPa	最大速率/(m³/min)	4in 压力/MPa		3in 压力/MPa			
											4in	压力/MPa	3in	压力/MPa		
Stim Star Arabian Gulf	71.3	17.1	—	170m³	—	378.5	—	5 000	103.4	7.16	—	—	1	103.4	DP-2	Halliburton
Stim Star Borneo	61.0	20.1	—	158 900 kg	—	31.8	—	8 250	103.4	3.98	—	—	1	103.4	N/A	Halliburton
Stim Star III	79.2	17.1	—	379 090kg + 297m³	—	—	—	21 500	103.4	10.18	1	103.4	1	103.4	DP-2	Halliburton
Stim Star IV	95.1	20.0	—	—	—	—	—	—	—	—	—	—	—	—	—	Halliburton
DeepSTIM	79.2	17.1	4.72	635 600 kg	—	31.8	—	16 850	103.4	7.95	—	—	2	103.4	DP-2	Schlumberger
DeepSTIM II	82.3	17.1	4.62	771 800 kg	—	31.8	—	21 450	103.4	7.95	—	—	2	103.4	DP-2	Schlumberger
DeepSTIM III	72.8	13.4	4.14	771 800 kg	—	47.7	—	12 850	103.4	7.95	—	—	2	103.4	N/A	Schlumberger
Island Centurion/ Island Captain	93.0	20.0	—	—	—	1 022	—	20 000	103.4	12.72	2	103.4	—	—	DP-2	Schlumberger
Big Orange XVIII	74.1	18.0	—	436m³	897.1	681.4	—	12 000	68.9	11.13	—	—	—	—	DP-2	Schlumberger

潜运输船中，"祥云口"号（见图 5-54）和"祥瑞口"号（见图 5-55）的载重量达到了 5 万吨，这也是目前我国自行设计建造的最大的半潜运输船。表 5-9 列出了全球半潜运输船的主要技术参数。

（a）　　　　　　　　　　　　　（b）

图 5-47　半潜运输船运输平台壳体

（a）半潜船运输 TLP 壳体　（b）半潜船运输 Spar 壳体

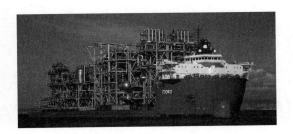

图 5-48　半潜船运输上部模块

图 5-49　半潜船运输整体平台

图 5-50　半潜船下潜使平台下水

图 5-51　半潜船"Dockwise Vanguard"号

图 5-52　半潜船"Blue Marlin"号

图 5-53　半潜船"海洋石油 278"号

图 5-54　半潜船"祥云口"号

图 5-55　半潜船"祥瑞口"号

表 5-9　全球(截至 2014 年)半潜运输船的主要技术参数

船名	载重/t	船长/m	型宽/m	型深/m	最大吃水/m	下潜吃水/m	船东
Dockwise Vanguard	117 000	275.00	70.00	15.50	10.99	31.50	Dockwise
Blue Marlin	76 061	224.80	63.00	13.30	10.24	28.40	Dockwise
White Marlin	72 000	216.00	63.00	13.00	TBD	26.00	Dockwise
Mighty Servant 1	45 407	190.93	50.00	12.00	9.32	26.00	Dockwise
Black Marlin	57 021	217.50	42.00	13.30	10.08	23.34	Dockwise
Forte	48 000	216.00	43.00	13.00	9.68	26.00	Dockwise
Finesse	48 000	216.00	43.00	13.00	9.68	26.00	Dockwise
Transshelf	34 030	173.00	40.00	12.00	8.80	22.00	Dockwise
Mighty Servant 3	27 720	180.50	40.00	12.00	9.51	22.00	Dockwise
Fjell	19 300	146.30	36.00	9.00	6.40	19.00	Dockwise
Transporter	53 806	216.86	45.00	14.00	10.75	23.00	Dockwise
Target	53 868	216.86	45.00	14.00	10.44	23.00	Dockwise
Treasure	53 868	216.86	45.00	14.00	10.44	23.00	Dockwise
Talisman	53 000	216.79	45.00	14.00	10.44	23.00	Dockwise
Trustee	54 013	216.81	45.00	14.00	10.44	23.00	Dockwise
Triumph	53 818	216.75	45.00	14.00	10.44	23.00	Dockwise
Swan	30 060	180.96	32.26	13.30	9.74	21.65	Dockwise
Swift	32 187	180.12	32.26	13.30	9.49	21.65	Dockwise
Teal	32 101	180.82	32.26	13.30	9.99	21.65	Dockwise
Tern	30 060	180.96	32.26	13.30	9.97	21.65	Dockwise
Fjord	24 500	159.24	45.50	9.00	6.09	20.00	Dockwise
Super Servant 3	14 138	139.09	32.00	8.50	6.26	14.50	Dockwise
海洋石油 278	52 789	221.60	42.00	13.30	10.15	26.80	海油工程
泰安口	20 620	156.00	36.20	10.00	7.50	19.00	中远航运
康盛口	20 248	156.00	36.20	10.00	7.50	19.00	中远航运

（续表）

船名	载重/t	船长/m	型宽/m	型深/m	最大吃水/m	下潜吃水/m	船东
祥云口	50 000	216.70	43.00	13.00	9.68	26.00	中远航运
祥瑞口	50 000	216.70	43.00	13.00	9.68	26.00	中远航运
华海龙	30 000	182.20	43.60	11.00	7.50	23.00	中远航运
夏之远6	38 000	192.50	41.50	12.0	8.80	23.00	中远航运
Developing Road	25 000	215.00	38.00	12.71	9.30	18.00	中交航运
Wish Way	21 243	156.00	36.00	10.00	7.45	19.00	中交航运

5.8 生活平台

生活平台（Accommodation Vessel）是海上施工的辅助平台，以提供和改善施工人员的生活条件为主要目的。一些生活平台配备了起重设施，也称其为起重生活平台。生活平台的设计目标是良好的水动力性能，以满足人居住的舒适度要求及起重作业需要，同时也要考虑它的移动性要求。目前有四种壳体结构形式的生活平台——半潜式（见图 5-56）、单体船形（见图 5-57）、双体船形（见图 5-58）和圆筒形（见图 5-59）。表 5-10 列出了全球部分起重生活平台的主要参数。

图 5-56 半潜式生活平台

图 5-57 单体船生活平台

图 5-58 双体船形生活平台

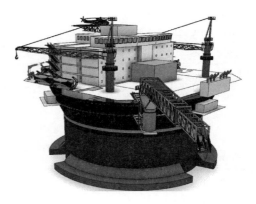

图 5-59 圆筒形生活平台

表 5-10　全球部分起重生活(船)平台主要参数

船名	船形	床位	壳体尺寸/m		吃水/m			吊机/t	定位	运营商
			总长	型宽	作业	巡航	生存			
Safe Hibernia	半潜式	632	108.22	67.36	21.34	14.56	18.29	25	锚泊	Prosafe
Safe Britannia	半潜式	812	120.96	73.65	22.07	11.88	17.50	50	DP-2	Prosafe
Jasminia	半潜式	612	84.94	65.37	19.4	10.70	15.80	100	锚泊	Prosafe
Safe Caledonia	半潜式	454	91.29	69.52	22.07	12.90	17.50	50	DP-2	Prosafe
Safe Regency	半潜式	780	101.1	60.96	22.1	9.90	17.50	100	DP-2	Prosafe
Safe Astoria	半潜式	349	75.0	52.0	20.0	16.70	16.70	40	锚泊	Prosafe
Safe Bristolia	半潜式	587	75.0	52.0	20.0	16.70	16.70	48	锚泊	Prosafe
Safe Lancia	半潜式	605	92.37	65.40	19.4	10.70	15.80	60	DP-2	Prosafe
Safe Scandinavia	半潜式	583	106.28	98.0	22.0	6.90	17.50	50	锚泊	Prosafe
Regalia	半潜式	306	95.39	91.60	21.3	11.90	17.80	25	DP-2	Prosafe
Safe Concordia	半潜式	461	99.97	47.0	16.4	10.19	12.17	120	DP-2	Prosafe
Safe Boreas/ Safe Zephyrus	半潜式	450	104.20	91.20	18.6	9.45	15.10	50	DP-3	Prosafe
Safe Eurus/ Safe Notos	半潜式	500	95.0	67.00	20.0	8.60	13.50	300	DP-3	Prosafe
Floatel Superior	半潜式	440	94.0	91.00	18.0	8.40	13.00	50	DP-3	Floatel International
Floatel Reliance	半潜式	500	109.0	68.00	12.2	5.90	7.90	120	DP-2	Floatel International
Floatel Victory	半潜式	500	119.6	78.00	16.8	7.50	11.60	120	DP-3	Floatel International
Floatel Endurance	半潜式	440	105.0	76.50	18.0	8.40	13.00	100	DP-3	Floatel International
Floatel Triumph	半潜式	500	119.6	78.00	16.8	7.50	11.60	120	DP-3	Floatel International
Axis Nova/ Axis Vega	半潜式	500	104.5	65.00	17.8	9.50	17.75	70	DP-3	Axis Offshore
OOS Gretha	半潜式	618	137.75	81.0	20.0	11.20	17.00	2×1800	DP-3	OOS International
Prometheus	半潜式	500	118.0	70.0	23.0	7.80	20.00	2×1100	锚泊	OOS International
Iolair	半潜式	350	102.0	51.0	15.25				DP	Cotemar
Dan Swift	单体船	256	149.55	20.75	7.8			30	DP-2	Axis Offshore
Edda TBN	单体船	809	154.93	32.20	8.0			120	DP-3	Østensjø Rederi
Edda Fides	单体船	600	130.0	27.0	7.2			60	DP-3	Østensjø Rederi
Regina Baltica	单体船	300	145.0	25.0	5.0			1.5		SWE Offshore
Patria Seaways	单体船	100	154.0	24.30	5.90					SWE Offshore
Olympia/Athena/ Venus/Themis	双体船	431	84.0	32.0	8.9	5.80	14.60	150	DP-3	Marine Assets Corporation
Arendal Spirit/ Stavanger Spirit	圆筒形	500	66.0	60.0	14.0			3×100	DP-3	Teekay Offshore

生活平台通常配有移动式栈桥,以供作业人员来往作业平台的需要,移动式栈桥一般采用封闭式伸缩舷梯结构(见图 5-60),以适应不同施工现场的需要(见图 5-61～5-63)。为了使施工人员能够得到良好的生活环境,生活平台的舾装竭尽奢华之能事,其寝室、餐厅、娱乐设施和休闲空间均堪比豪华游轮(见图 5-64)。

图 5-60　生活平台上的伸缩式舷梯

图 5-61　舷梯连接导管架平台

图 5-62　舷梯连接 FPSO

图 5-63　舷梯连接 Spar 平台

半潜式生活平台(Semi-submersible Accommodation Platform)的壳体结构(见图 5-65)与半潜式钻井平台或半潜式起重铺管船相同,迪拜 MAC(Marine Assets Corporation)公司开发的双体船生活平台也归类于半潜式结构,定义为紧凑型半潜式平台(Compact Semi Sub,CSS),与一般半潜式结构不同的是,CSS 以一个整体"立柱"替代了半潜式平台的分离立柱,更接近船体,其甲板和立柱浑然一体更像是一艘双体船(图 5-66)。目前,CSS 的概念也被用于其他工程船,如油田维护船。圆筒形生活平台是 Sevan 系列平台的延伸,前两座圆筒形生活平台 Arendal Spirit(希望 7 号,见图 5-67)和 Stavanger Spirit(希望 8 号,见图 5-68)是由两座半成品的 Sevan 300 系列 FPSO"SSP(Sevan Stabled Platform)No. 4"和"SSP No. 5"改建而成的。

全球第一座为海洋油气开发服务的生活平台是挪威 Østensjø Rederi 公司 2011 年投入运营的单壳体生活船 Edda Fides(见图 5-69),而 Østensjø Rederi 公司也是目前全球最大的船形生活平台 Edda TBN(见图 5-70)的运营商。该船长 154.93m,型宽 32.20m,拥有 809 个床位,甲板室外作业面积 1 400m^2,室内作业面积 150 m^2,可载 1 500t 货物。

图 5-64　生活平台上的主要设施

（a）休闲区　（b）健身房　（c）车间　（d）阅览室　（e）会议室　（f）卧室

图 5-65　半潜式生活平台结构

（a）四立柱结构　（b）六立柱结构

目前，挪威的 Prosafe 公司拥有全球最大的半潜式生活平台船队，其中 Safe Britannia（见图 5-71）是目前世界上床位最多的半潜式生活平台，该平台的壳体结构长 121m、宽 74m，有 812 张床位。该公司正在建造中的两对姊妹平台 Safe Boreas/Safe Zephyrus（见图 5-72）和 Safe Eurus/Safe Notos（见图 5-73）能够在恶劣的海况下作业，是目前世界上最先进的半潜式生活平台。世界上起重能力最大的起重生活平台是中集烟台来福士海洋工程有限公司为 OOS International 公司设计建造的"Gretha"（见图 5-74），该平台壳体结构长 138m、宽 81m，设有 618 张床位，两台 1 800t 的吊机具有双机联合起吊功能，能够在 22m 波高的恶劣海况下作业。与其他移动式半潜式平台不同的是，该平台采用了非对称结构设计，即浮心和重心不位于结构的对称面上。

 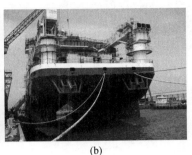

(a)   (b)

图 5-66 双体船形生活平台结构

（a）CSS 的概念 （b）CSS 的浮箱与船体

图 5-67 希望 7 号（Arendal Spirit）   图 5-68 希望 8 号（Stavanger Spirit）

图 5-69 船形生活平台 Edda Fides   图 5-70 船形生活平台 Edda TBN

图 5-71 半潜式生活平台 Safe Britannia

图 5-72 半潜式生活平台 Safe Boreas

图 5-73 半潜式生活平台 Safe Eurus

图 5-74 半潜式生活平台 OOS Gretha

第三篇 结构篇

在第二篇中，我们按照深水油气开发装备的功能分类对主要装备的功能、用途和现状作了简要的介绍。目的是为了使不熟悉海洋石油工程、深水油气田开发工程的读者、尤其是从事深水油气开发装备的结构设计和研发人员能够了解这些装备的基本功能及其在深水油气田开发中的作用。而从结构设计研究的角度来看这些装备，其中一些具有不同功能的装备有着相同的结构形式，从而具有相同的结构设计原理。如半潜式钻井平台、半潜式起重铺管船和半潜式生活平台，乃至半潜式生产平台，它们的结构部分都是浮箱＋立柱的船体结构，其设计原理和方法完全相同。因此，本篇将按照结构形式分类来具体介绍这些装备的结构特点及其水动力性能。

第 6 章

半潜式平台

6.1 引言

半潜式平台是深水油气开发中应用最广泛的一种结构形式,由于其水动力性能优于船形结构,在船的水动力性能难以满足要求时,半潜式平台几乎是移动式平台的唯一选择。按功能划分,半潜式平台可分为钻井平台、生产平台、作业平台(包括起重铺管船和生活平台等)。随着深水油气开发和其他海洋资源开发的不断发展,可能还会出现其他功能的半潜式平台(已经有通信用的半潜式平台)。按结构形式划分,半潜式平台可分为移动式平台和永久锚固式平台两大类,上述几类平台中,除生产平台外,其他均为移动式平台。

由于各种半潜式平台的用途不同,为了满足服役和作业需要,它们的结构形式和定位方法也有一定的区别,除了甲板上的功能模块不同外,移动式和永久锚固式平台的壳体和甲板结构也有较大的区别,因此,其设计理念和水动力性能也不尽相同。

半潜式平台最初是为了实现钻机快速移井位的目标而发展起来的一种移动式钻井平台。由于其水动力性能优于船形结构,因此,经过半个多世纪的发展,目前,已发展成为深水油气田开发装备中的一个大家族。该家族成员包括钻井平台、生产平台和作业平台,它们在深水油气田开发中发挥着各自的作用。钻井平台主要用于开发井的钻井和完井作业,由于探勘井和评价井有时也作为油田初期生产的开发井使用,因此,钻井平台有时也用于勘探井和评价井的钻井或/和完井作业。生产平台则用于采油、油气处理、注水和注气作业。作业平台则用于油气田的施工建设和生产维护,包括生产平台和海底生产系统的安装以及海底管道和立管系统的铺设与安装。其中的生活平台是为油气田的施工和生产维护提供居住和生活支持的辅助平台,由于深水油气田一般离岸较远,一日还的愿望无法实现,作业人员必须在海上连续工作数日,而施工平台和生产平台上往往不能提供足够的饮食起居条件,因此,不得不采用生活平台来提供施工人员海上生活所必需的条件。为了充分地利用平台、减少作业船舶,生活平台一般配有起重机械,因此,也称其为起重生活平台。

目前,半潜式平台尚不及船形结构的两大"弱点"是巡航速度和可变甲板荷载。由于结构形式的差异,船形结构的大可变甲板荷载是半潜式平台难以超越的,但巡航速度的差距已经大大地缩小了,也许在不远的将来可以实现超越。

6.2　钻井平台

6.2.1　船体结构

钻井平台是半潜式平台家族中最早发展起来的一个成员,是坐底式平台半潜移位状态的直接应用。经过半个多世纪的发展,特别是经过近30年深水油气田开发的历练,半潜式钻井平台已经发展到了第7代产品。

在半潜式钻井平台的发展进程中,其结构形式和设计理念均发生了很大的变化。由于半潜式平台的概念来自于坐底式平台(见图6-1)的拖航状态,而在坐底式平台的设计理念中,立柱的作用仅仅是将甲板托出水面,以弥补驳船型深小于水深的不足。因此,坐底式平台的立柱并不作为提供浮力的结构设计,平台的浮力全部由坐底的驳船提供。这直接导致早期的半潜式平台浮箱大、立柱多而细(见图6-2)。由于早期半潜式钻井平台的发展重点是水动力性能,且当时的半潜式平台尚不具备自航能力,因此,平台设计的目标主要是提高水动力性能而不是拖航阻力,从而导致各种形状的平台加入了半潜式钻井平台的行列。前4代的半潜式钻井平台中,先后出现了V字形船体结构(见图6-2)、三角形船体结构(见图6-3)、五边形船体结构(见图6-4)、十字形船体结构(见图6-5)、和矩形船体结构(见图6-6)。从这多种多样的船体结构形式可以看出,在半潜式平台的发展初期,结构的水动力性能始终是发展的主要目标,而运动性能并不是设计者们关心的主要问题,仅仅处于求其次而为之的地位,这也与当时半潜式钻井平台的移位方式——拖航和移动范围(除墨西哥湾有1 000米水深的作业水域外,大多数深水开发的活动仍在几百米水深处游弋)有关。因此,先驱者们竭尽创造之能事,开发出不同几何形状和不同结构形式的半潜式钻井平台,以满足钻井作业的平台稳性要求。

图6-1　坐底式钻井平台

图6-2　半潜式钻井平台"Ocean Driller"号

伴随着新的深水油气田不断发现,伴随着世界范围的深水油气开发热潮高涨和新技术革命的崛起以及海洋钻井技术与装备的发展,半潜式钻井平台也得到了快速的发展。首先是动力定位技术的发展解决了半潜式钻井平台的定位问题,同时赋予了半潜式平台的自航能力。由于长距离快速移动的需要，结构工程师们纷纷把目光投向了半潜式钻井平台的运动性能，从而导致了半潜式钻井平台的结构形式由上述的"奇形怪状"而重新回到起点——矩形结构。同时，钻井设备的布置也从一层平铺（见图 6-1～6-6）发展为两层布置，采用了箱型甲板结构（见图 6-7）。这样的钻井设备布置减小了甲板面积，从而立柱的数量也相应地减少，最终发展为第 5 代以后的四立柱双浮箱结构（见图 6-8）。

图 6-3　三角形钻井平台

图 6-4　五边形钻井平台

图 6-5　十字形钻井平台

图 6-6　矩形钻井平台

图 6-7　箱型甲板的钻井平台

图 6-8　四立柱双浮箱钻井平台

6.2.2　钻井模块

钻井模块是半潜式钻井平台的主要设备,其造价远远高于壳体结构,按照我国造船业水平,船体结构的造价通常只占整座平台造价的 1/6,可见钻井模块的造价在半潜式钻井平台中所占的比重。

钻井模块一般由起升系统、旋转系统、泥浆循环系统和动力系统组成。其中,起升系统包括井架、绞车、大钩、天车游动滑车、立根运移机构、钻杆排放装置及起下钻作业的工具(如机械手等),升沉补偿装置通常设置在井架顶部。通过起升系统可以完成起下钻具、下套管和更换钻头以及控制钻头送进等作业。旋转系统是指转盘及其发动机与转盘之间的驱动装置,用于转动钻具和转杆拆接作业。泥浆循环系统包括泥浆泵、泥浆罐、泥浆振动筛、除泥除气装置、泥浆配制和调节设备以及连接它们的管线,其作用是清洗井底,带出钻井产生的岩石碎屑,以利于后续的钻进。动力系统一般包括柴油发动机和发电机及其配变电装置,对于电力驱动的钻机,系统还包括直流电机,整套系统可为平台提供所需的动力。

随着海洋石油钻井技术向深水、深井、大斜度井、大水平位移井、孔底多支井、自动控制以及低成本和高效率方向发展,海洋石油钻机得到了很大的发展。20 世纪 80 年代,由美国 Varco-BJ 公司开发的顶驱钻井技术,20 世纪 90 年代,Maritime Hydraulics 公司开发的全液压驱动钻机和液缸升降型钻机已应用于半潜式钻井平台。

6.3　生产平台

6.3.1　常规半潜式平台

得益于半潜式钻井平台的发展,半潜式生产平台是深水浮式生产平台中最早发展起来的一种结构形式,早期的半潜式生产平台也是由半潜式钻井平台直接改装而成的。20 世纪 70 年代,半潜式钻井平台技术发展迅速,先后出现了 4 代产品,其钻井能力和作业气象窗以及作业效率和移井位的速度都大大提高,而且早期的产品已不能适应不断增加的水深和井深的需要,因此,被改装成生产平台。当然,这只是改装的主要原因之一,由于某种需要而改装的理由也很充分,其中为了早日生产出第一桶油是最主要的理由。如巴西石油 Petrobras 系列的 21 座半潜式生产平台中,除"P-51"号、"P-52"号、"P-55"号和"P-56"号等 4 座外,其他 17 座全部由钻井平台改装而成,但这 17 座半潜式生产平台中很少看到早期半潜式钻井平台的影子,图 6-9 和图 6-10 是巴西石油公司由半潜式钻井平台改装的半潜式生产平台"P-19"号和"P-40"号,它们均是平行梁式浮箱的矩形甲板结构(见图 6-11),包括沉没的"P-36"号(见图 6-12)。

第一座新建半潜式生产平台诞生于 1986 年。该平台仍沿用了半潜式钻井平台的设计理念,采用了与半潜式钻井平台相同的船体结构——双浮箱＋立柱。由于该平台配备了钻井设备,因此,其外观(见图 6-13)与半潜式钻井平台没有区别。该结构形式的半潜式生产平台共有 3 座,另外两座"P-18"号和"Njord A"号分别服务于巴西的 Marlim 油田(1994 年)和北海的 Njord 油田(1997 年)。

半潜式生产平台的主流结构形式——四立柱＋环形浮箱(见图 6-14)出现在 1999 年,

图 6-9　半潜式生产平台"P-19"号

图 6-10　半潜式生产平台"P-40"号

图 6-11　"P-40"号的船体结构

图 6-12　半潜式生产平台"P-36"号

图 6-13　第一座半潜式生产平台"Balmoral"号

图 6-14　四立柱环形浮箱结构

GVA 公司为挪威国家石油公司（Statoil）设计了两座 GVA 8000 型半潜式生产平台"Visund"号和"Troll C"号（见图 6-15）。至此,半潜式生产平台有了自己独立的壳体结构形式,这一结构形式也成为区分半潜式生产平台和半潜式钻井平台的最显著特征——只要船体结构为环形浮箱,无论其是否有钻井模块,都是一座生产平台。此后的新建半潜式生产平台全部采用了环形浮箱的结构形式,半潜式平台家族的两大阵营——移动式平台和永久锚固平台也由此而确立了各自独立的结构形式。

(a)　　　　　　　　　　　　　　　(b)

图 6-15　GVA 8000 型半潜式生产平台
(a)" Visund"号　(b)" Troll C"号

6.3.2　深吃水半潜式平台

由于大直径复合管的制造难度大,且复合管不适用于深水油气田的高温和高压介质,钢悬链式立管应运而生。但是,半潜式平台的大幅度垂荡运动易引起钢悬链式立管触地段受压屈曲及疲劳损伤,因此,钢悬链式立管的应用也向半潜式平台提出了挑战——减小垂荡运动响应,以适应深水油气田恶劣的环境条件及钢悬链式立管的服役要求。为此,研究人员提出了深吃水半潜式平台(Deep Draft Semi-submersible, DDS)的概念(见图 6-16)。深吃水的设计理念将半潜式平台的吃水从 20~25m 提高到了 30~50m,其结构形式与传统的半潜式平台基本相同,仍采用四立柱＋环形浮箱结构。为了有效地降低重心并提高浮心,一些深吃水半潜式平台的设计方案是浮箱全部提供压载,浮力全部由立柱来提供。

第一座深吃水半潜式平台是 Anadarko 公司 2007 年投产的"Independence Hub"号(见图 6-17),该平台位于墨西哥湾 Mississippi Canyon 920 区块,水深 2 438m,这也是目前半潜式生产平台的最大作业水深。该平台有 12 根 10 英寸和 4 根 8 英寸的生产钢悬链式立管,一根 20 英寸的气输出钢悬链式立管,日产原油 5 000 桶、天然气 10 亿立方英尺。该平台吃水 32m,其水动力性能满足了墨西哥湾极深水和大流速条件下应用钢悬链式立管的特殊要求,因此,2008 年和 2009 年,在墨西哥湾的 Mississippi Canyon 696 区块和 Mississippi Canyon 734 区块新增了两座深吃水半潜式平台"Blind Faith"号(见图 6-18)和"Thunder Hawk"号(见图 6-19),它们的作业水深为 1 891m 和 1 847m,分别由 Aker Kvaerner 和 SBM Offshore 设计。

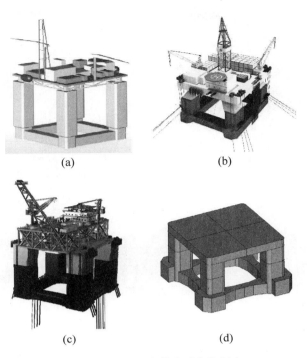

(a)　　　　　　　　　　　(b)

(c)　　　　　　　　　　　(d)

图 6-16　深吃水半潜式平台的概念

图 6-17　深吃水半潜式平台"Independence Hub"号

　　由于吃水的增大是依赖增加立柱水下部分的长度来实现的,因此,深吃水半潜式平台在减小垂荡运动的同时也带来了一个新问题——涡激运动。针对深吃水半潜式平台的涡激运动问题,Technip 公司提出了一个新的深吃水半潜式平台概念——HVS(Heave and VIM Suppressed)半潜式平台[见图 6.16(d)]。该平台的设计理念是采用减小浮箱垂荡波浪力的方法来减小平台的垂荡运动,因此,HVS 平台的浮箱高宽比＞1(典型半潜式平台的浮箱高宽比约为 0.5)。为了尽可能减小垂荡波浪力的作用并确保浮箱与立柱的连接刚度,HVS 的

图 6-18　深吃水半潜式平台"Blind Faith"号

图 6-19　深吃水半潜式平台"Thunder Hawk"号

浮箱水平面采用了哑铃状设计。其控制 VIM 的设计理念是破坏涡旋脱落的同步性,因此,HVS 的立柱底端设计了凸台[见图 6-16(d)]。该凸台设计不仅减小了平台 50％的涡激运动,而且增加了平台船体和上部组块在码头集成和湿拖过程的稳定性。

6.3.3　干树半潜式平台

　　半潜式生产平台的发展之初是作为柔性开发系统的水面设施发展起来的,由于与海底生产系统采用柔性连接(钢悬链式立管或柔性管立管亦或是自由站立式组合立管),因此,对其水动力性能的要求远低于刚性开发系统的 Spar 或张力腿平台。但是,半潜式生产平台的适用水深范围远远大于 Spar 和张力腿平台,甚至被认为其适用水深是无限的。因此,当 Spar 和张力腿平台的应用受到水深的限制且柔性开发模式不经济时,如果能够将半潜式平台的水动力性能提高到可以应用刚性立管(顶张式立管)的要求,则不仅满足了深水和极深水油气田刚性开发模式的需要,而且,半潜式平台可以在制造场地完成上部组块与船体的集成、整体湿拖至服役位置,避免了海上安装上部组块的起重作业,从而有效降低了海上施工成本。而 Spar 平台只能在现场安装上部组块,大大增加了海上施工风险和成本。这意味着,如果半潜式平台可以应用刚性立管,则以更经济的方式开发深水及超深水的稠油、高硫油田成为可能,这就是开发干树半潜式平台的初衷。因此,在成功地解决了半潜式平台在墨西哥湾应用钢悬链式立管(深吃水半潜式平台)的基础上,研究人员再次将目光转向了半潜式平台在墨西哥湾应用刚性立管的干树半潜式平台开发。

　　干树平台和湿树平台的差异在于水动力性能,特别是垂荡性能。干树平台的垂荡性能受顶张式立管张紧器的行程制约,生产立管采用的(液压)气动张紧器的行程一般为 30～50ft(约9.1～10.7m),因此,干树平台的垂荡响应必须小于这一限制。在正常海况条件下,常规半潜式平台和深吃水半潜式平台的垂荡响应满足上述要求,但在墨西哥湾的极端海况条件下,深吃水半潜式平台也不能满足这一要求。为了进一步减小半潜式平台的垂荡响应,研究人员提出了不同的解决方案,以期实现应用刚性立管的目标。

　　目前,干树半潜式平台的设计方案有提高浮心和/或降低重心、增大水线面面积和吃水、增大垂荡附加质量和垂荡阻尼以及减小垂荡波浪荷载等不同的方法。Moss Maritime 公司开发的干树半潜式平台"Octabuoy Classic"号[见图 6-20 (a)]是一个提高浮心并降低重心的设计方案。该方案采用了八角形环形浮箱,通过增大立柱在水线面下方的直径来提高浮心[见图 6-20(b)],通过深吃水来降低重心。该设计方案已计划应用于北海 Cheviot 油田开发,平台正在建造中(见图 6-21)。该方案也曾考虑过增设减摇板(见图 6-22)来改善横摇性能的措施,但工程应用会带来诸多的不便。Moss Maritime 公司开发的另一款 Octabuoy 系列干树半潜式平台是"Octabuoy SDM(Shallow Draft Mooring assisted)"号(见图 6-23),这里的浅吃水是相对于 Octabuoy Classic 的深吃水而言的,"Octabuoy SDM"号是一座常规吃水(与常规半潜式平台有相同的吃水)的半潜式平台,它通过结构形状和改进系泊系统来改善结构的水动力性能,其垂荡和涡激运动性能满足应用顶张式立管和钢悬链式立管的要求。

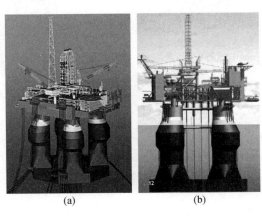

(a)　　　　　　　(b)

图 6-20　干树半潜式平台"Octabuoy Classic"号
(a)结构方案　(b)水线位置

图 6-21　干树半潜式平台"Cheviot"号船体

图 6-22　加减摇板的"Octabuoy Classic"号

Aker Solution 公司开发的干树半潜式平台 DTS 采用了常规半潜式平台的结构形式(见图 6-24)。该方案在深吃水(45m)的基础上通过增大水线面面积以及立柱和浮箱尺寸来达到提高浮心和降低重心的目的,即由立柱来提供全部浮力,浮箱全部用于提供压载。该方案的平台主尺度为 95.4m(深吃水半潜式平台一般为 71m),立柱的矩形截面为 21.8m×21.8m(深吃水半潜式平台一般为 14m×14m)。其他增大水线面的干树半潜式平台方案如图 6-25所示,方案是在原有 4 个立柱和浮箱的基础上,在每个对角线的延长线上增加 4 个立柱,外侧 4 个立柱是浮力的主要提供单元,而内侧立柱则为支撑甲板的结构单元,同时提供部分浮力;如图 6-25(b)所示的方案是将第一个方案的内侧立柱支撑甲板改为导管架支撑甲板。

图 6-23　干树半潜式平台"Octabuoy SDM"号

图 6-24　干树半潜式平台"DTS"号

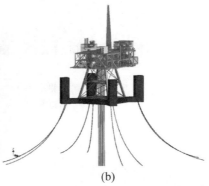

(a)　　　　　　　　　　　　(b)

图 6-25　增大水线面的干树半潜式平台
(a) 增加外侧立柱方案　(b) 刚架支撑甲板方案

　　增加垂荡附加质量和阻尼的干树半潜方案借鉴了 Spar 平台的垂荡板方案,在深吃水的基础上,在浮箱下部设置垂荡板或浮箱加垂荡板的组合结构(Solid Ballast Tank,SBT;Second Tier Pontoon,STP;Lower Tier Pontoon,LTP)来增大结构的垂荡阻尼,从而减小半潜式平台的垂荡运动。浮箱加垂荡板结构中的浮箱主要提供压载,一些设计也提供湿拖压载。

　　目前,垂荡板与平台的连接形式包括柔性连接[见图 6-26(a)]、刚性连接[见图 6-26(b)]、桁架连接[见图 6-26(c)]、可伸缩式连接[见图 6-26(d)~(g)]。其中,柔性连接的设计方案是由澳大利亚沃利帕森斯(WorleyParsons)集团开发的自由悬挂固态压载半潜式平台[Free-Hanging Solid Ballast Semisubmersible,FHSB,见图 6-26(a)],其浮箱下方悬挂了一个固体压载舱(Solid Ballast Tank,SBT),用以降低重心、增加垂荡附加质量和阻尼。SBT 与平台采用链或缆连接,通过调整 SBT 的压载重量使钢链始终处于受拉状态。研究表明,与相同设计条件的 Spar 平台("Holstein"号 Spar)相比,FHSB 平台的排水量小 19%。而相同排水量条件下,FHSB平台的顶张式立管性能优于"Holstein"号Spar,其张紧器行程为13ft(约4m),"Holstein"号Spar的张紧器行程为16ft(约5m)。

刚性连接方案属于第2代FHSB平台,其SBT与平台的连接方式与张力腿平台的张力筋腱连接方式相同。由于SBT提供了平台的主要压载(大于平台总排水量的25%),其作用仿佛是一个"浮式"重力基础(类似于早期的张力腿平台基础,如"Snorre"号张力腿平台和"Heidrun"号张力腿平台),而结构形式和系泊系统与半潜式平台相同,因此,称其为张力腿半潜式平台[Tension Leg Semisubmersible,TLS,见图6-26(b)]。

桁架连接的垂荡板设计方案是由新加坡吉宝远东海洋工程公司(Keppel Offshore & Marine)提出的,其设计理念来自于Truss Spar,故称其为桁架半潜式平台(Truss Semisub-mersible,T-Semi)。

可伸缩式连接的设计方案较多,如新加坡吉宝远东海洋工程公司开发的E-Semi[Ex-tendable Semi-submersible,见图6-26(d)];CSO Aker Engineering公司开发的DPS 2001系列产品——"DPS 2001-3"号、"DPS 2001-4"号[见图6-26(e)]和"DPS 2001-5"号;深水结构公司(Deepwater Structures Inc.)开发的桁架浮箱干树半潜式平台[Dry-tree support Truss-pontoon Semi-subersible Platform,DTSP,见图6-26(f)]和中海油研究总院开发的深水不倒翁平台[Deepwater Tumbler Platform,DTP,见图6-26(g)]。其中,除DPS 2001系列是垂荡板概念外,其他3个设计方案均为浮箱概念。新加坡吉宝远东海洋工程公司的E-Semi方案将其定义为第2浮箱(Second Tier Pontoon,STP);深水结构公司的DTSP方案将其定义为的龙骨舱(Keel Tank);中海油研究总院的DTP方案将其定义为低位浮箱(Lower Tier Pontoon,LTP)。这3个方案中,E-Semi和DTP的第2/低位浮箱完全用于压载,并在其中间的立管穿越区域增设了垂荡板,而DTSP则将立管张紧器固定在龙骨舱的中间区域,因此,龙骨舱不仅有压载水舱,还包括液压油舱,该方案没有设置额外的垂荡板。

4个可伸缩式垂荡板/浮箱方案的伸缩机构不尽相同,DPS 2001方案的伸缩机构为整体

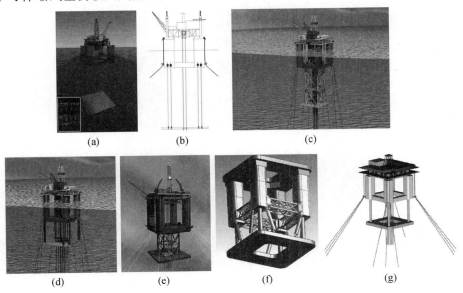

(a)　(b)　(c)

(d)　(e)　(f)　(g)

图6-26　设置垂荡板和浮箱加垂荡板的干树半潜式平台

桁架结构,配置在环形浮箱的内侧;E-Semi 方案的伸缩机构由 8 根滑杆组成,分别设置在 4 个立柱的外侧;DTSP 和 DTP 方案的伸缩机构由 4 根滑杆组成,分别设置在 4 个立柱内。不同于柔性和刚性连接方案的是,可伸缩式连接方案的垂荡板/浮箱就位避免了柔性或刚性连接方案的现场施工船舶辅助安装作业(如图 6-27 所示的 TLS 方案安装固态压载舱 SBT 的水上施工过程),仅平台控制即可完成垂荡板/浮箱的下放和锁定作业,即平台在建造和运输时,垂荡板或浮箱加垂荡板收缩在浮箱底部[见图 6-28(a)],平台就位后,垂荡板展开至设计位置[见图 6-28(b)]。

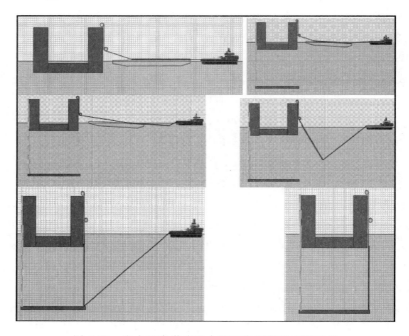

图 6-27　张力腿半潜式平台的固态压载舱安装过程

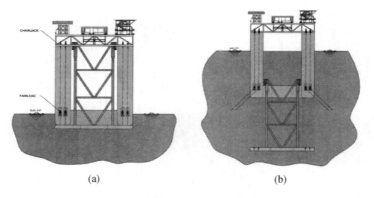

图 6-28　可伸缩垂荡板的干树半潜式平台

(a)垂荡板展开前的位置　(b)垂荡板展开后的位置

　　与可伸缩垂荡板有相似设计方案的是 Technip 公司开发的可扩展吃水平台(Extendable

Draft Platform，EDP），该方案的甲板与浮箱可相对移动，拖航时，甲板坐在浮箱上［见图6-29(a)］，平台就位后，浮箱乃至立柱加压载下沉，当甲板就位后［见图6-29(b)］再调整压载至设计吃水位置，同时完成了上部组块安装。因此，该方案具有自安装的特征，可在建造场地全部组装完成，海上安装时无需大型起重船舶或浮托安装。为了有效地提高浮心并降低重心，EDP的方案更进一步地将立柱的下半部分设计成桁架结构（见图6-30），从而在增加吃水（增加立柱高度）时不会降低结构的浮心。Technip开发的另一款干树半潜式平台是将HVS改造成干树半潜式平台，其设计理念是在减小垂荡波浪力的基础上，增加垂荡阻尼，其两种垂荡板的设计方案如图6-31所示。一种是传统的垂荡板，位于环形浮箱内侧的龙骨位置［见图6-31(a)］，称其为龙骨垂荡板。另一种则考虑了垂荡波浪力的作用，采用了浮箱上下面翼缘设计［见图6-31(b)］，称其为浮箱垂荡板。

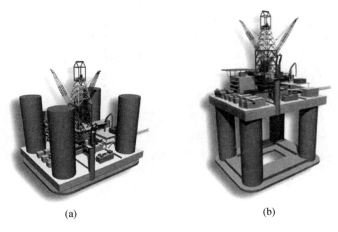

(a)   (b)

图 6-29　可扩展吃水的干树半潜式平台
(a) 拖航状态时的甲板与浮箱位置　(b) 服役状态的甲板与浮箱位置

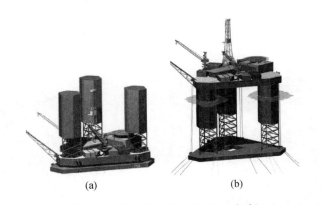

(a)   (b)

图 6-30　提高结构浮心的 EDP 方案
(a) 拖航状态时的甲板与浮箱位置　(b) 服役状态的甲板与浮箱位置

　　中央浮箱半潜式平台（Central Pontoon Semi-submersible，CP Semi）（见图 6-32）是MODEC公司开发的一款深水和极深水干树半潜式平台。其设计目标是应用于具有飓风和热带气旋的海域。该方案的特点是立柱的径向布置形式，可以在不增大浮箱的条件下，增大

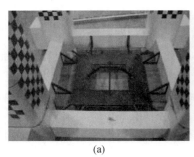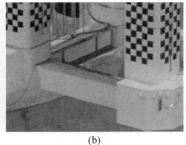

(a)   (b)

图 6-31　干树半潜式平台 HVS 的垂荡板设计

(a) 龙骨垂荡板设计　(b) 浮箱垂荡板设计

立柱间距,从而增大了水线面面积对通过漂心横(纵)轴的纵向(横向)惯性矩。该结构方案的优点是较优的承载比(承重/排水)和水动力性能,即在相同承载能力的条件下,其排水量小于常规半潜式平台,这就意味着较小的结构重量,从而较低的结构成本。

阻尼腔柱半潜式平台(Damper Chamber Columns Semisubmersible, DCC Semi)是INTECSEA旗下的沃利帕森集团为适应墨西哥湾恶劣海洋环境条件提出的一个干(湿)树半潜式平台概念(见图 6-33),其 4 个立柱由大直径芯柱和十个小直径边柱组成,大直径芯柱的高度略高于湿拖吃水。服役吃水条件下,由小直径边柱围成的非封闭空间内自然充水,增大了平台的附加质量,从而增大了平台的垂荡周期,使其远离波浪周期,达到减小垂荡响应的目的。

多柱半潜式平台(Multi Column Floater,MCF)是 Horton Wilson Deepwater 公司开发的一款干树半潜式平台[见图 6-34(a)],该设计方案的立柱是由 4 个小直径立柱组成的,为便于立柱与浮箱的连接,浮箱采用了四边形箱型板式浮箱,16 个立柱分为 4 组座在浮箱的 4 个角上。该方案与其他设计方案的最大区别是顶张式立管采用浮筒提供顶张力,与 Spar 平台浮筒不同的是,该方案的浮筒是一个整体[见图 6-34(b)],称为 MRBC(Multi Riser Buoyant Can),于平台建造同时完成,其上端封闭而下端敞开,通过向浮筒内注入压缩空气来改变浮力的大小,进而调整立管的顶张力,因此,可增加平台的稳性。

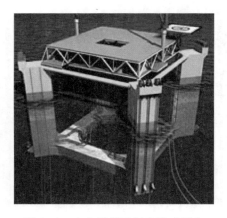

图 6-32　中央浮箱干树半潜式平台   图 6-33　阻尼腔柱干树半潜式平台

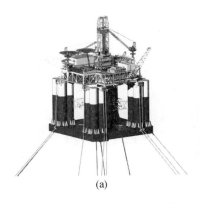

（a）   （b）

图 6-34 多柱干树半潜式平台

（a）MCF 干树半潜式平台 （b）MCF 的立管浮筒

6.4 施工平台

6.4.1 起重铺管船

  半潜式起重铺管船包括起重船（见图 6-35）、铺管船（见图 6-36）和起重铺管船（见图 6-37）。单一功能的铺管船主要是 S 形铺管，而起重铺管两用船则主要是 J 形铺管。由于起重铺管船的移动性要求，因此，其浮箱的结构形式与第 5 代以后的半潜式钻井平台相同——平行浮箱。为了满足起重和铺管作业的需要，起重铺管船的甲板面积往往较大，S 形铺管船则通常有较长的甲板来增加管线接长的能力，从而提高铺管速度，同时，较大的载管和起重能力要求起重铺管船有较大的承载力，因此，半潜式起重铺管船的立柱不仅多于半潜式钻井平台（6～8 根立柱），以增加甲板的刚度，而且立柱的截面尺寸也较大，以提供所需的浮力和较大的可变甲板荷载能力。

  目前，全球共有 7 艘半潜式起重铺管船。其中意大利 Saipem 公司 4 艘——S 形铺管船"Castoro Sei"号（见图 6-38）、S 形铺管船"Castoro 7"号（见图 6-39）、S 形铺管船"Semac 1"号

图 6-35 半潜式起重平台   图 6-36 半潜式 S 形铺管船

（见图6-40）、J形起重铺管船"Saipem 7000"号（见图6-41）；荷兰 Heerema 公司3艘——起重平台"Thialf"号（见图6-42）和"Hermod"号（见图6-35）、J形起重铺管船"Balder"号（见图6-37）。

图6-37　半潜式J形起重铺管船

图6-38　半潜式S形铺管船"Castoro Sei"号

图6-39　半潜式S形铺管船"Castoro 7"号

图6-40　半潜式S形铺管船"Semac 1"号

图6-41　J形起重铺管船"Saipem 7000"号

图6-42　半潜式起重平台"Thialf"号

起重平台的能力主要体现在起重吨位和作业水深及环境条件。半潜式起重平台主要用于大型结构物的水面施工，因此，通常配备具有主动升沉补偿（Active Heave Compensation，AHC）的大吨位全回转起重机械。目前，具有最大起吊能力的半潜式起重平台是 Saipem 公司的J形起重铺管船"Saipem 7000"号，其双钩能力为14 000t。

铺管船的能力主要标志是它的托管架（S形铺管船）或J-lay塔（J形铺管船）、张紧器、收弃绞车(A & R Winch)和作业线。对于S形铺管船,托管架、张紧器和收弃绞车的能力决定了作业水深及铺管直径,而作业线的能力决定了铺管速度。目前,全球仅有的3座半潜式S形铺管船中,作业线能力较强的是Saipem公司的"Semac 1"号,其作业线设有8个焊接工作站、1个无损检测工作站和两个防腐保温工作站,作业线的工作站越多,其船长也越长,"Semac 1"号的总长为188.1m。

6.4.2 起重生活平台

半潜式起重生活平台是海上施工的辅助船舶,它以施工人员的居住为主要用途,用于海上油气田的开发建设和生产维护。为了居住生活的舒适度,起重生活平台大多采用了半潜式平台的结构形式。目前,全球36座起重生活平台中,只有5座是船形生活平台。

由于流动性作业的需要,半潜式起重生活平台采用了与钻井平台和起重铺管船相同的船体结构形式(见图6-43)。由于其作用并不是平台安装等大型结构物的吊装,而是生产平台日常维护或海上吊装(见图6-44)。因此,起重生活平台的起重能力远远低于起重(铺管)船。目前,起重能力最大的起重生活平台是OOS International公司的"Gretha"号(见图6-45),其双钩吊重为3 600t(2×1 800t)。

图6-43 半潜式起重生活平台

(a)

(b)

图6-44 半潜式起重生活平台海上作业
(a)生产平台维护作业 (b)海上吊装作业

图6-45 半潜式起重生活平台"Gretha"号

207

6.5 结构形式

6.5.1 船体结构

半潜式平台按其服役形式可分为移动式平台和永久锚固平台两大类,此处的移动是指大范围(跨井位或跨油田乃至跨海区)的频繁(一个钻井或作业周期)移动。移动式平台是指海洋油气田开发、建设和生产过程中完成相应海上作业的平台。如钻井作业、平台安装、海底管线与立管的铺设安装、以及海上施工支持等。移动式作业平台包括钻井平台、施工(起重、铺管、生活)平台,由于移动的需要,它们的系泊系统是临时锚固的,平台移动时将系泊系统收起。目前,常用的锚有板锚(Plate anchor)、碟锚(Fluke anchor)或鱼雷锚(Torpedo)(见图 6-46 和图 6-47)。永久锚固平台则是指生产平台,其在一个井区的作业周期长达结构设计寿命甚至油田设计寿命,其系泊系统是永久锚固的,因此,采用吸力锚(桩)(见图 6-48)。

由于移动式作业平台频繁穿梭于不同海区或油气田,完成钻井和海上施工作业,而永久锚固平台则永久或终生锚泊于其服役位置,因此,移动式平台和永久锚固平台的结构形式有一定的差异。为了提高巡航性能,移动式平台采用了两个以上的平行浮箱+立柱(见图 6-49)的船体结构,秉承了双体船的设计理念。而永久锚固平台则采用了环形浮箱+立柱(见图 6-50)的壳体结构,以最大限度地增大浮箱的体积。

图 6-46　碟锚

图 6-47　鱼雷锚

图 6-48　吸力锚

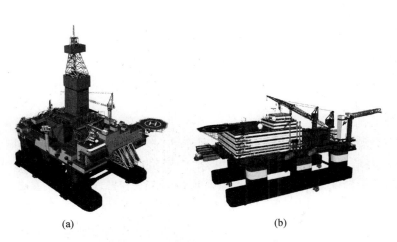

(a)   (b)

图 6-49　移动式半潜平台的船体结构

（a）钻井平台　（b）生活平台

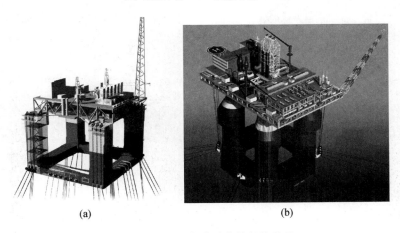

(a)   (b)

图 6-50　永久锚固半潜平台的船体结构

（a）四边形浮箱结构　（b）八角形浮箱结构

　　半潜式平台的立柱有两个作用：一是支撑甲板结构高出水面不受波浪作用；二是提供平台的浮力。因此，立柱的数量和截面尺寸取决于甲板的面积和荷载。为了巡航性能的需要，移动式平台通常采用矩形甲板结构，浮箱沿矩形长边的方向布置。其中，半潜式钻井平台的长宽比较小，而半潜式起重铺管船的长宽比较大，目的是为了增大一次性入水管线的长度。因此，第6代以后的半潜式钻井平台定格为4立柱结构，而半潜式起重铺管船多为6立柱或8立柱结构，且立柱尺寸较大，以增大甲板刚度并提供足够的浮力。对于生产平台，由于没有巡航性能的要求，环形浮箱采用了四边形和八角形结构，甲板则为矩形结构。因此，一般采用对称布置的4立柱结构，如图6-50所示。

　　半潜式平台的浮箱也有两个作用，一是提供浮力，二是提供压载。就平台的稳性而言，半潜式平台的浮力应尽可能由立柱来提供，而由浮箱提供浮力将降低平台的浮心，导致在提供相同浮力的条件下，平台的稳性指标（初稳心高）降低，即

$$h = r + Z_B - Z_G \tag{6-1}$$

式中：h——初稳心高；

r——稳心半径，$r = \dfrac{I_T}{\triangledown}$；

I_T——水线面面积对过漂心纵轴的惯性矩；

$\triangledown$——平台的排水体积；

Z_B——浮心高；

Z_G——重心高。

但是，对于半潜式作业平台的巡航状态（见图 6-51）和半潜式生产平台的拖航状态（见图 6-52），平台的浮力是全部由浮箱提供的，此时的浮箱相当于船体，而立柱则丧失了提供浮力的功能。因此，为了保证平台在巡航状态具有足够的浮性和稳性，浮箱需要提供足够的浮力和压载。

图 6-51　半潜式钻井平台巡航状态

图 6-52　半潜式生产平台拖航状态

6.5.2　甲板结构

半潜式平台的甲板结构有封闭式和开敞式两种，前 5 代半潜式钻井平台和半潜式生产平台的甲板结构多为单层和两层开敞式甲板结构（见图 6-53），第 5 代以后的半潜式钻井平台改变了甲板结构的设计，采用了封闭式箱型甲板结构（见图 6-54），其设计理念是增加平台

图 6-53　开敞式甲板的半潜式钻井平台

图 6-54　封闭式甲板的半潜式钻井平台

大倾角时的复原力矩。因此,一些半潜式生产平台也采用了相同的设计理念,如墨西哥湾的半潜式生产平台"Thunder Horse"号和北海的半潜式生产平台"Snorre B"号(见图 6-55)。"Thunder Horse"号平台投产前,在飓风 Dennis 来袭时(2005 年 7 月),因压载系统误操作导致两相邻立柱进水而发生倾斜(见图 6-56),20°~30°的倾斜度致使甲板入水。此时,封闭式甲板产生的浮力是平台稳定在该倾斜位置的一个重要因素,为平台的抢修赢得了时间。

(a)   (b)

图 6-55　封闭式箱型甲板结构的半潜式生产平台

(a) 半潜式生产平台"Thunder Horse"号　(b) 半潜式生产平台"Snorre B"号

图 6-56　飓风过后的"Thunder Horse"号平台

6.5.3　系泊系统

半潜式平台的系泊系统有传统悬链线式、半张紧悬链线式(简称为半张紧式)和张紧悬链线式(简称张紧式)3 种形式。其中,悬链线式系泊系统主要用于移动式平台——钻井平台和施工平台(包括起重铺管平台和生活居住平台),张紧式或半张紧式系泊系统主要用于永久锚固平台——生产平台。

传统悬链线式系泊系统通常采用具有较小拔出荷载的拖曳埋置锚。由于悬链线系泊系

图 6-57　布鲁斯 FFTS 型锚

统在最大张力的条件下仍有拖地段,而拖地段的锚链张力为零。因此,其锚的拔出角为零,适用于传统的拖曳锚(拔出角为零),但通常采用拖曳埋置锚,如布鲁斯(Bruce)锚(见图 6-57)和具有高承载力的史蒂芙帕瑞斯(Stevpris)锚(见图6-58),此类锚的最大拔出角为 10°。半张紧式系泊系统在设计预张力条件下的拔出荷载为零,而在最大设计预张力条件下的拔出角大于 10°,因此,半张紧式系泊系统采用与悬链线式系泊系统不同的锚——桩锚或吸力锚。张紧式系泊系统在设计预张力条件下没有拖地段,因此,该锚在设计预张力条件下的拔出角大于零。而且,在锚链的入地点其拔出角远远大于10°,故张紧式系泊系统采用与半张紧式相同的锚。

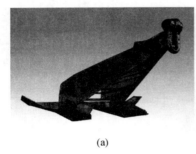
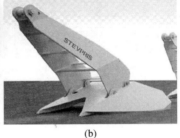

(a)　　　　　　　　　　　　　(b)

图 6-58　史蒂夫帕瑞斯锚

(a) MK 5 型　　(b) MK 6 型

上述 3 种系泊系统的系泊原理有较大的区别.悬链线式系泊系统的系泊原理是重力系泊,其系泊系统提供的回复力来自于系泊缆的重力,因此,选择悬链线系泊缆材料的依据是系泊缆材料的密度而不是强度,相同尺寸条件下,系泊缆材料的密度越大,提供的系泊力越大,而强度则可通过增大截面尺寸来满足。目前,悬链线式系泊系统均采用钢锚链(见图 6-59)或钢锚链＋钢缆＋钢锚链(见图 6-60)作为系泊缆。

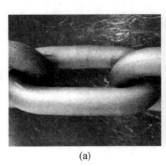

(a)　　　　　　　　　　　　　(b)

图 6-59　悬链线式系泊系统的钢锚链

(a) 无挡锚链　　(b) 有挡锚链

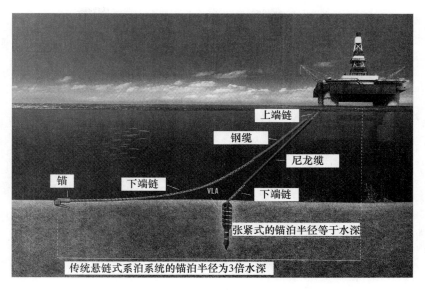

图 6-60　悬链线系泊系统与张紧式系泊系统比较

　　与悬链线式系泊系统完全不同的是,张紧式或半张紧式系泊系统的系泊原理是张力系泊,其系泊系统提供的回复力来自于系泊缆的张力,因此,选择张紧式或半张紧式系泊缆材料的主要依据是强度和密度,但张紧或半张紧式系泊系统对密度的要求与悬链线式系泊系统对密度的依赖正相反——越小越好。虽然密度大了系泊力也会增大,但在深水条件下,由于系泊缆较长,其重量将造成运输和安装的困难,甚至无法实现,因此,减轻系泊缆的重量是深水系泊系统的唯一出路,这正是张紧式或半张紧式系泊系统诞生的原因之一。

　　张紧式或半张紧式系泊系统诞生的另一个原因是悬链式系泊系统的占地面积,悬链线系泊系统的海底锚固点距被系泊平台的水平距离约为水深的 3 倍,因此,随着水深的增加,系泊系统的占地面积将非常大(3 000m 水深的占地面积约 250km^2),如果两相邻区块由不同的油公司开发,则由于系泊系统的相互延伸至他公司的区块而可能带来诸多不便。其次,由于钢锚链的重量较大,在深水和极深水条件下,即便是张紧式或半张紧式系泊系统,钢锚链的重量也是目前的抛锚船难以克服的困难,如果采用悬链线式系泊系统,则钢锚链的长度更长、重量更大。因此,深水条件下,人们不得不放弃钢锚链而采用钢(绞线)缆或尼龙缆。由于尼龙缆的重量较轻,依靠其重量无法提供足够的系泊力,因此,尼龙缆不能用于悬链线式系泊系统,而只能用于张紧式或半张紧式系泊系统。

　　张紧式或半张紧式系泊系统的海底锚固点与被系泊平台的水平距离约等于水深(见图 6-60),因此,采用张紧式或半张紧式系泊系统也减小了系泊系统的占地面积,但大水深条件下,即使采用张紧式或半张紧式系泊系统,其锚固点的分布范围仍然是相当可观的,图 6-61 示出了一个 3 000m 水深的张紧式系泊系统,其锚固点的分布范围覆盖了整个新奥尔良市。

　　移动式半潜式平台采用的悬链线式系泊系统一般用于<1 500m 水深的作业。当水深超过系泊系统能力时,则采用动力定位,而不是张紧式或半张紧式系泊系统,因为,张紧式或半张紧式系泊系统采用的桩锚或吸力锚不便于起锚作业,且钢缆/尼龙缆也不适合于频繁的收放作业。由于钢缆/尼龙缆的这一特点,张紧式或半张紧式系泊系统的系泊缆不是由单一

图 6-61　张紧式系泊系统分布范围

的钢缆/尼龙缆构成的,而是采用了钢链＋钢缆/尼龙缆＋钢链的组合结构(见图 6-60)。其中,第一段钢锚链的作用是连接锚机并穿越导缆器来承受频繁的滚筒收放作业,其长度应满足尼龙缆不接触导缆器的要求,以避免钢缆/尼龙缆与滚筒和导缆器滚轮等金属部件的摩擦接触;而第二段钢锚链的作用是承担系泊缆与海床可能的接触,以避免由于平台运动引起系泊缆松弛而导致钢缆/尼龙缆与海床接触,因为,钢缆/尼龙缆与海床接触将导致钢缆/尼龙缆磨损而降低钢缆/尼龙缆的强度。第二段钢锚链的长度以系泊缆最大松弛条件下,钢缆/尼龙缆不接触海床为设计目标。

6.6　水动力性能

半潜式平台正是由于发现坐底式钻井船在船体潜入水中拖航时,其水动力性能优于船体浮于水面时的水动力性能而诞生,因此,其水动力性能优于船形浮体。但是,半潜式平台的水动力性能仍无法与张力腿平台和 Spar 平台相比,这也是常规半潜式平台只能作为柔性开发系统水面设施的原因。

6.6.1　稳性

半潜式平台对甲板荷载的变化比较敏感,因此,甲板可变荷载是划分半潜式钻井平台"代"数的重要指标之一。早期的半潜式钻井平台只能装载 1 000t 的甲板荷载,远远满足不了远海作业的需要,通常采用辅助船补给。

对于移动式平台(钻井平台和施工平台),由于其不同工况条件下的吃水有较大差异(表6-1 列出了"海洋石油 981"号的设计吃水),因此,需要考虑不同条件下的稳性,包括初稳性(小倾角稳性)和大倾角稳性。与船形结构不同的是,半潜式钻井平台的稳性不仅要考虑横倾稳性,而且需要考虑最不利倾斜方向(最小稳性轴)的稳性。

表 6-1 "海洋石油 981"号的设计吃水

工况	吃水/m	排水量/t
拖航	8.2	37 456
深拖航	12.5	43 916
生存	16.0	48 011
最小作业吃水	17.0	49 188
最大作业吃水	19.0	51 543

关于半潜式钻井平台的稳性,不同规范的稳性指标略有不同(表 6-2 列出了各国规范的初稳性指标),其差异来自于如下几个方面:

(1)关于最小稳性轴的稳性参数,应校核关于任一轴的倾角稳性,从而确定关于稳性的最不利轴。

(2)巡航、生存和作业吃水。

(3)水线面损伤对稳性(GM)的强烈冲击。

(4)吃水对重量变化的敏感性,如破舱。

(5)浮箱下沉引起静水力参数的急剧变化。

(6)对于封闭式甲板结构,倾斜导致甲板浸入水中引起的复原力矩(GZ)大幅度增加。

表 6-2 各国船级社规范对移动式平台初稳性的要求

规范	工况	稳心高/m
ABS/IMO/LRS/DNV	所有	$\geqslant 0$
US Coast Guard	所有	$\geqslant 0.05$
HSE/NMD	作业、自存	$\geqslant 1.0$
	临时	$\geqslant 0.3$
CNSOPB & CNOPB	作业、拖航	$\geqslant 1.0$
	其他	$\geqslant 0.3$
CCS	所有	$\geqslant 0.15$

对于完整稳性和破损稳性,最小稳性轴不一定是结构的纵轴,即横倾可能不是纯横向的。因此,稳性设计应准确识别平台的最小稳性轴,并计算关于最小稳性轴的复原力臂曲线(见图 6-62)。完整稳性的风倾曲线包括巡航状态、作业状态和生存状态,巡航状态和作业状

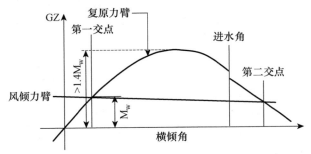

图 6-62 风倾和复原力矩曲线

态的风倾曲线应取36.0m/s风速计算;生存状态的风倾曲线应取51.5m/s风速计算。

半潜式平台的破损稳性包括水线面破损和破舱稳性,不同规范基于各自对损伤的假定(见表6-3)建立了破损稳性标准(见表6-4)。

表6-3 半潜式平台的破损的假定

破损的假定		IMO,LRS	ABS	DNV	HSE	NMD
水线面	深1.5m	√	√	√	√	√
	垂直高度3m	√	√	√	√	√
	损伤宽度3m	—	—	√	√	√
	破损位置 -1.5~+1.5m	√	—	√	√	—
	破损位置 -3.0~+5.0m	√	√	√	√	√
	不考虑1/8柱子周长内的舱壁	√	√	—	—	—
舱室	任何舱室	—	—	—	所有吃水	—
	水面下外舱室或与海水连通的舱室(如管等)	√	所有吃水	√		√

表6-4 半潜式平台的破损稳性的指标

稳性要求		IMO,LRS	ABS	DNV	HSE	NMD
水线面	静倾	—	—	—	≤15°	—
	稳定风倾	≤17°	—	≤17°	—	≤17°
	最终水线以上4m内的开孔是气密的	√	√	√	√	
	气密范围 正稳性范围至少低于气密完整性上线或第二交点	7°	7°	7°	—	10°
	气密范围 上述范围内,同一倾角的复原力矩至少是风倾力矩的两倍	√	√	√		
	气密范围 风倾和复原力矩曲线的面积比≥1.0			√	√	√
舱室	静倾	≤25°	—	≤25°	≤15°	—
	稳定风倾					≤17°
	正稳性范围	≥7°	—	≥7°		
	倾角≤7°时,同一倾角的复原力矩至少两倍于风倾力矩	—	—	—		
	风倾和复原力矩曲线的面积比≥1.0	—	—	—	√	√

挪威海事局（NMD）在半潜式平台"Alexander L. Kielland"号（见图 6-63，该平台 1976年建成，后作为生活平台使用，并于 1978 年增加了生活模块）倾覆（1980 年）后曾将倾角稳性标准提高到 35°。为了满足这一新标准，设计人员采用在浮箱两端增设火箭柱（浮箱两端的小直径立柱，见图 6-64）和封闭甲板的措施来提高破损稳性。目前，该标准仅用于生活平台。

图 6-63　半潜式钻井平台"Alexander L. Kielland"号

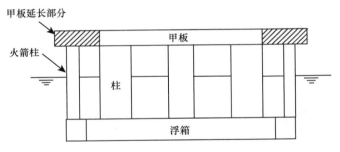

图 6-64　移动式半潜平台的火箭柱

6.6.2　动力特性

半潜式平台是锚泊浮式结构物。锚泊浮式结构物的水平面内回复刚度是由锚链/系泊缆提供的，因此，半潜式平台水平面内的水动力特性与其他浮式结构物相同（见表 6-5）。由于锚泊浮式结构物铅垂面内的回复力主要是由浮力提供的，因此，它们在铅垂面内运动的回复刚度取决于运动引起的浮力变化，这意味着锚泊浮式结构物的水线面决定了其铅垂面内回复刚度。半潜式平台的水线面远远小于船形浮式结构，因此，其铅垂面内的运动周期远远大于 FPSO。正是由于铅垂面内的运动性能、特别是垂荡性能影响了半潜式平台应用顶张式立管，甚至钢悬链式立管，从而出现了深吃水半潜式平台和干树半潜式平台。尽管 DNV规范给出的典型半潜式平台垂荡周期为 20～50s，但工程中的常规半潜式平台或半潜式钻井平台的垂荡周期一般为 20s 左右，与 100 年一遇或 1000 年一遇的波浪周期（见表 6-6）比较接近。因此，常规半潜式平台的垂荡响应不能满足顶张式立管张紧器的行程（30～35ft）的要求，可能引起钢悬链式立管触地区的疲劳损伤和屈曲破坏。因此，为了钢悬链式立管在半潜式平台上的应用,设计人员通过增大半潜式平台的吃水来改善其垂荡性能,深吃水半潜式平台的垂荡周期提高到了 23s 左右,但这仍不能使半潜式平台的垂荡响应满足应用顶张式立管的要求,因此,才有了干树半潜式平台。

表 6-5　深水浮式结构物的典型水动力特性

浮式结构	纵荡	横荡	垂荡	横摇	纵摇	首摇
FPSO	>100	>100	5~12	5~30	5~12	>100
Spar	>100	>100	20~35	50~90	50~90	>100
TLP	>100	>100	<5	<5	<5	>100
半潜式平台	>100	>100	20~50	30~60	30~60	>100

表 6-6　主要深水油气开发海域的海洋环境条件

海域	墨西哥湾		南海		巴西	西非
重现期/1/年	100	1000	100	1000	100	100
H_s/m	15.8	19.8	12.9	15.7	7.59	4.70
T_p/s	15.6	17.0	16.1	17.1	12.7	22.0
风速/m/s	45.6	60.0	42.5	46.3	29.3	14.0
表面流速/m/s	1.8	2.25	2.07	2.18	1.62	0.30

图 6-65　超深吃水半潜式平台

干树半潜式平台有不同的设计方案,因此,干树半潜式平台的垂荡周期也有较大的区别。CSO Aker Engineering公司开发的可伸缩垂荡板半潜式平台"DPS 2001-4"号的垂荡周期为 25.4s,新加坡吉宝远东海洋工程公司开发的可变吃水半潜式平台"E-Semi"号的垂荡周期为 26.1s。麦克德蒙特公司开发的干树半潜式平台(见图 6-65),其吃水达到了 60m,从而将垂荡周期提高到26.7s;沃利帕森斯集团通过降低固体压载舱的高度,分别将干树半潜式平台 TLS 和 FHS 的垂荡周期提高至29.1s.和33.6s.;FloaTEC 开发的桁架半潜式平台"T-Semi"号的垂荡周期为 25.7s。研究表明,垂荡板的尺寸对垂荡周期有较大影响,当垂荡板宽度增大至57m(187.2ft)时,"T-Semi"号的垂荡周期可增大至 30s。

除垂荡板尺寸外,立柱与浮箱的排水比对半潜式平台的垂荡性能也有较大的影响。立柱与浮箱的排水比越小,垂荡周期越大,垂荡响应越小。因此,减小立柱与浮箱的排水比,可以改善垂荡性能,从而减小垂荡运动。

减小半潜式平台垂荡响应的另一个途径是减小垂荡荷载,作用在浮箱上的垂荡波浪力

主要是由水质点加速度引起的,当波峰经过浮箱时,其绕射力可近似表示为

$$F_{AM} = \frac{-2\pi^2 H}{T^2}(1 + C_a)\rho V_p e^{kz_{pc}}$$ (6-2)

式中:V_p——浮箱体积;

z_{pc}——浮箱质心高程;

C_a——附加质量系数。

T——波浪周期;

H——波高;

ρ——海水密度;

k——波数$=2\pi/\lambda$;

λ——波长$=T^2 g/2\pi$;

g——重力加速度。

由式(6-2)可以看出,作用在浮箱上的垂荡波浪力与波高方向相反,当波峰经过浮箱时,垂荡波浪力的方向垂直向下,垂荡波浪力的大小与浮箱的体积有关,这意味着作用在浮箱上的垂荡波浪力对浮箱的几何形状不敏感。此外,增大浮箱高度将增大垂荡波浪力,因此,在减小立柱与浮箱排水比的条件下,应尽可能降低浮箱高度以进一步减小半潜式平台的垂荡响应。

作用在立柱底部的垂荡波浪力主要是动水压力引起的,当波峰经过立柱时,作用在立柱底部的波浪力可近似表示为

$$F_{FK} = \frac{H}{2}\rho g A_c e^{kz_{cb}}$$ (6-3)

式中:A_c——立柱横截面积;

z_{cb}——立柱底面高程。

由式(6-3)可以看出,作用在立柱底部的垂荡波浪力与波高方向相同。当波峰经过立柱时,垂荡波浪力的方向垂直向上。因此,对于局部长波,作用在浮箱上的垂荡波浪力和作用在立柱上的垂荡波浪力是相互抵消的(见图6-66),其合力的大小随波浪周期变化,合力为零所对应的周期被称为抵消周期(Cancellation period,见图6-67)。初步设计时,可通过式(6-2)和式(6-3)估计半潜式平台的抵消周期。即令式(6-3)和式(6-2)的绝对值相等得出波浪周期为

$$T = 2\pi\left[\frac{(1 + C_a)V_p}{gA_c}e^{k(z_{pc}-z_{cb})}\right]^{1/2}$$ (6-4)

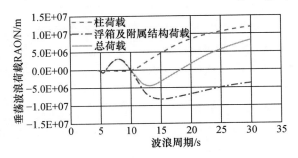

图6-66 半潜式平台的垂荡波浪力 RAO

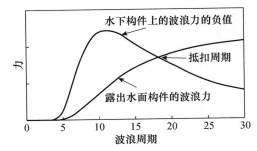

图6-67 浮箱和立柱上的垂荡波浪力

式(6-4)表示的是波浪周期是浮箱上的垂荡波浪力和作用在立柱底部的垂荡波浪力大小相等方向相反时的波浪周期。由抵消周期的定义可知,该波浪周期就是半潜式平台的抵消周期。因此,通过合理地设计浮箱和立柱尺寸,可以使半潜式平台的抵消周期位于极端海况的波浪卓越周期范围,从而减小平台的垂荡波浪力,已到达减小垂荡响应的目的。

6.6.3 波浪响应

半潜式平台的波浪响应包括波频(WF)响应和低频(LF)响应,由于半潜式平台的纵、横荡和艏摇周期均大于100s,远离波浪周期,因此,纵、横荡和首摇的波频响应较小,但对低频慢变荷载的响应较大,低频纵荡幅值主要受控于系统的慢漂阻尼,而系统的慢漂阻尼来自于:波漂阻尼、辐射阻尼、船体黏性阻尼、锚链和立管阻尼以及气动阻尼。常规半潜式平台的慢漂运动与船形结构相当。这并不意味着半潜式平台的波频响应是可以忽略的,特别是在极端海况条件下。一般而言,排水量10万吨级以上的大型半潜式平台对波频荷载不敏感。

对于横摇和纵摇运动,无论作业海况还是生存海况,半潜式平台的固有周期均大于波浪周期,在波浪慢漂力作用下出现显著的低频运动成分;而且作业海况时,低频运动响应远大于波频运动响应,但生存海况时,两者处于同一量级。深海不规则波中纵摇的低频(慢漂)运动显著,与波频运动为同一个量级。

对于垂荡运动,无论是否存在低频响应,其运动幅度都取决于垂荡周期是否在波浪周期范围内。作业海况时的波高较小,波浪频率较高,垂荡固有频率在波浪频率范围之外,因此,在波浪慢漂力作用下出现显著的低频运动成分,与波频运动相当。生存海况时的波高较大,波浪频率较低,垂荡固有频率在波浪频率范围之内,因此,没有低频运动成分。

慢变波漂力和慢变风漂力都引起低频响应,与稳定的风相比,脉动风对垂荡运动的影响较小,对横摇和纵摇的影响较大。半潜式平台的横摇和纵摇运动对脉动风的低频响应远大于对稳定风的影响,但对波频波浪力的响应相同。慢变风漂力引起的纵摇和横摇共振响应远大于波漂力。脉动风引起的低频横摇和纵摇运动与波浪引起的运动响应相当。

6.6.4 涡激运动

涡激运动(Vortex-Induced Motion,VIM)是半潜式平台在海流作用下产生的一种刚体运动响应,其荷载是立柱尾流处的涡旋脱落形成的涡激升力和脉动拖曳力。常规半潜式平台由于吃水较浅,因此,涡激运动问题并不突出。随着半潜式平台吃水的增加,其涡激运动问题逐渐显露出来。

现代半潜式平台多为4个立柱,特别是深吃水半潜式平台和干树半潜式平台均为4立柱结构,立柱(轴线)之间的距离为3~4倍的立柱宽度。由于立柱之间的遮蔽、边界和尾流干涉效应,作用在立柱上的涡激升力和脉动拖曳力的大小和相位是不同的,且随来流的方向而改变。因此,半潜式平台的涡激运动不仅包括顺流向和横(流)向振荡,而且包括艏摇振荡(Vortex-Induced Yaw,VIY)。

半潜式平台的最大横向VIM约为柱子宽度的40%,顺流向VIM约为15%,横向和顺流向的VIM同时达到最大,轨迹不呈8字形,最大涡激首摇(VIY)角为4.5°,柱子上的附件对VIM有较大的影响。

第 7 章

张力腿平台

7.1 引言

张力腿平台是深水油气开发中水动力性能较好的一种结构形式,它借鉴了半潜式平台的结构形式和顺应式平台的锚固理念,完成了一次全新的结构设计。由于采用弹性较大(与系泊缆相比)的张力筋腱垂直锚固于海底,因此,张力腿平台的整体结构性能更接近顺应式平台。

张力腿平台开发之初是作为刚性开发系统的水面设施设计的,这就是传统张力腿平台。随着张力腿平台技术的不断发展,用于深水边际油田开发的小型张力腿 SeaStar 问世,由于边际油田一般由散布的小区块组成。因此,开发之初的 SeaStar 主要用于湿树模式的柔性开发系统,所以,不能将张力腿平台一概而论地定义为刚性开发系统的水面设施。

由于张力腿平台的定位特点——永久锚固,因此,不具有可移动性,故而只能作为生产平台或井口平台使用。出于各种因素的考虑,很多生产平台也配有钻井模块而具有钻、修井功能,特别是干树生产平台,它们与钻井平台的区别主要是可移动性、可变甲板荷载能力和油气处理能力。此外,由于生产平台在完成钻井作业后,其钻井模块仅用于修井,因此,生产平台配备的钻井模块与钻井平台不同,必须借助钻井辅助船的支持(提供钻杆和泥浆循环设备)才能完成钻井作业,因为,它们不具有大的可变甲板荷载能力,特别是张力腿平台,对甲板荷载的变化十分敏感。

本章在第 4 章的基础上,详细介绍张力腿平台系统的结构特点及其水动力性能。

7.2 船体结构

7.2.1 概述

自 1984 年问世以来,全球已有 5 种结构形式的张力腿平台投入商业运营,即传统张力腿平台(Conventional Tension Leg Platform,CTLP)、延伸式张力腿平台(Extended Tension Leg Platform,ETLP)、最小化水面设备结构(Minimum Offshore Surface Equipment Structure,MOSES)、海星张力腿平台(SeaStar)和自稳定一体化张力腿平台(Self Stable Integrity

Platform,SSIP)。其中,ETLP、MOSES、SeaStar 和早期的 CTLP 设计理念是相同的,其甲板模块必须在船体被张力腿锚固就位后才能安装。而 SSIP 和后期的 CTLP 设计理念则是甲板模块和船体在建造场地组装成一个整体结构,因此,必须具有甲板集成/湿拖和安装稳性。

这 5 种结构形式中,CTLP、ETLP、MOSES 和 SSIP 主要用于刚性开发系统,即干树开发模式,也可作为井口平台或海底生产系统的回接平台用于混合开发模式;而 SeaStar 是小型张力腿平台(Mini TLP),主要用于柔性开发系统,即湿树模式。由于开发模式的不同和经济性的要求,5 种张力腿平台的结构形式有较大的区别,包括立柱和浮箱的结构形式、数量乃至连接方式等。

一些文献也称 CTLP 为第 1 代张力腿平台,而其他则为第 2 代张力腿平台。应当说明的是,与半潜式钻井平台"代"的定义不同,张力腿平台的"代"仅仅说明时间的先后,而并非结构性能上的升级。这两代张力腿平台中,第 1 代张力腿平台,即传统张力腿平台的承载能力是最大的,而第 2 代张力腿平台,即 ETLP、MOSES 和 SeaStar 的承载能力都不及传统张力腿平台,它们是为了不同的应用目标而设计开发的,因此,第 2 代张力腿平台不能取代第 1 代张力腿平台。但是,这样的定义却会使不熟悉石油开发的人员产生错觉,误以为这些不同结构形式的张力腿平台是可以相互替代的,从而在做方案选择时,将这几种不同结构形式的张力腿平台进行相同排水量的性能比较。这就误用了 SeaStar 和 MOSES 开发者的设计目标和设计理念,显然是一种不恰当的做法。作者希望读者能够通过本书的阅读,了解不同结构形式的张力腿平台的适用范围,以期设计出更加合理的结构。

7.2.2 CTLP

CTLP 是最早出现的张力腿平台,也被称为第 1 代张力腿平台。在第 1 座张力腿平台问世后的若干年,尽管已经出现的 ETLP、MOSES 和 SeaStar,但人们仍习惯地称其为 TLP。近年来,随着其他形式张力腿平台数量的增加,CTLP 的名字被普遍接受。

CTLP 是张力腿平台家族中排水量最大的一种结构形式,因此,具有较大的油气处理能力,大多数传统张力腿平台配备了钻井模块,可自行完成所管理干树井的钻井作业,是钻、采、修井及生产(油气处理)的一体化平台,也可作为井口平台(不具有油气处理能力)使用。第 1 座张力腿平台"Hutton"号[见图 7-1(a)]采用了 6 个立柱和环形浮箱的船体结构形式[见图 7-1(b)],此后设计的 CTLP 均改为 4 立柱和环形浮箱结构(见图 7-2),其船体结构如图 7-3 所示。目前,全球 31 座张力腿平台中,有 15 座 CTLP,其中,挪威的"Heidrun"号平台的船体为混凝土结构(见图 7-4),因此,其排水量最大,达到了 290 610t。

传统张力腿平台主要采用圆形截面立柱和矩形截面浮箱设计,早期也有圆形截面立柱和圆形截面浮箱设计(见图 7-5),如墨西哥湾的第 1 座张力腿井口平台"Jolliet"号(见图 7-6)。近年来,又出现了矩形截面立柱和矩形截面浮箱设计,其结构形式酷似湿树半潜式平台,如印度尼西亚的 West Seno 油田的张力腿井口平台"West Seno A/B"号(见图 7-7)。

由于早期的张力腿平台采用船体和甲板模块分体运输(湿拖(见图 7-1(b))或干拖(见图 7-3))至服役地点,待船体锚固后安装甲板模块,因此,浮箱不需要提供平台稳性所需的压载,只需装载张力腿锚固及张力调整所需的压载(3%排水量),故其排水量较小,平台的浮力主要由立柱提供。为了缩短海上施工周期、降低海上施工风险及成本,后期的 CTLP 设计改

(a)　　　　　　　　　　　　　　(b)

图 7-1　传统张力腿平台"Hutton'号"

(a)"Hutton"号的雄姿　　(b)" Hutton"号的船体

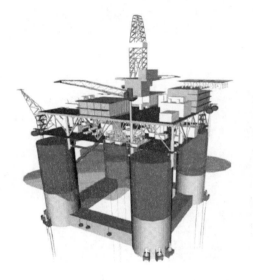

图 7-2　传统张力腿平台结构形式　　　　　　图 7-3　传统张力腿平台船体结构

进了浮箱设计,从而满足了甲板模块与船体集成后整体运输及安装的稳性要求(见图 7-8)。在此基础上,为进一步增加船体在建造和安装过程中的结构刚度并提高结构的完整性,后续的 CTLP 设计增加了立柱顶端的撑杆连接[见图 7-3 和图 7-8(b)]。

　　撑杆连接的设计与甲板模块的安装方式有关。如果甲板模块采用整体安装的方案,则撑杆的作用主要是增加船体结构在建造、运输和安装过程中的整体刚度,因此,撑杆系统可采用简单的平面几何不变体系(见图 7-3),以保持立柱之间的相对位置直至甲板模块安装就位,如"Brutus"号张力腿平台。如果甲板模块采用分体式(模块化)安装方案时,则撑杆系统的作用不仅是增加壳体结构的整体刚度,而且需提供甲板子模块的支撑与稳定,因此,需根据甲板模块安装方案设计相应的支撑结构(见图 7-9),既要提供足够的平面内刚度,更需要满足垂向刚度和强度要求,以提供甲板模块分体安装时的构造措施和临时乃至永久支撑,如"Ursa"号张力腿平台。

　　张力腿平台立柱的结构功能是支撑甲板模块和提供浮力,浮箱的结构功能是连接立柱

图 7-4　混凝土张力腿平台"Heidrun"号

图 7-5　圆形截面浮箱的 CTLP

图 7-6　圆形浮箱的 TLWP "Jolliet"号

图 7-7　矩形截面立柱 CTLP

使其成为一整体结构并提供压载或用于张力腿锚固。传统张力腿平台的立柱直径较大,因此,其径向一般分隔成内外两部分。圆筒形的内舱室可根据结构和作业需要分隔舱室,以便于生产和维修作业(见图 7-10),圆环形的外舱室则需要基于破舱稳性和船体刚度等综合因素分隔成若干舱室。早期的传统张力腿平台其张力筋腱直接穿过立柱锚固在立柱顶端(如北海的前两座张力腿平台"Hutton"号和"Snorre A"号),因此,立柱中央必须留出张力筋腱的穿行通道,从而损失了部分浮力,且立柱的设计建造也比较复杂。墨西哥湾的第 1 座张力腿平台"Jolliet"号则改进了张力筋腱的锚固方式,将张力筋腱直接锚固在立柱外侧的底端。这不仅释放了立柱的潜在浮力,而且使张力筋腱的安装更加便捷。因此,这一创新型设计导致了传统张力腿平台张力腿锚固方式的革命,迄今为止,传统张力腿平台的张力腿锚固方式仍延用这一设计理念。

　　浮箱是作为立柱之间的连接并提供压载而存在的,因此,其结构刚性对平台的安全服役至关重要,同时,为了避免不同压载状态的自由液面,浮箱采用纵横舱壁加强并划分舱室。由于张力腿平台对甲板荷载十分敏感,因此,立柱防撞舱室的设计应综合考虑破舱稳性及张

图 7-8 传统张力腿平台"Ursa"号的甲板模块安装及运输

(a) 船体湿拖至甲板模块集成水面 (b) 甲板模块分体安装

(c) 甲板子模块吊装 (d) 平台整体湿拖

图 7-9 甲板模块分体安装的撑杆结构

力腿的剩余张力,避免出现零张力或负张力。

7.2.3 ETLP

ETLP 是 ABB 公司经过大量细致的研究而推出的一款与 CTLP 具有相同承载能力的张力腿平台。其船体结构借鉴了 CTLP 和 MOSES 的设计理念,使结构布置更加灵活。ETLP 的立柱有矩形截面[见图 7-11(a)]和圆形截面[见图 7-11(b)]两种设计. 如西非 Kizomba 油田的"Kizomba A/B"号[见图 7-12(a)]两座 ETLP 和巴西 Papa Terra 油田的张力腿井口平台"P-61"号[见图 7-12(b)]均采用了矩形截面立柱设计;而墨西哥湾的两座

图 7-10　传统张力腿平台的立柱内腔一瞥

（a）"Ursa"号的立柱内腔；（b）"Brutus"号的立柱内腔

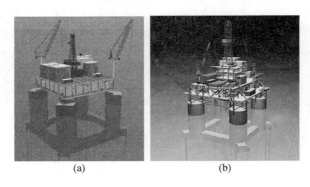

图 7-11　ETLP 的两种设计

（a）矩形截面立柱 ETLP　（b）圆截面立柱 ETLP

图 7-12　矩形截面柱 ETLP

（a）ETLP "Kizomba A"号　（b）ETLP "P-61"号

ETLP "Magnolia"号［见图 7-13（a）］和"Big Boot"号［见图 7-13（b）］则采用了圆形截面立柱设计。

　　ETLP 的立柱和浮箱功能与 CTLP 的立柱和浮箱功能相同,两者的区别是张力腿与船体的锚固方式,CTLP 的张力腿直接锚固在立柱底端的外侧船体上(见图 7-2),而 ETLP 则在每个立柱底端沿环形浮箱对角线方向增设了一个用于锚固张力腿的外伸短臂(见图 7-10),延伸式张力腿平台由此而得名。为了便于外伸短臂与立柱的连接,ETLP 的矩形立柱沿平台对角线呈放射状布置[立柱截面的主轴与平台对角线平行，且位于同一竖直平面内，见图 7-11(a)]。该设计的灵活之处在于，当甲板面积较小而使立柱间距减小时，可通过调整短臂的长度来保持较大的张力腿间距，以便提供足够的复原力矩。

除了上述典型的 ETLP 结构外，国内外的研究人员也相继提出了一些新的 ETLP 设计方案。FloaTEC 公司提出了三角形 ETLP 的设计方案（见图 7-14）。该方案的浮箱宽度受到其夹角和立柱直径的限制，因此，采用了高宽比大于 1 的设计（典型张力腿平台和半潜式平台的浮箱高宽比小于 1）。与高宽比小于 1 的浮箱相比，该方案的压载重心较高，导致湿拖稳性降低，甚至丧失湿拖稳性，但不影响作业稳性。因为服役状态下，张力腿平台的压载主要用于调整张力腿的张力，而不是提供稳性。Technip 公司和中国海洋大学先后提出了延伸结构和浮箱一体化的设计方案（见图 7-15）。该方案主要是出于提供延伸结构的连接强度、缩短建造周期的考虑。由于现行 ETLP 的延伸结构与立柱采用焊接连接，因此，该焊缝是传递张力腿锚泊力的关键部位，承受了张力腿张力引起的剪应力和弯曲正应力。如果将延伸结构与浮箱设计成整体结构，则可以消除了延伸结构与立柱连接的焊缝，从而提高结构的安全性。同时，该方案将 ETLP 由 12 个完整的组块合拢减少为 8 个组块合拢，从而可以缩短建造周期。

(a)

(b)

图 7-13　圆形截面柱 ETLP
（a）ETLP "Magnolia"号　　（b）ETLP "Big Foot"号

图 7-14　三角形 ETLP 方案

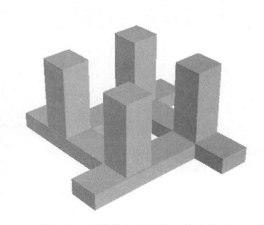

图 7-15　延伸结构与浮箱一体化设计

7.2.4 MOSES

MOSES 是日本 MODEC 公司开发的一款小型张力腿平台（Mini TLP），其最大承载能力小于 CTLP/ETLP 的最大承载能力（目前，在役的张力腿平台中，CTLP 的最大排水量为29 万吨，最大的甲板模块为 4.4 万吨；MOSES 的最大排水量为 4 万吨，最大甲板模块为 1.4万吨）。

正如其名（最小化水面设备结构），MOSES 的甲板面积较小，因此，4 个立柱的间距较小，是一种紧凑型结构设计。由于立柱间距较小，因此，采用了矩形中心浮箱连接，并且沿中心浮箱对角线设置了 4 个外伸悬臂式浮箱（见图 7-16），悬臂式浮箱借鉴了等强梁的设计理念，采用了变截面设计，张力腿锚固于悬臂端（见图 7-17），从而保证了张力腿能够提供足够的回复力矩。由于甲板面积较小，MOSES 采用了 3 层甲板设计（见图 7-18，CTLP 和 ETLP为两层甲板结构）。此外，由于立柱底端采用矩形浮箱中心连接，MOSES 用于干树开发模式时，顶张式立管只能布置在相邻两立柱之间的中心浮箱侧壁处（见图 7-17），这将在一定程度上影响甲板布置（井区集中和荷载对称）。

截至 2014 年，全球共建成投产了 3 座 MOSES——"Prince"号[见图 7-18（a）]、"Marco Polo"号[见图 7-18（b）]和"Shenzi"号[见图 7-18（c）]，分别位于墨西哥湾的 Prince 油田、Marco Polo 油田和 Shenzi 油田。

图 7-16　MOSES 的船体结构

图 7-17　MOSES 的张力腿结构

MOSES 的立柱采用矩形截面设计，为了便于悬臂浮箱与立柱的连接，立柱沿中心浮箱的对角线呈放射状布置（立柱截面主轴与中心浮箱的对角线平行，且位于同一竖直平面内）。立柱的分舱应考虑破舱后的浮性及张力腿的剩余张力（避免零张力或负张力），而浮箱的分舱则应考虑调整张力腿张力（包括张力腿安装和破舱工况）的压载及压载舱自由液面（消除存在自由液面的可能性）的影响。为避免破舱对平台浮性和张力腿张力产生致命的影响，也为了避免过小的分舱而增加结构重量，可在立柱的水面位置设置防撞舱室或设置靠船排及防撞结构。

(a)   (b)

(c)

图 7-18　在役的 MOSES 平台

（a）TLP "Prince"号　（b）TLP "Marco Polo"号　（c）TLP" Shenzi"号

7.2.5　SeaStar

SeaStar 是 Atlantia 海洋工程公司（Atlantia Offshore Limited）开发的一款小型张力腿平台。其承载能力小于 MOSES，一般用于边际油田或小区块的开发。目前，排水量最大的 SeaStar 是墨西哥湾的干树 SeaStar "Matterhorn"号，其排水量约为 2.4 万吨，而其他 4 座均用于湿树开发模式，其排水量均为 1 万吨左右。

由于 SeaStar 的排水量较小，因此，其船体采用了单柱（中心柱）结构设计，水面以上好似一座 Spar 平台（见图 7-19）。为了使张力腿能够提供足够的复原力矩，在立柱的底部沿径向

图 7-19　张力腿平台"Allegheny"号

设置了 3 个等分圆周的悬臂结构浮箱。为了降低成本,悬臂结构浮箱借鉴了等强梁的设计理念,采用变截面设计(见图 7-20),张力腿锚固在浮箱的悬臂端(见图 7-21)。用于干树开发模式时,中心柱内设置中央井(见图 7-22),顶张式立管穿过中央井与甲板上的干采油树连接(见图 7-23);湿树平台不设置中央井,相同条件下,立柱可以提供更大的浮力,因此,湿树 SeaStar 平台的吃水通常小于干树 SeaStar 平台。

(a)   (b)

图 7-20　SeaStar 的浮箱结构
(a) 等高变截面浮箱　(b) 等宽变截面浮箱

图 7-21　SeaStar 的张力腿　　　　图 7-22　SeaStar 的中央井结构　　图 7-23　干树 SeaStar
　　　　锚固位置　　　　　　　　　　　　　　　　　　　　　　　系统

7.2.6　SSIP

SSIP(Self Stable Integrated Platform)也是日本 MODEC 公司开发的一款与 CTLP 或 ETLP 有相同承载能力的新型张力腿平台,如图 7-24 所示。其设计理念来自于该公司此前开发的 MOSES 张力腿平台,因此,结构形式与 MOSES 有相似之处——矩形中心浮箱＋沿中心浮箱对角线布置的 4 个梁式浮箱(此处之所以不称其为悬臂浮箱,因为它不是整体悬臂结构,见图 7-24),矩形立柱的主轴沿十字形浮箱轴线布置,不同的是,其立柱不是与中心浮箱连接,而是坐落在梁式浮箱上,相当于 MOSES 的立柱沿悬臂浮箱向外移动了一段距离,立柱外侧的浮箱相当于 ETLP 的延伸短臂。因此,立柱的间距较大,甲板 4 角可直接支撑在立柱上,而不再需要 MOSES 和 SeaStar 那样的悬臂甲板结构设计。该平台的设计灵活之处在于,在不改变浮箱方案设计和张力腿间距的条件下,可根据甲板面积任意调整立柱的位置。

SSIP 与矩形截面立柱的 ETLP 的唯一区别是浮箱的设计方案,即用十字浮箱取代了环形浮箱,矩形中心浮箱主要是为十字浮箱的连接而设计的。与 ETLP 相比,SSIP 的延伸结构与浮箱是一个整体结构(延伸结构和浮箱一体化设计的 ETLP 与此有相同的设计理念),因此,结构强度优于 ETLP,而且建造方案得以简化。仅就建造方案而言,延伸结构和浮箱一体化设计的 ETLP 与 SSIP 有异曲同工之妙。

开发 SSIP 的主要目的是提高 MOSES 的承载能力,实现甲板模块与船体在建造场地集成并湿拖至服役位置,从而缩短海上施工周期、降低海上施工风险。目前,全球已有两座 SSIP 投入商业运营,它们分别位于西非(赤道几内亚)的 Okume 油田和 Oveng 油田(见图 7-25)。

图 7-24 自稳定一体化平台

(a)   (b)

图 7-25 自稳定一体化张力腿平台

(a) SSIP "Okume"号   (b) SSIP "Oveng"号

7.2.7 FourStar

FourStar 是 Atlantia 海洋工程公司（现已隶属于 SBM Offshore 集团，更名为 SBM Atlantia）开发的一款新型倾斜立柱张力腿平台（见图 7-26）。其设计宗旨是提高平台的稳性。该方案的设计目标与 SSIP 相同——甲板模块和船体在建造场地集成，然后整体湿拖和安装，从而缩短海上施工时间、降低海上施工风险。但该方案的稳性设计理念与 SSIP 不同，它采用增大船体水线面的方法来提高平台的稳性，特别是湿拖稳性。而服役稳性的提高还可以减小张力腿的锚泊力，从而减小张力筋腱的尺寸、进而减小张力筋腱的重量，而减小张力筋腱的重量可进一步扩大张力腿平台的应用水深。同时，环形浮箱内侧空间的增大，也有利于钢悬链式立管等附属构件的安装。

由于对称性的需要，FourStar 的立柱是沿浮箱对角线方向向内倾斜（双向倾斜）。为了便于建造，立柱的截面设计为矩形。浮箱为整体环形结构[见图 7-27(a)]，立柱坐落于浮箱之上[见图 7-27(b)]，而非浮箱与立柱连接呈环形结构（CTLP 和 ETLP）。

(a)　　　　　　　　　　(b)

图 7-26　倾斜立柱 TLP FourStar

（a）湿树 FourStar　　（b）干树 FourStar

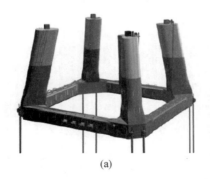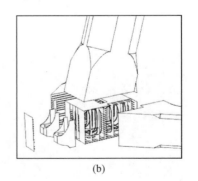

(a)　　　　　　　　　　(b)

图 7-27　FourStar 的浮箱与立柱结构

（a）整体环形浮箱　　（b）浮箱与立柱的连接

由于增大了船体的水线面，与相同排水和承载能力的 CTLP 相比，FourStar 的稳性有了较大的提高。甲板模块集成吃水（10.7m）时，FourStar 的稳心高（GM）为 12.4m，而对比的 CTLP 为－5.5m，服役吃水（31.1m）时，FourStar 的稳心高（GM）为 5.2m，而对比的 CTLP

为－2.1m。满足 API RP 2T 标准要求时,FourStar 可采用 8 根直径为 0.914m 的张力筋腱,而对比的 CTLP 需采用 8 根直径为 1.016m 的张力筋腱。

目前,Atlantia 公司已经完成了 FourStar 概念的数值模拟和模型试验,期待在不远的将来可以应用于深水油气开发项目。

7.2.8 ThreeStar

ThreeStar 是 SBM Atlantia 公司推出一款三角形倾斜柱张力腿平台(见图 7-28),其结构的设计与建造与 FourStar 相同,但承载能力(<8 000t)小于 FourStar(<30 000t),是为边际油田开发而设计的一款 Mini-TLP,也可作为井口平台与半潜式平台或 FPSO 组成混合开发系统用于主区块的开发(见图 7-29)。与 SeaStar 相比,ThreeStar 可以实现甲板模块与船体在建造场地组装,然后整体湿拖(或干拖)至服役海域,从而不需要大型起重船舶作业,缩短了海上安装的时间,减小了海上施工的风险。

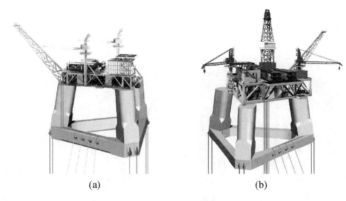

(a) (b)

图 7-28 三角形倾斜柱张力腿平台

(a) 湿树 ThreeStar (b) 干树 ThreeStar

图 7-29 ThreeStar 井口平台与 FPSO 开发系统

7.2.9 PLT

随着水深的增加,张力腿平台的垂荡周期逐渐增大,当水深超过 1 500m 时,传统张力腿平台的垂荡/纵摇/横摇周期将超过 4~4.5s 的范围而落入波浪的周期范围。为此,SBM Atlantia 公司提出了一个新的张力腿平台概念——无浮箱张力腿平台(Pontoon-less TLP, PLT),如图 7-30(a)所示。该方案用立柱顶端的刚性框架连接取代了立柱底端的浮箱连接[图 7-30(b)],从而减小了结构的附加质量及水动力荷载。由结构动力学的知识可知,减小结构的附加质量可以降低结构的固有周期;而减小张力腿平台的垂荡水动力荷载可以减小张力腿的动张力。因此,PLT 应用于极深水条件时可以通过附加质量的减小来保持较小的垂荡/纵荡/横荡周期,而不是通过增加张力腿的张力来减小结构的固有周期。

SBM Atlantia 公司以巴西海域 2 000m 水深为例,对 PLT 和 CTLP 进行了对比研究。研究表明,在相同承载能力(29 400t)和运动(垂荡/纵摇/横摇)周期的条件下,PLT 的排水量为 58 400t,CTLP 为 66 500t;PLT 的系统预张力为 12 500t,占总排水量的 21%,而 CTLP 为 22 600t,占总排水量的 34%;PLT 的垂荡附加质量系数仅为 0.3,而 CTLP 为 1.4(周期小于 10s)~1.6(周期大于 10s),如图 7-31(a)所示;PLT 的张力腿动张力也远远小于 CTLP

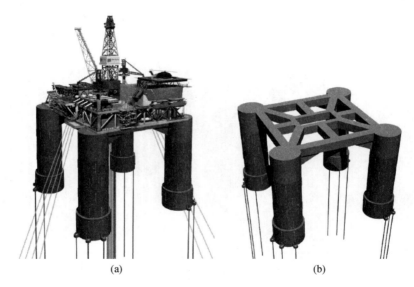

(a)   (b)

图 7-30 无浮箱张力腿平台概念

(a) PLT 系统结构   (b) PLT 壳体结构

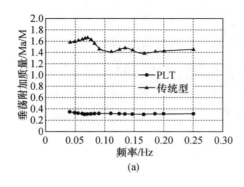
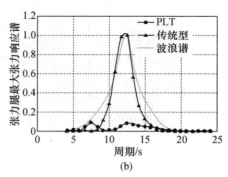

(a)   (b)

图 7-31 PLT 和 CTLP 的性能比较

(a) 垂荡附加质量   (b) 作业工况的张力腿动张力

［见图 7-31（b）］。

目前，PLT 方案仍处于概念提出的阶段，作为刚体，其水动力性能满足设计要求，但结构设计仍需要深入的研究，其中主要的是立柱连接刚度，应考虑增强立柱中下部的刚性连接。

7.3 甲板结构

张力腿平台在张力腿完好的条件下不存在稳性问题，不需要考虑大倾角条件下由甲板来提供额外的浮力，因此，其上部组块均采用开敞式甲板结构。由于船体结构的差异，不同张力腿平台的甲板结构也有所不同，其中的差异主要是由甲板与船体的连接方式造成的。目前，张力腿平台的甲板结构有两种基本形式——无悬臂板架-框架结构［见图 7-32（a）］和悬臂板架-框架结构［见图 7-32（b）］。无悬臂板架-框架结构主要用于 CTLP、ETLP 和 SSIP，以及 FourStar、ThreeStar 和 PLT 等张力腿平台，而悬臂板架-框架结构则主要用于 MOSES 和 SeaStar 等 Mini TLP。

由于 CTLP、ETLP、SSIP、FourStar、ThreeStar 和 PLT 是按照甲板尺寸设计平台的主尺度的，即立柱间距按照甲板尺寸来设计，因此，平台的主尺度与甲板尺寸是相同的，故其甲板的边缘直接支撑在立柱上（见图 7-33），不形成外挑梁的悬臂结构，与半潜式生产平台的开敞式甲板结构相同（见图 7-34）。而 MOSES 的立柱间距小于甲板尺寸，SeaStar 则为单立

(a)　　　　　　　　(b)

图 7-32　张力腿平台的甲板结构

（a）无悬臂板架-框架结构　（b）悬臂板架-框架结构

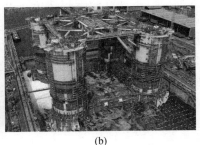

(a)　　　　　　　　(b)

图 7-33　张力腿平台的甲板结构支撑形式

（a）立柱支撑甲板　（b）立柱顶端框架支撑甲板

235

柱船体,立柱的尺寸远小于甲板尺寸,因此,MOSES 和 SeaStar 的甲板结构形成了外挑梁的悬臂结构[见图 7-35 和图 7-32(b)]。

图 7-34　半潜式生产平台的开敞式甲板

图 7-35　MOSES 的甲板结构

7.4　张力腿系统

7.4.1　张力筋腱

　　张力腿平台的系泊形式是区别于其他浮式平台的唯一特征,也正是由于它的独特系泊方式,使得张力腿平台的设计理念与其他浮式平台有所区别。张力腿平台的张力腿有 3 组(SeaStar、ThreeStar 和三角形 ETLP)和 4 组(CTLP、ETLP、MOSES 和 FourStar)之分,每组张力腿由 2~4 根张力筋腱组成。

　　随着水深的增加,张力筋腱的自重问题成为张力腿平台应用于深水的障碍。如果采用浮力块来平衡张力筋腱的自重,则必将增大张力筋腱的水动力荷载,因此,最理想的方法是采用中浮性张力筋腱,即采用新型材料或优化结构(如变径设计,见图 7-36)使张力筋腱的自浮力等于或大于其自重,变径设计的方案也有经济方面的考虑,即充分利用筋腱的强度储备。

　　张力筋腱由高强钢管加工而成,为便于安装,张力筋腱是分段建造的,海上安装时各段之间采用机械偶合连接,其上、下两端分别设有与平台和底座连接的连接件(见图 7-37)。为了缩短安装时间,上、下两端的连接件均采用快速连接设计,下端的机械式插入-旋转自锁连接头(见图 7-38)是张力筋腱的关键技术,其球形插头与张力筋腱的连接是轴向刚性而转动柔性的"球铰"结构(见图 7-39)。张力筋腱的上端与平台的连接也是转动柔性的,从而减小了张力筋腱两端的约束弯矩,而使其近似于铰约束,大大降低了张力腿的弯曲荷载。为了控制张力筋腱在服役过程中的张力,保证其始终处于设计范围,张力腿平台上配备了张力筋腱的张力监测装置,图 7-40 为监测系统的荷载环。

　　张力筋腱的结构形式和材料不尽相同,当其结构自重不会给张力筋腱的强度和疲劳以及施工带来很大困难时,可以采用机械连接的钢制管状张力筋腱,也可以采用焊接连接的钢制管状或实心杆张力筋腱,亦或是钢缆结构的张力筋腱。机械连接的张力筋腱由两端带有螺纹接头的钢管制成,其螺纹接头与钢管可以是整体结构,也可以是焊接结构,与钻杆或生

图 7-36 中浮性张力筋腱

图 7-37 张力筋腱两端连接结构

图 7-38 张力筋腱与基础的插入-旋转锁紧装置

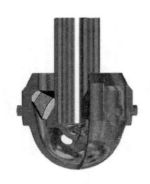

图 7-39　张力筋腱下端的球铰结构

图 7-40　张力筋腱张力监测系统的荷载环

产立管的结构相同。焊接连接的钢制张力筋腱可采用无缝、轧制或焊接钢管制成。钢缆结构的张力筋腱是由钢绞线制成的一根整体结构,除两端与平台和基础的接头外,没有任何形式的连接接头,安装过程与铺设电缆或卷筒式铺管相似。

当其结构自重问题变得越来越突出,直接影响到张力腿的强度和疲劳乃至施工时,可采用纤维增强型复合材料(碳纤维/环氧树脂)和纤维缆制作张力筋腱。

7.4.2　海底基础

张力腿的海底锚固基础有两种结构形式——重力式和桩基式,其中,重力式基础的设计理念与悬索桥的悬索锚固基础相似——由混凝土基础的重力提供锚泊力;而桩基式则依赖于桩-土间的摩擦提供锚泊力。因此,两种基础形式的选择主要取决于海床土的性质。

重力式基础一般为浅基础,主要依赖基础自身的重力来平衡浮力,适合于非常软的黏土、粉砂质黏土或土质情况不稳定、存在塌陷性状的土层。在一般土质条件下的计算简单、设计可靠。而桩基础则主要依赖海床土的阻力(桩壁与海床土的摩擦力),因此,适用条件受到海床土性能的限制。如墨西哥湾的张力腿平台"Hutton"号,其所在位置的海床土为中等强度的黏土,由于是第 1 座张力腿平台,尚缺乏工程经验,因此,为安全起见,采用了重力式基础。北海的张力腿平台"Snorre A"号所在位置的海底地质条件是:上层为非常软的软黏土,整体土质不稳定,存在一定的孔穴和塌陷性土层,大约在 60m 深度处黏土变为含有砾石的冰碛。由于在粉质黏土中桩的动载摩擦力和承载力远低于静载摩擦力和承载力,且桩在交替的拉、压力作用下其承载力将大幅度降低——动承载力只有静承载力的 40%。因此,在借鉴了"Hutton"号平台经验的基础上,该平台采用了裙式重力基础,每个基础由 3 个高为 20m 的混凝土舱体构成,每个舱体的直径为 17m,裙边的壁厚为 0.35m,舱体的上部设有密封的圆形顶盖,裙边外壁伸出顶盖 6m 形成一个圆形的外围[见图 7-41(a)],以利于在舱体顶盖上放置压载物。该混凝土基础实际重量为 5 660t,水下重量为 3 500t,舱体顶盖上增加了 3 500t 的压载(压载物一般为铁或橄榄石),因此,每个基础的实际水下重量为 7 000t。特别值得一体的是北海的混凝土张力腿平台"Heidrun"号,其所在位置的海床为软黏土,因此,采用了重力式吸力基础。每个基础由 19 个直径为 9m 的高强度预应力混凝土舱组成,尺寸为 43m×48m,质量为 21 000t,水下重量为 12 500t。从上述工程实例可以看出,当海床土为软粘土或难以提供有效摩擦力时,应采用重力式基础。重力式基础一般为分体式的,即每组张力腿的基础在结构上是独立的。

　　桩基础通常用于海底地质条件较好的张力腿锚固基础,如张力腿井口平台"Jolliet"号所在位置的软黏土硬度随深度逐渐增大,58.6m处为非常硬的黏土,201m处为超固结黏土,因此,采用了桩基础。桩基础的桩径一般大于2m,桩长一般大于100m,如墨西哥湾的传统张力腿平台"Auger"号,其16根桩基础的单根桩径为2.2m,桩长为132m,重量只有203t;传统张力腿平台"Mars"号采用了12根桩组成的桩基础,单根桩的桩径为2.6m,桩长为122.7m。张力腿平台的桩基础有3种结构形式——整体式基座、分体式基座和独立桩,整体式基座为一个整体刚架模板,张力腿井口平台"Jolliet"号采用了该形式的桩基础[见图7-41(b)];分体式基座则采用每组张力腿一个独立的刚架模板,传统张力腿平台"Auger"号采用了分体式桩基础,单个基座的尺寸为18m×18m×9m,4个基座总质量2 440t,每个基座由4根桩定位[见图7-41(c)]。独立桩基础没有基座,张力筋腱直接锚固于桩头(见图7-23)。

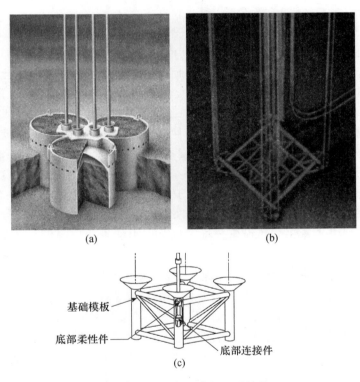

(a)　　　　　　　　　　　(b)

基础模板

底部柔性件

底部连接件

(c)

图7-41　张力腿平台的基础结构

(a)重力式基础　(b)整体基座式桩基础　(c)分体基座式桩基础

7.5　水动力性能

7.5.1　概述

　　张力腿平台的水动力性能与顺应式平台相似——水平面内的运动(纵荡、横荡和首摇)

为顺应式的(周期大于 100s)、垂直平面内的运动(垂荡、横摇和纵摇)为刚性的(周期小于5s),所以,张力腿平台也是一种顺应式结构。由于水平面内的运动周期大于 100s,远高于波浪的周期(5～20s),因此,其波频(Wave Frequency,WF)响应较小,但低频(Lower Frequency,LF)响应(也称为差频响应,是由波浪的差频成分引起的运动)较大。而垂直平面内的运动周期小于 5s,也远离波浪的周期,因此,其波频响应也较小,但高频(High Frequency,HF)响应(也称为和频响应,是由波浪的和频成分引起的运动)较大。张力腿平台的高频响应有鸣振(Ringing)和弹振(Springing)两种形式,鸣振是冲击荷载引起的垂荡/纵摇/横摇运动,因此,阻尼影响较小。而弹振是简谐强迫振动,因此,受系统的阻尼影响较大。

张力腿平台在海流作用下会产生涡激运动,其涡激运动包括船体立柱的涡激升力和脉动拖曳力引起的纵荡、横荡和艏摇,同时受张力筋腱涡激振动的影响,因此,具有较为复杂的多重耦合运动性质——流固耦合和壳与张力筋腱的运动耦合。

7.5.2　稳性

张力腿平台的稳性问题与半潜式平台及其他系泊缆系泊的浮式结构(Spar 和 FPSO)有较大的区别,其稳性条件和要求视平台的状态而不同。对于在建造场地进行甲板模块集成的张力腿平台,其张力腿锚固前的稳性条件和要求与半潜式平台相同,需要满足甲板模块集成和安装稳性要求,如果采用湿拖方法运输,则还需校核湿拖稳性。对于现场进行甲板模块安装的张力腿平台,其张力腿锚固前的稳性条件和要求则根据船体的不同运输及安装方式而不同,湿拖时,则需要满足湿拖和安装稳性要求;干拖时则仅需满足安装稳性要求。由于船体自身的稳性是极易满足的,因此,对于现场安装甲板模块的施工方案,稳性设计没有任何困难。而对于整体湿拖的施工方案,则相当于半潜式平台不同状态下的小角稳性设计。

张力腿平台的服役状态稳性来自于张力腿的张力,而不是船体结构的水下几何形状及压载。因此,标准要求进行完整和损伤分析来规范张力腿设计以确保平台的稳性。张力腿的设计原则是:

(1)最小预张力应确保在设计极端环境条件下,张力腿的张力大于零。

(2)船体的舱室划分足够小,确保在设计规定的环境条件下(通常为作业环境条件,即生产支持船可以出海作业)破舱引起的张力重分布不会导致张力腿零张力或负张力。

由于张力腿平台服役状态的特殊稳性条件,张力腿的预张力达到设计值时,平台的稳心高 GM 可能为负值,因此,如果一根或多根张力腿失效或被移除(维护、修复或更换),则平台将失去稳性,此时,微小的倾斜都将导致平台倾覆。为此,张力腿平台的稳性设计仍应考虑作业吃水时的自由漂浮稳性,满足 GM>0 的要求。

7.5.3　动力特性

由于系泊形式的不同,张力腿平台的动力特性与其他浮式结构有较大的区别。悬链式或张紧式倾斜系泊缆系泊的浮式结构,其垂荡、横摇和纵摇的复原力或复原力矩来自于水的浮力,因此,垂荡、横摇和纵摇运动引起的排水量变化决定了这 3 个自由度的刚度,从而确定了相应的运动周期。而张力腿平台的垂荡、横摇和纵摇的回复力或复原力矩主要来自于张力腿的张力(复原力矩也与每组张力腿之间的距离有关),与张力腿的张力相比,浮力提供的复原力和复原力矩可以忽略,因此,张力腿的预张力和轴向刚度决定了张力腿平台的垂荡周期,张力腿的预张力、轴向刚度和张力腿的距离决定了张力腿平台的横摇和纵摇周期。由于张力筋腱通常由钢管制成,其轴向刚度较大,因此,张力腿平台的垂荡、横摇和纵摇周期远远小于 Spar 和半潜式平台等倾斜系泊缆系泊的浮式平台。张力腿平台的垂荡、横摇和纵摇周期一般为 2～4s,避开了波浪的周期范围(5～20s);而半潜式平台的垂荡周期一般为 20～25s,Spar 平台则为 20～35s 左右;半潜式平台的横摇和纵摇周期一般为 30～60s,而 Spar 则为 50～90s。

张力腿平台的水平面运动自由度(纵荡、横荡和艏摇)的复原力与倾斜式系泊缆系泊的浮式结构相似——来自于系泊缆的张力,不同的是,张力腿平台在平衡位置时的水平系泊力为零,且复原力和复原力矩与浮力相关。尽管张力腿的张力较大,但其在水平面的分量较小,约为平台水平位移与水深的比值×张力腿张力(见图7-42)。因此,张力腿平台的水平面运动周期与半潜式平台或 Spar 平台相同,一般为 100～200s。

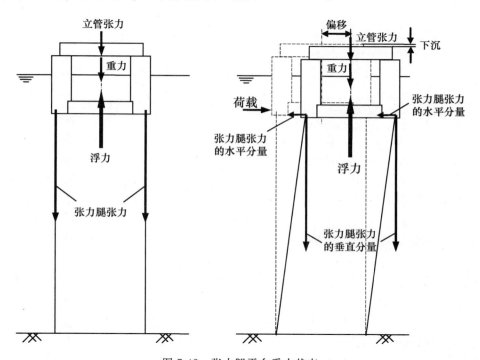

图 7-42 张力腿平台受力状态

7.5.4 浪致运动

1.波频响应

张力腿平台的6个自由度运动周期均避开了一阶波浪力的周期范围,因此,其对一阶波浪力的运动响应较小。图7-43是一个典型张力腿平台的纵荡响应谱,从图中可以明显看出,波频范围(8～14s)的响应远远小于低频响应(>50s)。

对于张力腿平台的纵荡、横荡和首摇运动响应,由于结构的固有周期(100～200s)远远大于波浪力的特征周期(5～20s),因此,运动是惯性力控制的,因为,由单自由度质量-弹簧系统的动力学方程。

$$m\ddot{x}(t) + c\dot{x}(t) + kx(t) = f(t) \tag{7-1}$$

可知,如果力 $f(t)$ 是简谐的,即 $f(t) = f_0 \sin\bar{\omega}t$,则响应可表示为

$$x(t) = C\sin(\bar{\omega}t + \varphi)$$
$$\dot{x}(t) = C\bar{\omega}\cos(\bar{\omega}t + \varphi) \tag{7-2}$$
$$\ddot{x}(t) = -C\bar{\omega}^2\sin(\bar{\omega}t + \varphi)$$

将式(7-2)代入式(7-1)并整理得

$$-r^2\sin(\bar{\omega}t + \varphi) + 2\zeta r\cos(\bar{\omega}t + \varphi) + \sin(\bar{\omega}t + \varphi) = f(t)/Ck \tag{7-3}$$

由于波浪力的频率远远大于张力腿平台的纵荡/横荡/首摇固有频率,因此,式(7-3)中的频率比 $r = \bar{\omega}/\omega \gg 1 (\approx 10 \sim 12)$,则惯性力远远大于弹性力,且在非共振响应范围,系统的阻尼影响很小(见图7-44),所以,系统平衡扰力的主要贡献是惯性力,即响应的大小是惯性力控制的。

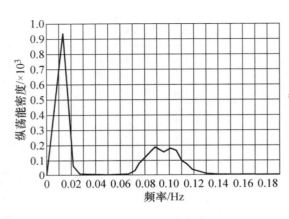

图 7-43 典型张力腿平台的纵荡响应谱   图 7-44 阻尼对响应的影响

对于张力腿平台的垂荡、横摇/纵摇响应,由于结构的固有周期(2~4s)小于波浪力的特征周期(5~20s),因此,式(7-3)中的频率比 $r = \bar{\omega}/\omega \ll 1 (\approx 0.20 \sim 0.25)$,则弹性力远远大于惯性力,且阻尼力的影响较小(非共振响应),所以,系统平衡扰力的主要贡献是弹性力,即响应的大小是刚度控制的。

根据张力腿平台的这一性质,在初步设计阶段可以采用上述方法对张力腿平台的波频运动响应进行近似估计。 即

纵荡/横荡/首摇

$$x(t) = -\frac{f(t)}{m}\left(\frac{\tau}{2\pi}\right)^2 \tag{7-4}$$

垂荡/横摇/纵摇

$$x(t) = \frac{f(t)}{k} \tag{7-5}$$

式中:τ —— 波浪周期。

值得注意的是,张力腿平台的纵荡和纵摇运动之间存在惯性耦合问题,因为纵荡是惯性力控制响应的运动自由度,而纵荡运动的惯性力(作用在平台质心)与波浪力(合力作用点随

波面的起伏而变化)的竖向不共线将产生纵摇力偶矩(见图 7-45),从而引起纵摇运动。由于波浪力作用的位置随波面起伏而变化,因此,无法通过结构设计来消除纵荡与纵摇之间的惯性耦合,但可以通过合理的设计尽可能减小极端海况条件下的耦合效应。

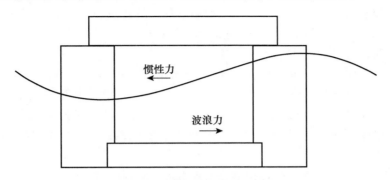

图 7-45　纵荡与纵摇耦合示意图

2.低频响应

低频响应是风和二阶波浪力的差频项(波漂力)引起的锚泊浮式结构的慢漂运动,其机理远比波频响应复杂。波漂力仅对复原力较小的运动自由度有显著的影响,因此,慢漂运动通常发生在固有周期较长的运动自由度,如浮式结构的平面运动自由度。慢漂运动的响应周期为结构的固有周期,因此,对浮式结构运动影响较大的是慢漂荷载谱中与结构固有周期相邻的部分。在该周期范围,慢漂荷载谱近似于常数 $S_{FF}(\omega_0)$(见图 7-46),其中 ω_0 为结构的固有频率。图中的 RAO^2 是锚链的张力谱,即结构的漂力谱。可以看出,浮式结构的漂力谱与弹性结构的动力放大系数有相同的性质——当浮式结构的漂力全部由系泊系统平衡时(频率为零),RAO 等于 1;随着频率的增加,被浮式结构的惯性平衡的荷载逐渐增大,RAO 趋近于零。在结构的固有频率 ω_0 处,浮式结构的惯性力与弹性力平衡,只有系统的阻尼力与波漂力抗衡,因此,RAO 出现了峰值,即系统在其固有频率处发生谐振动。

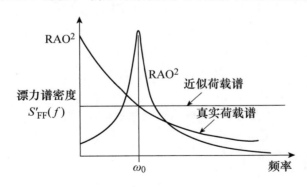

图 7-46　长周期响应的荷载谱及其 RAO

由此可知,张力腿平台的低频响应发生在水平面内的 3 个运动自由度——纵荡、横荡和首摇,最大低频响应小于水深的 10%,一般为 5%~7%。由于张力腿的约束作用,张力腿平台的水平面内运动会引起结构下沉(Setdown)运动(见图 7-42)。因此,下沉运动与水平面内的运动是同步发生的,且水平面内不同自由度运动引起的下沉运动是一种简单的叠加关系,即下沉运动是一种低频响应,其引起张力腿的动张力也是慢变的张力。这意味着下沉运动并不会引起大幅度的垂荡运动,从而导致强烈的耦合运动,而慢变的波浪荷载(波漂力)也不会引起大幅度的垂荡运动,因此,张力腿平台的纵荡能量转换为垂荡能量的部分较小。这表明,张力腿平台的纵荡与垂荡之间的影响及耦合不明显。

3.高频响应

浮式结构的高频响应是由二阶波浪力中的和频项或更高阶的波浪荷载引起的运动响应,由于倾斜缆系泊的浮式结构(半潜式平台、Spar 平台)的固有周期较大(高于一阶波浪力的周期范围),因此,对二阶和频波浪力和更高阶的波浪荷载响应较小,而张力腿平台的垂荡和纵摇固有频率较高(约高于其他浮式结构 1 个数量级),因此,对二阶和频波浪力和更高阶波浪力的响应较为突出。

张力腿平台的高频响应有两种形式——弹振(Springing)和鸣振(Ringing)。产生弹振的条件是波浪力的周期两倍于垂荡或纵摇固有周期,其物理本质是二阶和频共振,因此,系统阻尼对弹振的影响较大。而鸣振是对冲击荷载的响应,故系统阻尼的影响较小。产生鸣振的条件是:当波陡极大的波浪遭遇垂直圆柱体(圆柱体的直径与波长的比值位于 Morison公式的惯性力支配范围)时,波浪荷载将发生急速的反向(见图 7-47),其反向速度如此之快,以至于无论结构的固有周期是多少,结构都将产生突发的振动。由于张力腿平台的垂荡和纵摇固有频率较高,因此,鸣振问题比较突出。

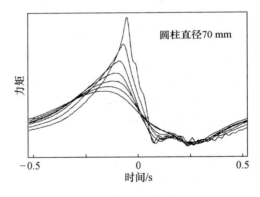

图 7-47　鸣振荷载

由结构动力学的知识可知,高频响应的运动幅度较小,因此,高频响应给结构带来的主要问题是疲劳,特别是张力腿的疲劳。

7.5.5　涡激运动

张力腿平台的涡激运动是海洋中的流引起的运动响应,定常流(与波浪无关的水质点单向运动)和交变流(波浪场中的水质点往复运动)都会引起涡激运动。由于定常流的流速波动小,流场中的涡旋脱落和发放是稳定和规则的现象,从而形成稳定的尾流涡街,使张力腿平台的立柱承受持续的交变流体荷载(涡激升力和脉动拖曳力)激扰。对于张力腿平台(不包括 SeaStar)来说,由于多个立柱的存在,稳定的尾流场将在相邻立柱之间产生遮蔽效应、边界效应和尾流效应(见图 7-48)。而交变流场则不能建立起稳定的尾流场,立柱上的流体荷载是不稳定的瞬变扰力,且立柱间的影响是不规律和不持续稳定的,结构的响应不显著。因此,对张力腿平台的涡激运动而言,通常关注的是定常流响应。

对于 SeaStar 张力腿平台,其涡激运动包括顺流向(纵荡)和横(流)向(横荡)两个自由度的运动。由于吃水较浅,且立柱上的构件较多,因此,SeaStar 的涡激运动问题并不突出。而 CTLP 和 ETLP 均是由 4 个圆立柱组成,与半潜式平台的涡激运动有相似之处——柱群效应,其响应包括纵荡、横荡和首摇 3 个自由度的涡激运动。

当张力腿平台的主轴与流场平行或垂直时,则立柱的排列平行或垂直与流速方向[见图 7-48(a)],此时,并列两立柱的涡旋泄放是对称的,则涡激升力的相位差为 180°。因此,并列立柱的涡激升力是一对平衡力系,如果并列立柱上的附件也对称,则结构将只产生顺流向涡激运动,而不产生横向涡激运动和涡激首摇运动。因此,如果涡激运动是张力腿平台的主要运动响应,则应使平台的一个主轴平行于服役海域的海流主方向。

当张力腿平台的主轴与流场呈任意方向时[见图 7-48 (b)],则受上游立柱尾流的影响,处于流场不同位置的立柱其涡旋泄放的模式和强度均不同,且不再对称,因此,结构同时存在纵荡、横荡和首摇 3 个自由度的涡激运动。

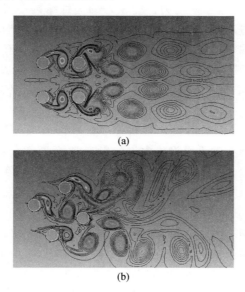

(a)

(b)

图 7-48 张力腿平台的多立柱涡旋干涉现象

(a) 立柱与流场平行排列 (b) 立柱与流场呈任意排列

张力腿平台的涡激运动发生在平台的纵荡、横荡和首摇 3 个自由度,这 3 个自由度的固有周期为 100～200s,而海流的表面流速范围为 0.2～2.0m/s,张力腿平台的立柱直径为 20m 左右,因此,涡旋泄放频率(斯托哈尔频率)为 0.002～0.02Hz,即张力腿平台的涡激升力周期为 50～500s。当流速为 1.0m/s 时,涡激升力的频率约为 0.01Hz(周期为 100s),这意味着,张力腿平台的涡激运动极易发生共振,且立管的固有频率也位于张力腿平台的涡泄频率范围,因此,张力腿平台的涡激运动对顶张式立管的振动有较大的影响。

第 8 章

Spar 平台

8.1 引言

　　Spar 平台是深水油气开发中水动力性能较好的一种结构形式,因而成为刚性开发系统的主要水面设施。其结构形式和设计理念均不同于其他的浮式结构(张力腿平台、半潜式平台和 FPSO)。Spar 平台的结构形式与其他浮式结构的最大区别在于它的单壳体结构(没有立柱和浮箱的区分),而设计理念的最大区别在于它的重心低于浮心,从而造就了一个无条件稳定的深吃水结构。重心低于浮心及深吃水的特点,使 Spar 平台的水动力性能优于其他的倾斜缆系泊的浮式结构。

　　Spar 平台的特殊结构形式不适用于移动式平台,因此,Spar 平台仅作为永久锚固的生产平台使用,是干树开发模式的水面设施之一。Spar 平台通常配备钻/修井模块,以便于修井或井下增产作业。目前,全球在役和在建的 21 座 Spar 平台中,有 14 座配有钻/修井模块,是钻采一体化平台。

　　在干树半潜式平台技术尚未完全成熟的条件下,Spar 平台和张力腿平台是干树开发模式仅有的两个备选方案,两个方案在不同的水深有着各自的优势。在深水油气开发工程发展初期,张力腿平台的适用水深被限定在1 500m范围内,而 Spar 平台的适用水深则被认为可达到3 000m。由于 Spar 平台的吃水较深(>100m),因此,在小水深(<500m)条件下,张力腿的设计、制造和安装没有太大的困难,使得张力腿平台的优势十分明显;在中等水深(500~1 500m)条件下,如果张力腿平台采用码头集成、整体湿拖/干拖方式运输,则张力腿平台仍具有明显的经济优势,否则,由于大水深张力腿技术的难度加大,Spar 平台的优势突出;当水深超过1 500m,则在干树半潜式平台技术尚未完全成熟的条件下,Spar 平台是干树开发模式的唯一选择。当然,随着张力腿技术的不断发展和成熟,张力腿平台的适用水深有望进一步提高,2014 年建造的"Big Foot"号张力腿平台已经突破了1 500m 的上限,达到了1 615m。然而,对于水深超过2 000m 的深水和超深水,Spar 平台仍然是最具竞争力的干树井水面设施,随着 Spar 平台顶张式立管张紧器和封闭中央井技术的应用,Spar 平台的适用水深有望进一步提高,这是张力腿平台望尘莫及的。

　　本章在第 4 章的基础上详细介绍 Spar 平台系统的结构特点及其水动力性能。

8.2 壳体结构

8.2.1 概述

Spar 平台独特的结构形式——整体柱状结构——是其区别于其他浮式结构的几何特征,而重心低于浮心则是 Spar 平台区别于其他浮式结构的力学特征。这里用"整体柱状结构"而不用"筒形结构"描述 Spar 平台,是因为筒形结构不能准确地描述 Spar 平台的几何特征。尽管 Spar 平台也有"筒形平台"、"单柱平台"或"立柱平台"等中文名称,但是,目前的 Spar 平台已经发展了多种结构形式——Classic Spar、Truss Spar、Cell Spar 和 MiniDOC,如图 8-1 所示。因此,筒形平台、单柱平台和立柱平台都不能准确形象地描述 Spar 平台,这也是规范以深吃水结构而不仅仅以 Spar 来定义此类浮式结构的识别特征。

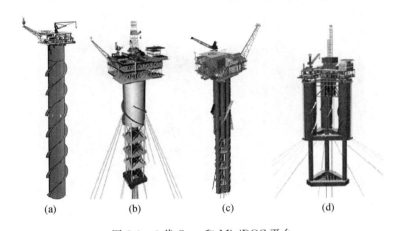

(a)　　　　　(b)　　　　　(c)　　　　　(d)

图 8-1　3 代 Spar 和 MiniDOC 平台

(a) Classic Spar　(b) Truss Spar　(c) Cell Spar　(d) ATP-Titan

图 8-1 的 4 个结构中除 'ATP Titan' 外,其他 3 个是传统意义上的 Spar 平台,分别是第 1 代 Classic Spar、第 2 代 Truss Spar 和第 3 代 Cell Spar。称它们为 3 代 Spar 平台仅仅意味着它们问世的前后顺序,而并不意味着它们之间是更新换代的关系。在墨西哥湾 Tubular Bells 油田的 Classic Spar 平台"Gulfstar"号(见图 8-2)问世前,Classic Spar 曾一度被 Truss Spar 完全取代了,但"Gulfstar"号的投产,且用于湿树开发模式,说明 3 代 Spar 平台在深水油气开发中扮演着不同的角色。其中,Truss Spar 由于承载比较高而成为 Spar 平台的主流产品,而 Cell Spar 则不可与 Classic Spar 和 Truss Spar 同日而语,它在 Spar 平台家族中的地位与 SeaStar 在张力

图 8-2　Classic Spar "Gulfstar" 号

腿平台家族中的地位相似——仅适用于边际油田开发。

8.2.2　Classic Spar

Classic Spar 是第 1 代 Spar 平台，其外壳的几何形状是一个等直径圆筒，整个壳体结构由硬舱（Hardtank）、软舱（Softtank）和中段（Midsection）3 部分组成，如图 8-3 和图 8-4 所示。其中，硬舱的功能是提供平台所需浮力；软舱的功能是提供压载；中段的功能是提供软舱与硬舱之间的连接，因此，也称其为连接段。压载舱与浮力舱之间的分离并采用既不提供浮力也不提供压载的结构连接是 Spar 平台与其他浮式平台最关键的结构差异，正是这一差异使得 Spar 平台的稳性特征——重心低于浮心——区别于其他浮式平台。由此可知，中段

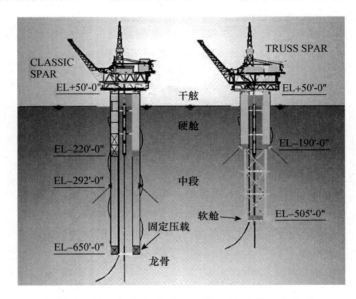

图 8-3　Classic Spar 和 Truss Spar 壳体的结构组成

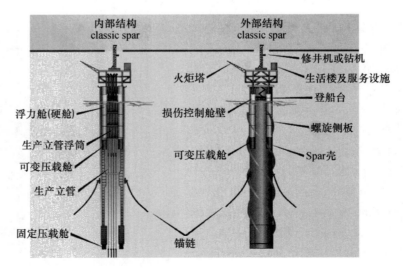

图 8-4　Classic Spar 的结构细部

的作用是降低结构的重心，实现"不倒翁"的稳性条件。Classic Spar的连接段是与硬舱和软舱等直径的圆柱壳，从而形成了等直径的整体圆柱形结构。

　　Spar平台的顶张式立管是从圆筒形的壳体内穿行而过的，因此，硬舱和软舱的截面中部设有中央井（Centre well），中央井为矩形截面（见图8-5），中央井的四周为浮力舱（硬舱）和压载舱（软舱）（见图8-6）。浮力舱的最底端舱室也可作为可变压载舱（见图8-4），水面处的浮力舱设有防撞的损伤控制舱壁（Damage control bulkhead），如图8-3和图8-4所示。如果规划的Spar平台有储油能力，则储油舱设置在底端。

　　软舱的结构与硬舱相同，之所以称其为软舱，因为其功能在平台的不同阶段或状态下是不同的。在湿拖运输阶段（见图8-7），其功能与硬舱相同——提供浮力；在壳体就位阶段，其功能是提供竖立力矩；壳体就位后，其功能是提供压载（见图8-8）。可变压载舱的主要功能是调整平台的吃水，如壳体就位后，可通过向可变压载舱充水来增大壳体吃水，以便于安装甲板模块（见图8-9）。在甲板模块的重量从起重机或浮托安装船向Spar平台壳体转移的过程中，可通过可变压载舱排水使平台的吃水达到设计吃水（见图8-10）。

图8-5　Classic Spar的中央井

图8-6　Classic Spar的硬舱剖面结构

图8-7　Classic Spar湿拖运输

　　Classic Spar的圆柱壳外侧设有螺旋侧板（Spiral strakes，见图8-4），其作用是抑制平台的涡激运动（Vortex-Induced Motion，VIM）。螺旋侧板有板状结构［见图8-11（a）］和三角形截面［见图8-11（b）］两种结构形式，在锚机（导缆器）所在的母线位置开有导缆孔，以便于系泊缆穿行。螺旋侧板的高度和螺距是涡激运动抑制效果的主要控制参数，目前的研究认为，螺旋侧板高度为0.1～0.16D（D为壳体直径）、螺距为15D时，涡激运动的抑制效果最好，涡激运动幅度可降低70%～80%。

　　由于Classic Spar的整体圆柱壳结构，使得其自身的结构重量较大，从而排水量较大，其壳体的直径约为30m，硬舱的长度约为80m，壳体结构的总长度约为210m，吃水约为190m。

图 8-8　Classic Spar 壳体竖立过程

（a）开始加压载水　（b）顶部拉索扶正　（c）壳体就位

图 8-9　Spar 平台甲板模块安装

（a）吊装甲板模块　（b）浮托法安装甲板模块

因此，其承载比（甲板模块质量/壳体结构质量）较小，在役的早期 3 座 Classic Spar 中，承载比最大的约为 52%（"Hoover Diana"号），最小的仅为 35% 左右（"Genesis"号）。新建的湿树 Spar 平台"Gulfstar"号与早期的 Classic Spar 相比，其主尺度较小，壳体直径为 25.9m，壳体总长为 177.9m，吃水为 159.6m，但动力特性基本相同（纵/横摇周期为 59.0s）。

8.2.3　Truss Spar

Truss Spar 是第 2 代 Spar 平台，称其为第 2 代 Spar 平台是实至名归的，因为，它的诞生结束了 Classic Spar 的历史，开启了 Spar 平台的新时代——Truss Spar 时代。

图 8-10　Spar 平台服役状态

(a)　　　　　　　　　　　　(b)

图 8-11　Spar 平台的螺旋侧板结构
（a）板状结构　　（b）三角形截面

　　Truss Spar 的壳体也由硬舱、软舱（固定压载）和中段 3 部分组成，如图 8-3 和图8-12所示。Truss Spar 的硬舱结构与 Classic Spar 相同——内方外圆柱状舱室，但中段和软舱则完全不同，中段采用了方形截面的桁架结构，为了便于与中段的连接，软舱也采用了与中段截面形状相同的方形截面箱型结构（见图 8-13）。

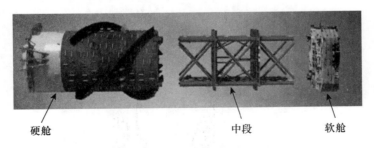

硬舱　　　　　　　　　　中段　　　　软舱

图 8-12　Truss Spar 结构组成

　　由于 Truss Spar 的中段采用了桁架结构，因此，其中段的重量小于 Classic Spar。这意味着，在相同承载条件下，Truss Spar 的壳体重量将小于 Classic Spar，从而排水量减小。排

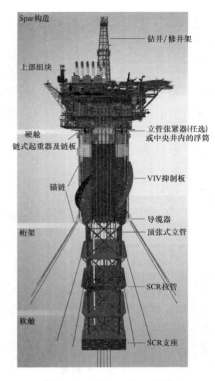

图 8-13 Truss Spar 平台

水量的减小意味着硬舱尺寸的减小,因此,相同直径条件下,Truss Spar 的硬舱约为 70m 长。而硬舱长度的减小使 Truss Spar 的浮心得以提高. 这意味着,在满足重心低于浮心的条件下,壳体结构的总长度可以进一步减小。不仅如此,Truss Spar 的软舱设计除截面的几何形状不同于 Classic Spar 外,在立管的穿行通道设计方面也一改开敞式的中央井设计,采用了被称为封闭中央井的方案——用分离的顶张式立管通道替代开敞式中央井(见图 8-14)。这样的设计方案使得相同外形尺寸的软舱能够提供更大的压载,这意味着,在重心与浮心保持相同高差的条件下,中段的长度可以进一步减小。因此,Truss Spar 的壳体总长约为 160~170m,吃水约为 145~155m。这一系列的"减小"使得 Truss Spar 的壳体结构重量在中段重量降低的基础上进一步减小,从而大大提高了结构的承载比。目前在役的 Truss Spar 中,"Mad Dog"号的承载比已经达到了 80%。

此外,桁架式的中段设计也使 Truss Spar 可以通过设置垂荡板(图 8-13)来增加平台的垂荡附加质量,从而增大平台的垂荡周期,使其远离波浪的卓越周期,达到减小了垂荡运动响应的目的。这也是为什么 Truss Spar 的吃水小于 Classic Spar,但垂荡性能却优于 Classic Spar 的原因所在。垂荡板的第 2 个作用是增加平台的垂荡阻尼,从而减小平台的垂荡共振响应。因此,垂荡板技术是 Truss Spar 的一项创新性技术,不仅在后续的 Spar 平台中无一例外地得以利用,而且也见诸于多个干树半潜式平台的设计方案中。

图 8-14 Truss Spar 的软舱立管通道

从垂荡板的作用来看,垂荡板的体积和面积越大越好——体积越大,附加质量越大;面积越大附加阻尼越大。但是,由于受到桁架结构的限制,垂荡板的面积是由平台的主尺度确定的,而且,由于垂荡板厚度超过其边长的 1/50 时,将会显著降低垂荡板的阻尼效果。因此,垂荡板的体积受到主尺度和阻尼效果的制约而不能随意增大。为了增大垂荡附加质量,从而提高 Spar 平台的垂荡周期,唯一的方法是增加垂荡板的数量。因此,目前在役的 Truss Spar 均设置了 2~3 层垂荡板,如墨西哥湾的"Tahiti"号和"Lucius"号为两层垂荡板中段结构(见图 8-15),而"Devils Tower"号和"Front Runner"号(见图 8-16)均为 3 层垂荡板中段结构。

(a)

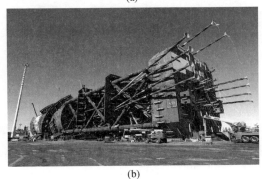

(b)

图 8-15　两层垂荡板的 Truss Spar

(a) Truss Spar "Tahiti"号　　(b) Truss Spar "Lucius"号

当然,并非简单地增加垂荡板的数量就可以达到相应的(改善平台垂荡性能的)效果,从这几个工程实例中也可以看出,垂荡板越多,中段的尺寸(长度)越大,即垂荡板的间距是有一定要求的。这表明,垂荡板的数量和间距是影响垂荡板性能的一个主要因素。当垂荡板的间距大于其边长的 1.5 倍时,每个垂荡板的附加质量几乎等于单个垂荡板的附加质量,即垂荡板的总附加质量等于单个垂荡板附加质量乘以垂荡板数量。如果垂荡板的间距等于其边长的 0.70~0.75 倍时,每个垂荡板的附加质量只有单个垂荡板的 85%~95%。这意味着,增加垂荡板的数量,无疑要增大平台的长度,因此,垂荡板的数量也受制于平台的稳性和水动力性能等参数。

垂荡板的阻尼性能除了受板厚的影响外,还与垂荡板的水线长度、即板的边界长度有关。因为,当水绕过板边时会产生漩涡,而正是这些漩涡消耗了平台的动能,从而起到阻尼作用。由于垂荡板的外边界受到桁架中段的截面尺寸限制,因此,为了提高垂荡板的阻尼效

(a)

(b)

图 8-16　3 层垂荡板的 Truss Spar

（a）Truss Spar" Devils Tower"号　　（b）Truss Spar "Front Runner"号

果,通常采用在垂荡板上开孔的方法来增加垂荡板的水线长度,以期达到提高其阻尼性能的目标。同时,为了有效地增加垂荡板的水线长度,在开孔面积相同的条件下,开孔的数量越多水线长度越长。

正是由于 Truss Spar 的这些优越性能,使得它一问世,便得到了业界的青睐而成为 Spar 平台家族中的佼佼者,取得了绝对的优势地位。目前,除了 Truss Spar 问世前建造的 3座 Classic Spar 和 1 座用于柔性开发系统的 Spar 型 FPSO 外,其他在役的 Spar 平台全部为 Truss Spar。

当然,开敞式的中段设计也给 Truss Spar 带来了一些不利因素,一是顶张式立管张紧装置——浮筒的长度受到硬舱长度的限制,为此,在大水深条件下,往往需要采用轻质合金制作浮筒,以提高其有效浮力。不过,如果能够采用张紧器替代浮筒来提供 Spar 平台顶张式立管的顶张力,则浮筒长度受限的问题将不复存在,这就是近年来发展起来的可用于 Spar 平台的紧凑型张紧器(见图 8-17)。开敞式中段带来的另一个问题是湿拖阻力大,因此, Truss Spar 通常采用半潜驳运输(见图 8-18)。

Truss Spar 的硬舱外侧也设有螺旋侧板(见图 8-12),其结构和作用与 Classic Spar 的螺旋侧板完全相同,此处不再赘述。

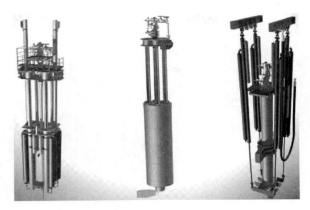

图 8-17　可用于 Spar 平台的紧凑型张紧器

图 8-18　Truss Spar 干拖运输

8.2.4　Cell Spar

Cell Spar 被称为第 3 代 Spar 平台仅仅是因为其问世的时间较晚，而不是 Spar 平台的更新换代产品。开发 Cell Spar 的目的并不是对 Spar 平台的改进和完善，而是针对不同的应用目标开发出的一款小平台——边际油田开发的水面设施。

Cell Spar 的壳体结构（见图 8-19）与 Classic Spar 和 Truss Spar 有较大的区别，其壳体由 6 个圆筒环绕 1 个中心圆筒连接而成，7 个圆筒的直径相同，从而形成了蜂窝状横截面，Cell Spar 由此而得名，中文也称其为"蜂窝平台"或"多柱平台"。这 7 个圆筒中，中心圆筒的长度为硬舱的长度，周围的 6 个圆筒 3 长 3 短相间布置，其中 3 个短圆筒与中心圆筒的长度相同，3 个长圆筒的长度为壳体结构长度，上端与 3 个短圆筒和中心圆筒组成硬舱，下端与软舱连接组成压载舱，软、硬舱之间的即为中间段。因此，Cell Spar 的中段为 3 个圆筒组成的等边三角形结构，其间设有垂荡板，如图 8-20 所示。由于 Cell Spar 的中段是封闭结构，因此，可根据平台的浮性和稳性要求，或作为浮力舱使用或作为压载舱使用。然而，作为任何一种舱室使用，都将改变平台的浮心（浮力舱）或重心（压载舱）亦或是浮心和重心（浮力舱和压载舱）位置，即降低浮心或/和提高重心，从而降低平台的稳性。

Cell Spar 的壳体结构采用如此特殊的设计主要是出于建造的考虑，由于边际油田的油气产量较小，从而平台的油气处理能力较小，因此，甲板模块的重量较小，即 Cell Spar 的排水量较小，如果采用 Truss Spar 的设计方案，则建造的工作量虽小，但建造工艺的难度与 Truss Spar 相同，而如果采用多个圆筒组合，则每个圆筒的直径较小，可能采用钢板直接卷

图 8-19　Cell Spar 结构

图 8-20　"Red Hawk"号壳体建造现场

制的圆筒就可以满足要求,而不需要采用骨架和板焊接的板架结构,从而大大降低建造工艺难度。目前,唯一的一座 Cell Spar 是墨西哥湾的"Red Hawk"号(见图 8-21),其甲板模块重 3 600t,壳体重 7 200t,与 SeaStar 和 MOSES 中较小的壳体重量相当。"Red Hawk"号的 7 个圆筒直径均为 6m,因此,其壳体截面的最大尺寸为 18m,远远小于 Classic Spar 和 Truss Spar。由于中段圆筒作为浮力或压载舱,因此,为了满足水动力性能要求,其壳体长度设计为 170m,吃水为 155m,与 Truss Spar 相当。

　　由于中心圆筒的直径只有 6m,不能满足安装顶张式立管的要求,故而将其封闭(见图 8-22)作为浮力舱使用,因此,"Red Hawk"号是一座湿树平台。

　　由于 Cell Spar 的各部分均为圆柱形结构,因此,其硬舱、中段和软舱分别设置了螺旋侧板(见图 8-20)。其中硬舱和软舱的螺旋侧板参数按结构的主尺度设计,而中段则按单根圆柱壳的尺寸确定其螺旋侧板参数。

图 8-21　Cell Spar "Red Hawk"号

图 8-22　"Red Hawk"号湿拖运输

8.2.5　MiniDOC

　　MiniDOC 是一种 Spar 概念的延伸设计,其壳体为 3 立柱组合而成的三角形结构(见图 8-23),硬舱部分的立柱直径较大,提供平台所需的浮力,硬舱底部由 3 根矩形截面箱型梁连接成三角环形浮箱结构(见图 8-24),因此,硬舱整体结构俨然一个深吃水半潜式平台,浮箱可作为可变压载舱使用。中段结构的 3 个立柱直径较小,其功能与 Truss Spar 的桁架相同——硬舱和软舱之间的连接结构(见图 8-25),因此,只要满足软、硬舱的连接刚度要求即可。软舱为三角环形箱梁,提供平台所需压载,环形空间内设有垂荡板(见图 8-26),以提高平台的垂荡阻尼,从而减小垂荡共振。

图 8-23　MiniDOC 的壳体结构

图 8-24　MiniDOC 的浮箱结构

图 8-25　MiniDOC 的中段和软舱

图 8-26　MiniDOC 的软舱结构

　　MiniDOC 是按照干树平台设计的,因此,在硬舱顶端和垂荡板上分别设有立管导向环(见图 8-27)。由于没有中央井结构,该设计方案的立管采用张紧器提供顶张力。之所以将 MiniDOC 归类于 Spar 平台,是因为它的设计理念与 Spar 相同——重心低于浮心,由于它有 3 根立柱,故称其为 3 柱 Spar(Triple column Spar)。目前,全球唯一的一座 MiniDOC 平台是 ATP 石油公司(ATP Oil & Gas Corporation)的"ATP Titan"号(见图 8-28)。该平台是墨西哥湾 Telemark Hub 开发项目的主平台,于 2009 年底安装完成。该项目由 Mirage、Morgus 和 Telemark 3 个油田组成,分别位于水深 1 158m、1 312m 和 1 356m 处,"ATP Titan"号先期用于开发 Mirage 和 Morgus 油田,然后移至 Telemark 油田继续开发。因此,该平台的设计寿命为 40 年,设计能力为每天 2 500 万桶油和 1 700 000m³ 天然气。

8.2.6　其他 Spar 概念

　　由于 Spar 平台的优良性能,吸引了国内外众多专家学者的目光,相继提出了一些不同

(a)　　　　　　　　　　　(b)

图 8-27　MiniDOC 的立管导向环

（a）硬舱顶部的立管导向环结构　　（b）垂荡板上的立管导向环

图 8-28　MiniDOC 平台"ATP Titan"号

的 Spar 概念。尽管这些概念设计的发展尚没有达到工程开发的阶段,但从这些奇特的构思中仍可以分析出一些新颖的设计理念和闪光的学术思想,以供在深水油气开发工程的技术研究和工程设计中借鉴。

1. S-Spar

S-Spar 是由中国海洋大学提出的一个改进的 Spar 概念设计(见图 8-29)。其设计方案主要是针对 Spar 平台应用于深水和极深水时,立管浮筒受到硬舱长度的限制而提出的。因此,其壳体的中段采用了封闭的设计,同时,为了减小水动力荷载,将封闭式的中段设计成了圆筒形(见图 8-30)。为了便于与圆筒形中段的连接,其中央井也采用了圆形截面设计,即硬舱的中央井与中段是一个等直径的整体圆筒型结构,就结构构造而言,S-Spar 的硬舱与中段的设计方案与 MiniDOC(见图 8-31)有异曲同工之妙。S-Spar 的软舱采用了 Classic Spar 的设计方案,其与中段的连接与硬舱相同,从而更便于建造。

为了与整体结构浑然成为一体,S-Spar 采用了圆形垂荡板设计。

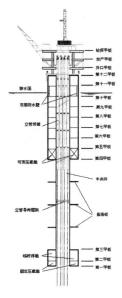

图 8-29　S-Spar

图 8-30　S-Spar 壳体结构

图 8-31　MiniDOC 的硬舱构造

2. T-Truss Spar

T-Truss Spar 是中国海洋大学提出的一个改进的 Truss Spar 设计方案（见图 8-32）。其设计理念是减小结构重量、进一步提高 Truss Spar 的承载效率。为此，T-Truss Spar 采用了三角形截面的桁架中段设计。由于中段结构的重力和浮力并不决定平台的浮性和稳性，因此，其设计考虑主要是连接刚度和强度，同时考虑对立管穿行空间的影响。

为了与三角形桁架结构相适应，避免方形中央井与三角形桁架结构在建造时的方位匹配问题，T-Truss Spar 也采用了圆形中央井设计。因此，T-Truss Spar 与 S-Spar 的主要区别是将圆筒形中段结构改为三角形桁架结构，而硬舱和软舱结构完全相同。

T-Truss Spar 的垂荡板设计有两种方案可供选择——圆形和三角形，在其他参数相同的条件下,圆形垂荡板的面积较大,且与硬舱和软舱有相同的几何形状,应作为首选方案。

3. S-Cell Spar

S-Cell Spar 是中国海洋大学提出的一个改进的 Cell Spar 设计方案。其设计理念与 T-Truss Spar 相同——减小结构重量、进一步提高 Cell Spar 的承载效率。为此,S-Cell Spar 采用中心立柱连接软、硬舱的设计方案(见图 8-33),从而将 Cell Spar 中段的 3 根立柱减少为 S-Cell Spar 的 1 根。由于中段结构的重力和浮力并不决定平台的浮性和稳性,因此,其设计考虑主要是连接刚度和强度。由于中段的立柱由 3 根减少为 1 根,因此,S-Cell Spar 的垂荡板面积远远大于 Cell Spar。

4. C-T Spar

C-T Spar 是上海交通大学提出的一个 Spar 概念设计。其设计理念与 Cell Spar 相同——降低建造难度。与 Cell Spar 不同的是,C-T Spar 的设计目标是干树井的开发平台。因此,其中心立柱采用了大直径圆柱壳结构,并作为平台的中央井使用,而

图 8-32　T-Truss Spar 的壳体结构方案

硬舱则采用八个小直径圆柱环绕中心圆柱的结构形式(见图 8-34),以避免大直径圆柱壳的结构建造。故而,其硬舱结构与 Cell Spar 相似。该平台的中段和软舱则沿用了 Truss Spar 的结构方案,故称其为 Cell Truss Spar。

图 8-33　S-Cell Spar 的壳体结构方案

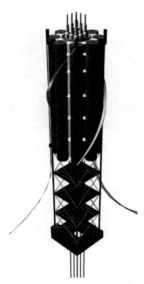

图 8-34　C-T Spar 结构方案

5. DDMS

DDMS(Deep Draft Multi-Spar)是大连理工大学提出的一个 Spar 概念设计,其设计理念与 MiniDOC 相似,硬舱由 4 根圆形角立柱和 1 根圆形中心立柱通过水平构件和浮箱连接而成(见图 8-35)。4 个角立柱为浮力舱,中心立柱为中央井,中段为 4 个小直径立柱,连接

硬舱和软舱,软舱为四边形环形结构,环形结构内设置垂荡板。因此,与 MiniDOC 的主要区别在于增设了中央井结构,以及将 3 立柱的三角形结构改为 4 立柱的四边形结构。

6.四柱型 Spar

四柱型 Spar 是中船重工船舶设计研究中心有限公司提出的一个 Spar 概念设计,其设计理念与 DDMS 相似,不同之处在于 4 柱型 Spar 采用了方形截面的中心立柱,并采用 Truss Spar 的垂荡板设置形式——在中段上设置垂荡板,其软舱则采用了 Truss Spar 的软舱设计方案(见图 8-36)。

图 8-35　DDMS 结构方案

图 8-36　4 柱型 Spar 结构方案

上述林林种种的设计与主流的 Truss Spar 相比,在结构的承载能力和水动力性能方面并没有明显的提高,但是,对于我国独立自主地开发深水油气资源确是非常可喜的开端,毕竟我们可以自主地设计研发深水油气开发装备了。

8.3　甲板结构

Spar 平台是无条件稳定的,因此,其甲板结构与张力腿平台相似,均采用开敞式板架-框架结构。对于 Classic Spar、Truss Spar 和 Cell Spar 等单立柱 Spar 平台,其甲板结构及其与壳体结构的连接方式与 SeaStar 张力腿平台相似;而多柱式 Spar 平台的甲板结构则与 MO-SES 相似。因此,目前在役 Spar 平台的甲板结构均为悬臂式板架-框架结构(见图 8-37)。作者认为,多柱式 Spar 平台的甲板结构宜采用无悬臂板架-框架结构,以有利于甲板结构与壳体结构的连接。

  Spar 平台的甲板结构均采用立柱与壳体结构连接(见图 8-38),因此,甲板的结构构造与导管架平台的甲板结构相同——立柱支撑甲板主桁。由于主桁的作用是承受甲板的全部荷载并将其传递给立柱,因此,甲板主桁通常为焊接工字钢结构(见图 8-39),而张力腿平台(半潜式生产平台)的无悬臂板架-框架结构则与壳体结构相似(见图 8-40),与壳体结构的荷载传递不是立柱的点荷载,而是支撑框架和立柱的线荷载或面荷载。

     (a)   (b)

图 8-37 Spar 平台的甲板结构

(a) 单立柱 Spar (b) 多立柱 Spar

图 8-38 Spar 甲板与壳体的连接方式

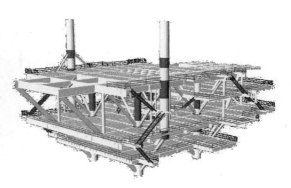

图 8-39 甲板板架结构

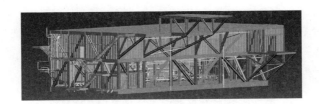

图 8-40 无悬臂板架-框架甲板结构

8.4 系泊系统

8.4.1 系统组成

Spar 平台的系泊系统与半潜式生产平台相同——张紧式(见图 8-41)或半张紧式(见图 8-42)系泊系统,其系泊缆为锚链-钢缆/尼龙缆-锚链结构,锚则采用抗拔能力较强的桩锚或吸力锚。其中,系泊缆采用钢缆或尼龙缆组合取决于水深条件,即大水深条件下宜采用尼龙缆以减轻系泊缆的重量。

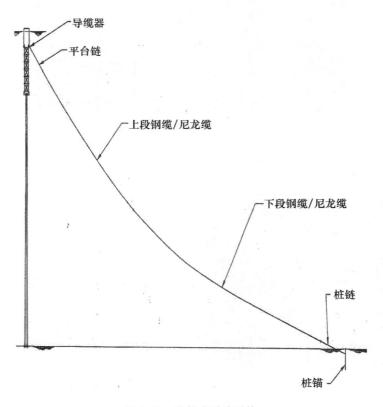

导缆器
平台链
上段钢缆/尼龙缆
下段钢缆/尼龙缆
桩链
桩锚

图 8-41 张紧式系泊系统

目前,在役 Spar 平台的系泊系统主要采用钢链-钢缆-钢链的系泊缆结构,也有少数平台采用了钢链+尼龙缆+钢链的结构,如 Truss Spar 平台"Mad Dog"号和 Cell Spar 平台"Red Hawk"号,而锚则主要采用桩锚和吸力锚(见表 8-1)。

表 8-1 部分在役 Spar 平台的系泊系统参数

平台	水深/m	系泊缆			锚		
		类型	结构	数量	类型	尺寸/m	贯深/m
Neptune	588	半张紧	钢链+钢缆+钢链	6(6×1)	桩	Φ2×55	55

平台	水深/m	系泊缆			锚		
		类型	结构	数量	类型	尺寸/m	贯深/m
Genesis	792	半张紧	钢链＋钢缆＋钢链	14(14×1)	桩	Φ2.4×72	67
Hoover/Diana	1 463	张紧	钢链＋钢缆＋钢链	12(4×3)	吸力	Φ6.4×32	30.5
Boomvang	1 052	张紧	钢链＋钢缆＋钢链	9(3×3)	桩	Φ2×76	67
Nansen	1 121	张紧	钢链＋钢缆＋钢链	9(3×3)	桩	Φ2×76	67
Horn Mountain	1 653	张紧	钢链＋钢缆＋钢链	9(3×3)	吸力	Φ5.5×28	27
Gunnison	960	张紧	钢链＋钢缆＋钢链	9(3×3)	桩	Φ2×67	62
Holstein	1 324	张紧	钢链＋钢缆＋钢链	16(4×4)	吸力	Φ6.4×31	30
Mad Dog	1 372	半张紧	钢链＋尼龙缆＋钢链	11(11×1)			

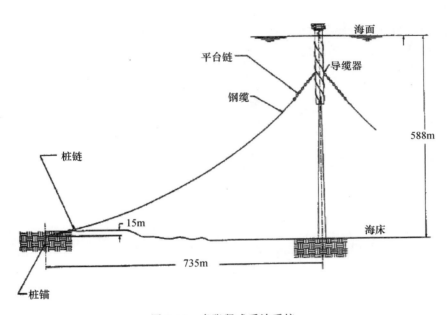

图 8-42　半张紧式系泊系统

当设计极端环境条件来袭时，Spar 平台将偏离静平衡位置而产生大幅度的偏移，从而使一部分系泊缆承受较大的荷载，而其余的系泊缆承受较小的荷载，呈现松弛的状态。对于承受较大荷载的系泊缆，其最大张力将接近破断荷载，而锚所受的最大张力也将接近锚的承载能力，且锚的最大拔出角将远远超过传统拖曳埋置锚的容许值。对于张力最小的系泊缆，可能发生触地现象，即下端锚链的相当一部分将接触海床，这种动态自然触地与系泊缆的运动有关，它将引起锚链的磨蚀和额外的磨损。除了其他形式的损伤外，系泊缆的破断问题仍然是其主要的失效形式。因此，系泊缆必须能够承受可能引起突然破断（非渐进性损伤引起的破断）的暴风环境条件。

Spar 平台的浪致运动响应和涡激运动（VIM）都会引起系泊缆张力的变化，长期的环境动态响应会引发系泊缆的疲劳破坏,这是包括 Spar 平台系泊系统在内的所有永久系泊系统都存在的问题。

8.4.2 系统功能

Spar 平台的系泊系统除了具有与半潜式生产平台系泊系统同样的定位功能外,还具有其他一些功能,这些功能是 Spar 平台安装就位后进行不同形式和不同位置的钻/完井和修井作业所要求的。

一座 Spar 平台有若干个功能——钻井、完井、修井和/或生产。对于典型的干树 Spar 平台,除生产功能外,一般均具有钻井(全钻井或限制钻井,如侧移钻井)和/或完井以及修井功能。不仅功能要求影响 Spar 平台的设计承载能力,作业理念和方法也对其有较大的影响。因此,壳体和甲板的尺寸也影响设计环境条件的选择及系泊系统的设计。如"Diana-Hoover"号、"Genesis"号、"Holstein"号和"Mad Dog"号等 4 座 Spar 平台具有全部钻井功能,"Horn Mountain"号具有完井和侧钻功能,而 Kerr-McGee 公司 3 座在役的 Spar 平台仅具有完井功能,对于"Horn Mountain"号'和 Kerr-McGee 公司的这 3 座平台,如果平台就位后需要钻新井,则可以通过系泊系统将平台侧移让出井口位置,然后由移动式钻井设备来完成钻井作业(见图 8-43)。不同的功能要求和油气处理能力造成了这些 Spar 平台的尺寸有

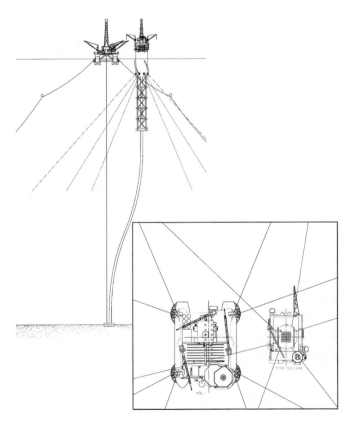

图 8-43　Spar 平台安装后钻井方法

较大的差异,此外,Kerr-McGee 公司的这 3 座平台是按照非飓风季节进行完井作业设计的,该作业理念使平台的 100 年一遇环境条件按没有井架设计,从而导致较小的风荷载,而有井架时则采用 50 年一遇的环境条件。

侧移钻井是 Spar 平台的功能之一,在役的 Spar 平台中,有 4 座("Neptune"号、"Nansen"号、"Boomvang"号和"Horn Mountain"号)具有侧移钻井功能。具有此类功能的 Spar 平台系泊系统设计需要给予特别的注意,尤其是采用分布式系泊系统的移动式钻井平台进行侧移钻井。

确定侧移钻井的重要参数包括 Spar 平台的设计侧移方向和距离以及最大设计侧移钻井环境条件。根据与钻井和完井程序相关的井进入要求,也可以设计多个侧移方向,而设计侧移距离则取决于下列因素:

(1)钻井平台的主要特征及其系泊/定位系统类型以及钻井平台完成侧移钻井的性能。

(2)海底井口布置。

(3)相对于海底井口和环境荷载方向的侧移方向。

(4)设计侧移钻井环境条件。

(5)两平台的最小间距要求。

DNV 规范 POSMOOR 规定的最小间距为 10m,但业主的规格书往往提出更大的最小间距要求。

设计侧移钻井环境条件包括:

(1)侧移绞车作业的最大设计环境条件。

(2)侧移钻井作业的最大设计环境条件。

(3)侧移待命(一般指生产未停,但钻井平台已就位待命)的最大设计环境条件。

(4)Spar 平台在侧移位置的最大设计侧移环境条件。

侧移钻井一般选择非飓风季节作业,并将 Spar 平台的修井机移除以减小受风面积。系泊系统设计时,一般只考虑系泊系统处于完好状态时进行侧移钻井。侧移钻井要求绞车具有足够的能力,并采用主动系泊系统。同时,侧移钻井也决定了 Spar 平台系泊系统设计的两个参数——导缆器两侧的最小锚链长度和张紧器能力。此外,Spar 平台系泊系统的设计必须在侧移钻井位置采用最大设计侧移钻井环境条件(100 年一遇冬季暴风)进行校核。

干树或湿树完井模式在很大程度上决定了 Spar 平台及其系泊系统的设计。因为,湿树 Spar 平台比干树 Spar 平台设计容许有较大的运动幅度,此外,干树 Spar 平台的顶张式立管水动力荷载将部分传递到平台上而叠加到壳体水动力荷载中,且立管和平台的运动是水动力耦合的,耦合的强度与众多因素有关。不仅上述因素对 Spar 平台的系泊系统设计有较大影响,而且,系泊系统设计与直接由 Spar 壳体支撑的顶张式立管(SSVR)系统设计也是相互影响的。干树 Spar 平台的油井系统将影响系泊系统的设计,如大水深条件下,当 Truss Spar 的浮筒(顶张式立管张紧装置)长度受到垂荡板限制(避免浮筒与垂荡板在运动过程中接触)时,通常采用轻质合金或增大浮筒直径的方法来提供顶张式立管所需的预张力。如果增大浮筒直径,则势必要增大中央井的尺寸,从而增大壳体直径,导致水动力荷载增大,此外,伸出硬舱的浮筒也将增大立管系统的水动力荷载,这些因素都将影响系泊系统的设计。

干树井的海底井口布置也影响系泊系统的设计,如相邻井的海底井口间距一般应大于水深的 1%,以避免立管干涉,而在 Spar 平台甲板上的间距则要考虑跨接管的碰撞和浮筒的直径。对于个别井的钻井或完井,需要通过调整系泊系统而将 Spar 平台直接定位在井的上方(见图 8-44),具有这种功能的系泊系统被称为主动系泊系统。因此,海底井口的布置应尽可能减小对钻完井顺序的约束,以最大限度地减小发生干涉的可能性以及 Spar 平台完井作业的位置平移或系泊系统的调整幅度。

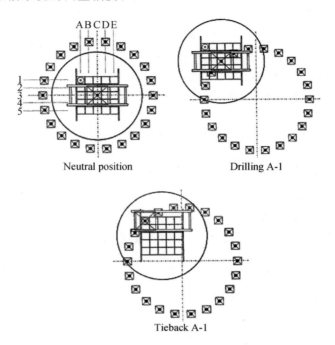

图 8-44　Spar 平台的钻完井位置

　　Spar 平台的最大偏移量是立管行程的主要因素。最大偏移与最大纵摇/横摇叠加造成立管龙骨的最大张力/弯矩和应力接头的最大弯矩。因此,从顶张式立管的设计考虑,希望 Spar 平台的偏移范围和最大纵摇角越小越好。例如,对于 Spar 平台支撑的干树完井立管,系泊系统设计的合理目标是:系统完好时的最大偏移量为水深的 5%,一根锚链破断时为 7%。对于钻井和完井作业,需要进一步减小偏移范围,这在很大程度上决定了系泊系统的设计。

　　一个好的系泊系统设计首先应该满足设计标准、性能要求和安装条件,其次要尽可能地降低安装成本。然而,系泊系统成本的最小化并不是也不可能依赖仅仅考虑系泊系统自身的要求来实现,必须考虑系泊系统的性能和成本对 Spar 平台其他系统的影响,特别是立管系统。

　　Spar 平台不仅有干树井采油、注水的顶张式立管,还有湿树井采油、注水以及油气输出的悬链式立管,也包括控制水下生产系统的脐带缆(见图 8-45)。由于悬链式立管和/或脐带缆的数量随着油田的开发进程而变化,新增立管和/或脐带缆由于悬挂位置的限制往往引起平台的不平衡静荷载,这些不平衡荷载的垂直分量由平台的浮力来平衡,而水平分量则必须由系泊系统来平衡。因此,系泊系统设计时必须考虑这些变化中的不平衡荷载。通常可采用不同的锚链预张力来平衡这些不平衡荷载,当然,这也就造成了系泊系统的不对称配置

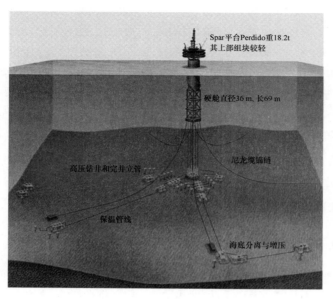

图 8-45　Spar 平台的立管系统

和/或不同的锚链尺寸。工程经验表明,这些立管创造的不平衡荷载与 Spar 平台总的环境条件密切相关,对系泊系统的配置和锚链尺寸有相当大的影响。

目前在役的 Spar 平台系泊系统设计均没有将在位更换作为设计要求来考虑,尽管要求系泊系统有备件(由于交货周期长,一般规定整根有护套钢缆/尼龙缆须有备件)以防止安装过程中可能产生的损伤,但系统并没有提供一根缆损伤后现场更换组件的机构。Truss Spar"Nansen"号和"Boomvang"号安装时发生的事故促使 Spar 平台系泊系统设计有了变化——在水下设置了连接件,从而有利于尼龙缆的安装和试验镶嵌段的在位回收,或发生损伤后更换。

8.4.3　设计寿命

系泊系统的设计服役寿命关系到设计疲劳寿命、系统配置和系泊缆尺寸以及硬件的选配。对于永久系泊系统,组件的最小疲劳安全系数根据其是否可现场检查和更换分别取 3 或 10,从而影响硬件的选配。例如,无挡锚链的疲劳性能和重量有效性(强度与重量的比值较大)均优于有挡锚链,因此,在役 Spar 平台无一例外地采用了无挡锚链。有挡锚链经常发生由于高应力集中引起的链挡松动及疲劳损伤问题,这些问题严重地影响了锚链的强度和疲劳性能。

对于张紧式系泊系统,系统的疲劳设计寿命决定了系统设计,因此,系泊缆的尺寸和/或系统配置必须根据设计疲劳寿命来调整。在役 Spar 平台的设计服役寿命均≥20 年,这些平台的系泊系统均基于服役期内不发生因强度、疲劳、腐蚀和磨损问题而更换的假定设计的。因此,采用了有护套的钢缆/尼龙缆以确保足够的设计寿命。设计寿命也影响腐蚀和磨损裕量的选取,从而直接影响到系泊缆的尺寸设计。API RP 2SK 和 DNV POSMOOR 建议的腐蚀裕量为 0.4mm/年,而工程经验表明,在浪溅区,腐蚀裕量应取 0.6～0.8mm/年。对于平台一侧的锚链,需要增加 6mm 的磨损裕量。腐蚀和磨损裕量一般仅用于钢锚链,而有护套的钢缆通常不设计此类裕量。对于有防腐措施(一般采用阴极保护)的系泊缆连接件,如果合理地选择了疲劳曲线,则一般不再考虑腐蚀裕量。所有腐蚀和磨损裕量都将减小锚链的有效尺寸,从而减小其最小破断荷载。即一根设计寿命为 20 年的 150mm R4 无挡锚链,在扣除 0.8mm/年的腐蚀和磨损裕量后,其有效尺寸减小为 134mm,如果其产品的名义最小破断荷载为 20 194kN(4 540kips),则其有效最小破断荷载减小至 16 902kN(3 800 kips)。而疲劳计算时,如果锚链制造商不能提供项目认证机构认可的试验数据,则应采用 134mm ORQ 锚链的破断强度来计算系泊缆的张力比。

8.5　水动力性能

8.5.1　水动力特性

Spar 平台的设计理念是重心低于浮心,因此,其完整稳性是自然满足的。为了避免破舱导致的浮心降低且重心提高而引发的稳性丧失,通常在作业吃水线的 +5m 和-3m 的范围设置损伤舱室,使其满足破舱稳性要求。由于浮体结构发生纵/横摇运动时,浮心始终是向着稳心移动的,因此,只要满足重心低于浮心的要求,Spar 平台就是无条件稳定的。

Spar 平台采用张紧或半张紧式系泊系统系泊,因此,由系泊系统提供复原力/矩的平面内运动自由度——纵荡、横荡和首摇的固有周期较长(>100s),其水动力特性与半潜式平台等具有相同系泊形式的平台相同。而横摇、纵摇和垂荡 3 个由浮力提供复原力/矩的运动自由度受其独特的壳体结构(深吃水)影响,与半潜式平台有较大的区别——横/纵荡和垂荡周期较长(横/纵荡周期为 50~70s、垂荡周期 20~50s)。因此,其运动响应能够满足应用干树立管的要求。

8.5.2　波浪响应

Spar 平台的波浪响应主要表现为波频运动和低频运动(二阶慢漂)两种形式,由于纵荡、横荡和首摇运动的固有周期较长,因此,其波频响应较小(<3%水深),但对低频(二阶差频)波浪荷载(平均漂力)的响应较大(<6%水深),生存工况的二阶慢漂可达水深的 10%。

Spar 平台的横摇和纵摇固有周期也远远大于波浪周期,因此,其波频和低频响应均较小。而垂荡固有周期一般为 20~30s,因此,其波频响应较大,通常采用垂荡板来增大垂荡阻尼从而达到减小垂荡响应的目的。

Spar 平台波浪响应的一个特殊问题是垂荡和纵摇的耦合运动响应,当垂荡固有周期为纵摇固有周期的 1/2 时,垂荡和纵摇的运动耦合最强烈,使无法耗散的垂荡运动能量大量转化为纵摇运动能量,从而导致纵摇运动的不稳定,被称为 Mathieu 不稳定。避免产生 Mathieu 不稳定运动的途径有减弱垂荡与纵摇之间的运动耦合和/或增大垂荡阻尼,最大限度地消耗垂荡能量,减少转移到纵摇运动的能量。目前,减弱垂荡与纵摇运动耦合的方法主要是通过纵摇固有周期设计来实现的,即设计纵摇周期远离 Mathieu 不稳定条件($T_{pitch} = 2 \times T_{heave}$)。而增大垂荡阻尼则主要是通过垂荡板的设计——垂荡板的数量、间距、厚度和开孔率等来实现的,即提高垂荡板的阻尼效率。

8.5.3 涡激运动

涡激运动是 Spar 平台比较突出的水动力问题——流致运动响应,用突出来描述 Spar 平台的涡激运动不仅因为其运动幅度大,是 Spar 平台设计中必须认真对待和解决的问题,而且因为其运动的特殊性——大直径和高雷诺数(6×10^7)。

Spar 平台涡激运动的主要形式是横荡和纵荡。由于横荡和纵荡的固有周期均为 $100 \sim 200s$,而涡旋脱落的频率一般为 $0.001 \sim 0.03Hz$(按 $0.2 \sim 2m/s$ 的流速计算),即涡激升力的周期范围为 $30 \sim 1\,000s$,因此,Spar 平台的涡激运动极易发生锁定现象,造成大幅度的涡激振荡。

由于 Spar 平台的直径较大,其辐射和绕射问题导致现有的涡激振动分析方法不能直接应用,因此,目前通常采用计算流体动力学(CFD)方法进行分析计算,而高雷诺数条件下的湍流边界层问题和大位移流固耦合问题仍然是 CFD 方法面临的挑战。

Spar 平台的涡激运动是结构设计时必须考虑并采取适当的措施予以解决的问题,但由于高雷诺数条件下的涡激振动理论尚不完善,大直径和高雷诺数的分析和试验方法尚没有得到很好地解决,因此,Spar 平台的涡激运动问题只能通过小比例模型的对比试验来近似地研究涡激运动抑制方法的有效性。此处的"近似"主要是指模型与原型之间的相似性问题,基于目前的试验条件,尚无法解决雷诺数相似的问题,且大直径带来的绕射和辐射现象也是目前的试验条件不能正确模拟的问题。

目前,Spar 平台的涡激运动是采用在壳体外侧设置螺旋侧板(spiral strake)的方法来抑制的。

第 9 章

船形结构装备

9.1　概述

　　船舶是最早用于海洋石油开发的浮式结构,船舶也是一些浮式油气开发装备的研发基础,正如第 2 章中所介绍的,半潜式平台就是从船舶直接演变而来的。不仅如此,船形结构也是深水油气开发装备中,功能最多、应用最广的一种浮式结构形式,从海上油气勘探一直到开发生产,船形结构无处不在。因此,船形结构装备也是一个大家族,其家族成员远远超过了半潜式平台。在第 3 章～第 5 章中,我们在所有功能——钻井、生产、建设、维护——的浮式结构中,都能看到船形结构装备的身影。除了半潜式平台具有的功能(钻井、生产、油田建设、生产维护)外,船形结构装备还具有勘探和油气储运功能。

　　船形结构的大舱容和快速性特点是其能够在深水油气开发中大显身手的主要优势。当然,船形结构的水动力性能也使其应用受到了很大的限制,这也是其他浮式平台能够异军突起,在深水油气开发中占有一席之地的原因所在。不过,随着船舶技术及其附属装备的发展,船形结构在深水油气开发中的作用将进一步得到发挥,从而促使古老的船舶行业不断焕发出更加灿烂青春。

　　本章将按船形结构装备的功能及其在深水油气开发中的作用来详细介绍这些装备的结构特点及其附属装置的结构形式。

9.2　钻井船

9.2.1　船形壳体

　　钻井船是最早用于海洋油气开发的浮式油气开发装备,也是首次应用动力定位系统的浮式油气开发装备。船形结构由于横浪向的水动力性能较差,因此,早期的钻井船主要用于勘探井的钻井作业。由于钻勘探井的主要任务是钻取岩心,不执行完井作业,故钻井周期较短,并能够充分发挥船形结构机动性好的特点,因此,船形结构成为其首选。而不执行完井作业也使得仅执行勘探井钻井作业的钻井船功能单一——钻取岩芯,因此,不配备完井设备,使得此类钻井船的船体结构比较小。由于勘探井的钻井周期短,而转移范围大,因此,对此类钻井船的快速性有一定要求。故而,此类钻井船的船体结构具有一般工程船的特征(见图 9-1)——船首曲面以减小兴波阻力及有利于波浪外翻为目标曲面,且船首的舷墙较高,而作业甲板的干舷较小。由于钻井船的可操纵性(转弯半径)对其功能(钻井作业)的实现和性能(大范围快速转移)的提高并无太大的影响,为了提高钻井作业时的稳性,一般选择较大的方形系数。

图 9-1　勘探井钻井船

随着动力定位技术的发展,船形结构的稳性有了很大的改善,使得钻井船具备了执行开发(生产)井的钻井和完井作业能力,因此,具有执行开发井钻井能力的钻井船,其甲板设施齐备(钻完井模块),导致此类钻井船的吨位远远大于仅具有勘探井钻井能力的钻井船,其船体结构更接近于商船(见图 9-2)。为便于钻井作业并保持钻井船的荷载对称,钻井船的中部设有月池(Moon pool),月池一般采用矩形结构,与半潜式钻井平台的甲板月池相似(见图 9-3),但半潜式钻井平台的月池位于水线面之上,而钻井船的月池位于水线面之下。因此,作业时,钻井船的月池下半部分位于水中,与 Spar 平台相似,而巡航时则关闭月池下舱门,以避免水池内水体的影响。

除了传统的船体结构外,挪威乌斯坦海洋工程公司(Ulstein Sea of Solutions)在 X-船首(X-bow®)的油田维护船(见图 9-4)和修井船(见图 9-5)基础上,设计开发出 X-船首钻井船 XDS3600(见图 9-6)。X-船首与传统船首的外翻内凹形曲面正好相反,采用了内收外凸形船首曲面,从而大大减小波浪的拍击力。此外,X-船首能够减小纵摇/垂荡的加速度和速度损

图 9-2　开发井钻井船

失(见图9-7),从而在相同燃料消耗的条件下提高了巡航速度(14节)或减小了燃料消耗(见图9-8)。而且,由于船首是由下至上向后倾斜的曲面设计,因此,不仅减小了波浪的拍击,而且减小了船首入水的冲击(见图9-9),使船舶入水更平稳,从而降低了噪声及振动,提高了作业和生活的舒适度。

图9-3　半潜式钻井平台甲板月池

图9-4　X-船首工程船

图9-5　X-船首修井船

图 9-6　X-船首钻井船 XDS3600

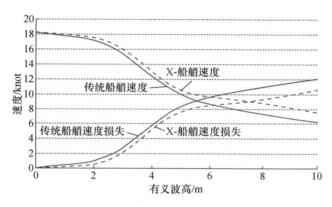

图 9-7　X-船首与传统船首的速度损失比较

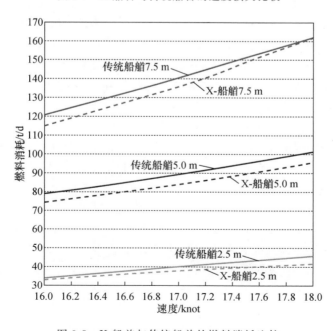

图 9-8　X-船首与传统船首的燃料消耗比较

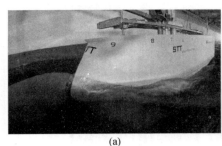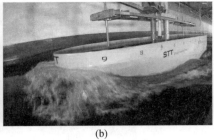

(a)   (b)

图 9-9　X-船首与传统船首的拖曳试验比较

(a) X-船首　　(b) 传统船首

　　船形结构是钻井船家族的主要成员,以传统的商船形结构为主。钻井船不仅在海上油气勘探领域发挥着主力军的作用,而且在海上油气田开发领域也发挥着重要的作用,迅速发展成为与半潜式钻井平台并驾齐驱的海上钻井队伍(目前,全球在役的半潜式钻井平台为200 多座,在役的钻井船 126 艘,到 2020 年,半潜式钻井平台预计将达到 249 座,钻井船也将达到 174 艘)。不仅如此,钻井船还有着半潜式钻井平台无法比拟的优势——大的可变甲板荷载和快速性。大的可变甲板荷载来自其大舱容,快速性得益于其船体结构和推进系统,当然,可操纵性也优于半潜式钻井平台。目前,钻井船最大的可变甲板荷载达到了 26 000t,最大航速达 14kn;而半潜式钻井平台最大的可变甲板荷载仅为 9 600t,最大航速为 10kn。

9.2.2　圆筒形壳体

　　圆筒形壳体的钻井平台(见图 9-10)是挪威赛万海洋工程公司(Sevan Marine)开发的系列产品.它的问世为钻井船家族增加了新的成员,尽管有人将其归类为半潜式钻井平台,但无论结构特点(大舱容)还是性能特点(高可变甲板荷载),圆筒形钻井平台都更接近钻井船的特征,因此,本章按结构形式划分将其编排在钻井船一节。当然,圆筒形钻井平台除壳体结构外,也有一些与钻井船不同的特征,如吃水和水动力性能,其吃水大于钻井船吃水,与半潜式钻井平台的吃水相近,而水动力性能则优于钻井船和半潜式钻井平台。目前,3 座在役和 1 座在建的圆筒形钻井平台为 Sevan 650 系列,赛万海洋工程公司正在开发圆筒形极地钻井船(见图 9-11),在冰环境下更能发挥圆筒形结构的优势。

　　圆筒形钻井平台的壳体结构是由一个等直径圆柱壳和一个外翻的圆台壳组成,壳体的双层底直径略大于筒体直径,形成一龙骨凸台结构(见图 9-12)。其外翻圆台壳的作用与船首外翻结构的作用相同——减少上浪,而龙骨凸台的作用则是为了改善结构的垂荡性能。在壳体结构的中部设有一个圆形月池(见图 9-13),因此,圆筒形钻井平台的壳体实则为一圆环形结构。壳体采用圆形月池主要是为了保持结构对称性且便于建造,而甲板的月池则考虑钻台作业需要采用与半潜式钻井平台相同的矩形月池(见图 9-14)。

　　由于圆筒形壳体结构是轴对称的,因此,舱室的划分也采用了轴对称的形式,径向由一个中间舱壁分隔为两层舱室——内货舱和外货舱,环向则根据钻井工艺及其设施配备的需要划分为若干个大小不等的舱室(见图 9-13)。

图 9-10　圆筒形钻井船

图 9-11　圆筒形极地钻井平台

图 9-12　圆筒形钻井平台壳体结构

图 9-13　圆筒形钻井平台的舱式结构

图 9-14　矩形甲板月池

9.3　FPSO/FLNG

9.3.1　船形壳体

　　FPSO 是柔性开发系统的水面设施,是水下生产系统的主平台。与半潜式生产平台相比,FPSO 的储油能力是其能够在柔性开发系统中占有半壁江山的主要优势。其次,FPSO 的大甲板面积及其可变载能力使其能够适应不同油田的开发需要,从而不受"定制"的制约,因此,FPSO 主要用于基础设施(海底管线及生产设施)较薄弱的油气田或距已开发油气田较远的油气田开发,依靠穿梭油轮来实现原油产品的运输。而非定制性使其能够在不同油田服役,在一个油田退役后仍可用于其他油田的开发。目前,一些海洋工程公司已开始自行建造 FPSO 开展租赁业务,并负责运行管理,而油公司则可以根据油气田的开发计划租用 FPSO 从事开发活动。

图 9-15　油船改建的 FPSO

　　船形 FPSO 有改建和新建两个入伍渠道,由于 FPSO 是永久/长期系泊的生产设施,对船速或阻力没有要求,因此,改建的 FPSO 主要是由中、大型油轮为船体,通过加装油气处理设备和单点系泊系统而建成的,因此,其壳体结构为油轮型(见图 9-15);而新建 FPSO 的壳体则一般采用简单的曲面,如柱面(见图 9-16)或平面(见图 9-17),以便于建造。

　　FPSO 的油气处理设施位于甲板上,舱室则全部用于油气产品的储存。由于船形结构的舱容和甲板面积及其承载能力较大,因此,最大船形 FPSO 的储油能力可达 230 万桶(约 33 万吨),生产能力可达 25 万桶/(约 3.6 万吨)。即在气象条件不允许穿梭油轮出海的条件下,它可以连续生产 10 天,这是其他浮式平台无法比拟的,特别是张力腿平台——必须有连续输出条件。

　　与具有钻井功能的半潜式生产平台(如"Thunder Horse"号)相似,也有具有钻井功能的 FPSO,被称为 FDPSO。由于钻井的需要,FDPSO 设有月池,故 FDPSO 均为新建船体,其船

图 9-16　柱面船首 FPSO

图 9-17　平面船首 FPSO

首曲面也采用便于建造的简单曲面,如柱面(见图 9-18)和平面(见图 9-19)。

图 9-18　柱面船首 FDPSO

图 9-19　平面船首 FDPSO

　　FLNG(见图 9-20)是液化天然气的生产船,主要用于天然气的开发生产。由于天然气是以常压低温(－162℃)的液态形式储存的,因此,FLNG 虽然船型与 FPSO 相同,但其结构与 FPSO 有较大的区别。当然,甲板上的生产设施也不尽相同。FPSO 虽然具有油气分离和气体压缩功能,但不具备天然气液化和储存功能,因此,适用于天然气含量较少的油田,生产过程中产生的少量天然气除自用外,一般采用回注或燃烧的方法处理。如果距陆地 LNG 终端较近,也可以采用压缩后通过海底管线输送至 LNG 终端。而对于离岸较远的天然气田或以天然气为主的油气田,则只能采用 FLNG 来实现天然气的开发生产,再通过 LNG 船转运至陆地。

图 9-20　世界上第一艘 FLNG

　　FLNG 与 FPSO 的主要结构差别在于产品储存的舱室结构及材料,LNG 储存容器有自撑式和薄膜式两种。其中自撑式又分为 A 型和 B 型,A 型为棱形(IHI SPB 型)、B 型为球形(MOSS 型),薄膜式也称为 GTT 型(见图 9-21)。其中,薄膜舱和球形舱主要用于 LNG 船(见图 9-22),而 FLNG 的甲板上需安装天然气液化装置,故薄膜舱和球形舱显然不适合 FLNG,因此,FLNG 多采用棱形舱(见图 9-23)。此外,为了适应低温环境,FLNG 的货舱内壁需采用低温韧性较好的材料建造,目前,常用的 LNG 储罐内衬材料为铝合金、镍钢合金和不锈钢。

9.3.2　圆形壳体

　　圆形壳体 FPSO(见图 9-24)是挪威赛万海洋工程公司率先开发出的圆筒形系列深水浮

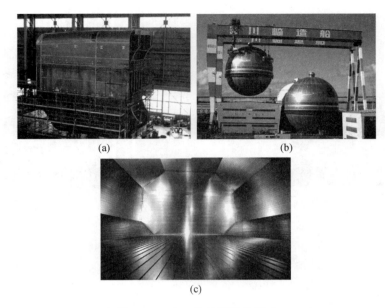

图 9-21　LNG 的储罐结构形式

（a）SPB 型　（b）MOSS 型　（c）GTT 型

图 9-22　LNG 船

（a）MOSS 型液舱　（b）GTT 型液舱

图 9-23　SPB 型液舱的 FLNG

式结构,包括 Sevan 300 系列、Sevan 400 系列和 Sevan 1000 系列。这 3 个系列产品的差异在于生产和储油能力,其结构形式是相同的。因此,3 个型号产品的区别主要是壳体尺寸不同。Sevan 300 的筒体直径为 60m,甲板面积为 3 200m²,甲板承载能力为 5 000t(第 1 台 Sevan 300"Piranema"号的外翻圆台高度较低(见图 9-25),故甲板面积为 2 800m²,但甲板承载能力为 5 000t),排水量 55 000t;而 Sevan 1000 的筒体直径为 90m,甲板面积为 9 000m²,排水量 210 000t。由于没有钻井装备,因此,圆筒形 FPSO 没有中央井,是一个整体的圆筒形壳体结构(见图 9-26)。为了避免舱壁的"十字"交叉,在壳体的中部设置了一个芯柱,且内外层舱室的径向舱壁不共线。当然,为了便于建造,有时也采用内外层舱室的径向舱壁共线的建造方案(见图 9-27)。

在圆筒形 FPSO 和圆筒形钻井平台的基础上,赛万海洋工程公司又开发出了圆筒形 FDPSO(见图 9-28)。由于 FDPSO 是 FPSO 和钻井平台的组合,因此,圆筒形 FDPSO 的直径(93m)远远大于同级别(生产和存储能力)的圆筒形 FPSO(60m)。此外,赛万海洋工程公司也开发出了圆筒形 FLNG(见图 9-29),其液舱呈轴对称布置(见图 9-30),可采用 SPB 型或 GTT 型液舱结构。

图 9-24　圆筒形 FPSO

图 9-25　圆筒形 FPSO 'Piranema'

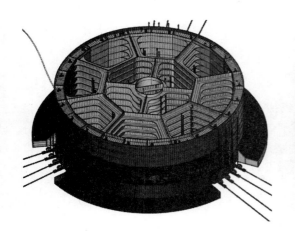

图 9-26　圆筒形 FPSO 的壳体结构

图 9-27　径向舱壁共线的建造方案

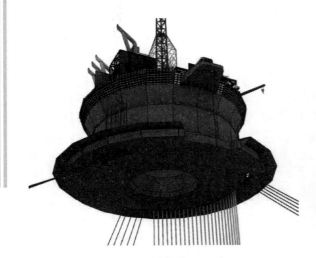

图 9-28　圆筒形 FDPSO

图 9-29　圆筒形 FLNG

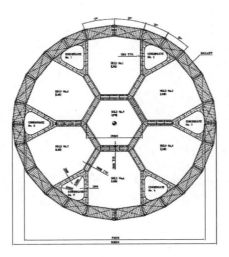

图 9-30　圆筒形 FLNG 的液舱结构

9.4　工程船

　　海洋油气开发所涉及的工程船种类较多,包括起重船、铺管船、修井船、水下建设船、潜水支持船、抛锚船、钻井辅助船、检查维护船、生产支持船和起重生活船等,这些工程船可分为两大类——施工船和辅助船。施工船中有些是海洋油气开发的专用船舶,如铺管船和修井船,而其他则为海上施工的通用船舶。因此,本节仅介绍铺管船、修井船和起重生活船。

9.4.1　铺管船

　　按照铺管方法区分,深水铺管船有 S-Lay 铺管船、J-Lay 铺管船和 Reel lay 铺管船(见图 9-31)。由于钢管的 Reel lay 铺设方法是由柔性管(金属或非金属复合管)铺设方法发展起来的,因此,Reel lay 铺管船包括刚性铺管(rigid lay)和柔性铺管(flex lay),两者的区别在于铺管系统(Pipelay system)。刚性铺管系统的主要结构是矫直机(Straighter),而柔性铺管系统的主要结构是铺设塔(Lay tower,见图 9-32)。由于铺设刚性管的 Reel lay 铺管船也能够铺设柔性管,而铺设柔性管的 Reel lay 铺管船不能铺设刚性管,为了便于区分,通常将铺设柔性管的 Reel lay 铺管船称为柔性铺管船(Flex lay)。柔性管铺设有两种方式——垂直铺设和水平铺设,垂直铺设的 Flex lay 铺管船配有铺设塔,而水平铺设的 Flex lay 铺管船则由张紧器控制入水(见图 9-33)。

图 9-31　深水铺管船

（a）铺管方法　　（b）铺管船　　（c）Reel lay 铺管船

図 9-32　Reel lay 铺管系统

（a）矫直机　　（b）铺设塔

(a)

(b)

图 9-33　Flex lay 铺管船

（a）垂直 Flex lay 铺管船　　（b）水平 Flex lay 铺管船

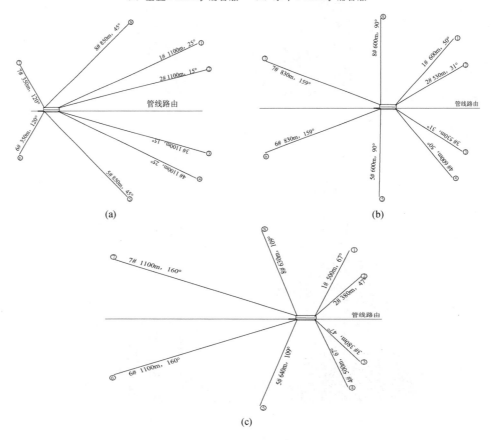

图 9-34　管线入水过程的铺管船移动方法

（a）铺管船移动起始时的系泊系统状态　　（b）系泊系统移动过程的中间状态　　（c）一段管线入水结束时的系泊状态

由于快速移动的需要,因此,4 种铺管船均采用商船型船体结构。由于铺管过程是个动态过程,管线入水时,铺管船连续移动。对于 S-Lay 铺管船和 J-Lay 铺管船,当采用系泊系统定位时,管线入水过程的移动是依赖于系泊系统的收放来实现的,如图 9-34 所示;当采用 DP 定位时,则由推进系统来实现。而对于没有管线接长能力的 Reel lay 铺管船,其管线的接长和盘卷是在盘管基地完成的(见图 9-35),因此,铺管过程是连续的,故铺管船的移动由推进系统来实现。而对于具有管线接长能力的 Reel lay 铺管船(如铺管船"Ceona Amazon"号,见图 9-36),其船上配备了与 S-Lay 相同的管线接长作业线,可以完成焊接、检验和接头保温作业。接长的管线通过船尾的圆盘导向后送至 VLS(Vertical lay system,垂直铺管系统)铺设入水(见图 9-37),为了避免接头保温的弯曲破坏,该船将接头保温作业设置在垂直铺管系统的入水端。由于管线接长作业的影响,"Ceona Amazon"号的铺管作业与 S-Lay 铺管船相似——间歇性移动,因此,其移动方法与 S-Lay 铺管船和 J-Lay 铺管船相同。对于采用垂直铺管系统的 Reel lay 和 J-Lay 铺管船,为了减小铺管船运动的影响,一般将管线入水口设置在船的纵/横摇惯性主轴处,此类船的船体中部需设置月池(见图 9-38)。

图 9-35　Reel lay 管线接长卷制

图 9-36　多功能铺管船"Ceona Amazon"号

图 9-37　"Ceona Amazon"号的铺管系统

图 9-38 "Ceona Amazon"号的月池

　　S-Lay 铺管船的特征是托管架（见图 9-39），它是管线形成"合理"的 S 形曲线的结构措施；J-Lay 铺管船的特征则是 J-Lay 塔（见图 9-40），它是形成"合理"的 J 形曲线的结构措施；Reel lay 铺管船的特征则是矫直机，它是管线入水反弯前矫直的机械设备。Flex lay 铺管船的特征是铺设塔（垂直 Flex lay）和张紧器（水平 Flex lay），它控制柔性管或脐带缆的铺设位形。

图 9-39　S-Lay 铺管船托管架

图 9-40　J-Lay 铺管船 J-Lay 塔

　　深水 S-Lay 铺管时，支撑在托管架上的管线上弓段（Overbend）已进入弹塑性变形阶段，故施工设计采用应变控制，因此，"合理"的 S 形曲线是指管线上弓段的应变满足规范要求的管线位形。由于管线上弓段的应变主要是管线张力和弯矩引起的，而其中的弯矩取决于上弓段的弯曲形状即托管架的曲率，因此，管线上弓段的弹塑性应变将随着水深和托管架曲率的变化而变化。水深越深，水下悬垂的管线越长，则由管线重量引起的上弓段张力也越大，从而应变越大；而托管架的曲率越大，管线上弓段的弯矩也越大，从而应变越大。因此，减小管线上弓段应变的途径有两个，一是减小管线的重量，二是减小托管架的曲率。随着湿式保温和电偶加热技术的成熟,并考虑到管线的在位稳定性,减小管线重量的方法仅剩增加悬垂段浮力了。这意味着,减小托管架的曲率肩负着形成"合理"的 S 形曲线的重任。

S-Lay 铺管时,为了避免管线的折损,必须保证 S 形曲线的光滑。因此,不同水深条件下,管线的入水角是不同的,水越深,管线的入水角(托管架末端切线与水平线的夹角)越大(见图 9-41),当水深达到一定深度时,管线的入水角达到 90°的极限值。这是因为,在相同的水深条件下,管线的入水角越小,所需的张紧器张力越大,因此,水深较大时,张紧器的张力主要用于平衡管线的重量,而无力保持较小的入水角。由于在相同的入水角条件下,托管架越长(半径越大),其曲率越小。所以,深水 S-Lay 铺管船均采用增大托管架长度的方法来减小管线上弓段的曲率,以减小弯曲应变。同时,采用大的入水角可以最大限度地减小张紧器的张力,即管线的张力,从而减小拉伸应变。

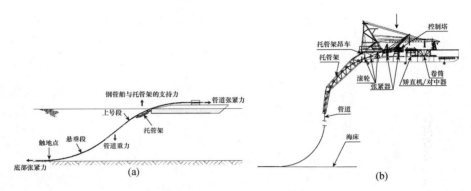

图 9-41 不同水深的 S 形曲线形状

(a) 浅水 (b) 深水

由于 J-Lay 铺管方法没有上弓段,因此,J-Lay 铺管的控制参数是悬垂段(Sagbend)的应力(悬垂段在不发生屈曲的条件下是处于弹性变形阶段)。早期的 J-Lay 铺管沿袭了 S-Lay 铺管方法,采用调节 J-Lay 塔倾角的方法来改变管线入水角(见图 9-42),以适应不同水深的需要,因此,J-Lay 铺管船均采用可调节倾角的 J-Lay 塔。经过多年的工程实践,人们发现,S-Lay 铺管的管线入水角已达到 90°,其悬垂段的应力仍能够控制在规范要求的范围内,因此,J-Lay 铺管的趋势是垂直入水(见图 9-43),这与柔性管的垂直 Reel lay 管线位形相同,从而出现了多功能铺管系统——垂直铺管系统(VLS),成就了 J-Lay 和 Reel lay 多功能铺

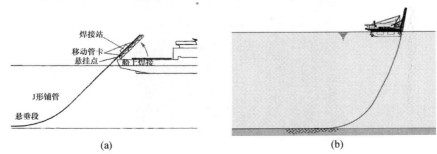

图 9-42 不同水深的 J 形曲线形状

(a) 浅水 (b) 深水

管船。

　　Reel lay 铺管方法开发之初是铺设柔性管和脐带缆的,因此,不需要矫直机构,由张紧器控制管线铺设位形。但用于刚性管铺设时,由于钢管在卷绕到卷盘上时产生了塑性应变,因此,铺设入水前必须将这部分弯曲变形拉直,才能使铺设的管线平整。管线的矫直方法与船舶建造过程中的型材矫直方法相同,因此,矫直机是由多个张紧器(见图 9-44)或交叉布置的履带式滚轮(张紧器的一个轮组)组成的。Reel lay 铺管船主要用于刚性管的铺设,其管线入水方式与 J-Lay 铺管船相似——通过改变矫直机或铺设塔的倾角来适应不同水深的需要,因此,Reel lay 铺管船的矫直机位于船尾。而 Flex lay 铺管船主要用于柔性管的铺设,且有垂直铺设和水平铺设等不同的管线入水方式,因此,Flex lay 铺管船的铺设塔有不同的布置方案——船中部、船尾和舷侧(见图 9-45)。

图 9-43　J-Lay 的垂直入水铺设　　　　图 9-44　垂直铺管系统张紧器

(a)　　　　　　　　　　　　　(b)

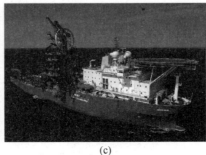

(c)

图 9-45　管线不同入水方式的 Flex Lay 铺管船

(a)管线在船中部的月池入水　　(b)管线在船尾入水　　(c)管线从舷侧入水

上述 3 种铺管船只能完成特定方法的铺管作业,而多功能铺管船(见图 9-46)则可以完成两种方法(S-Lay 和 J-Lay 或 J-Lay 和 Reel lay)的铺管作业。其中,S-Lay/J-Lay 铺管船的托管架和 J-Lay 塔是独立的[见图 9-46(a)],而 J-Lay/Reel lay 铺管船的 J-Lay 塔和 Reel lay 矫直机是组合式的[见图 9-46(b)],称为多功能铺设塔(见图 9-47),相当于在 J-Lay 塔的基础上配备了矫直机构(见图 9-48)。

(a)   (b)

图 9-46　多功能铺管船

(a) S-Lay 和 J-Lay 铺管船"Seven Borealis"号　(b) J-Lay 和 Reel lay 铺管船"Aegir"号

图 9-47　多功能铺设塔 　　　　　　　　　图 9-48　多功能铺管船的矫直机构

除了托管架、J-Lay 塔、矫直机和铺设塔外,铺管船的主要铺管设备有张紧器(见图 9-49)、收弃(A&R)绞车和排管机(见图 9-50)以及焊接、检验和保温机具,其中,张紧器和 A&R 绞车决定了铺管船的能力(作业水深及铺管尺寸),而铺管船的铺管性能(铺管速度)则取决于管线接长的速度和一次入水管线的长度。管线接长的速度依赖于焊接、检验和保温作业线的能力,而一次入水管线的长度取决于船长(S-Lay 铺管船和具有管线接长能力的 Reel lay 铺管船)或 J-Lay 塔的高度(J-Lay 铺管船)。由于 J-Lay 塔的高度影响铺管船的稳性,因此,全球唯一一艘船形 J-Lay 铺管船"Saipem FDS"号的 J-Lay 塔高度为 52m,铺管船"Ceona Amazon"号的多功能塔高 62m,它们都只能容纳一根 4 接头的接长管线。这意味着,J-Lay 铺管船的一次入水管线长度小于 60m。而 S-Lay 铺管船的船长为 200～300m,一次入水的管线长度大于 100m。因此,S-Lay 铺管船的铺管速度大于 J-Lay 铺管船。

除了传统商船型铺管船外,Ulstein 公司开发的 X-船首铺管船为铺管船家族增添了新的成员"Polar Onyx"号(见图 9-51)。该船采用垂直铺管系统,船体中部设有两个月池,一个铺管月池,位于垂直铺管系统下方,大小为 8.0m×8.0m,另一个为 ROV 月池,大小为 4.9m×4.9m。

图 9-49 S-Lay 铺管船张紧器

图 9-50 J-Lay 铺管船排管机

图 9-51 X-船首铺管船

9.4.2 修井/增产作业船

采油井在生产过程中需要进行各种各样的修井(Well intervention)作业来维持持续的油气生产,修井作业的内容主要包括:

- 化学注入（Pumping）是最简单的修井作业，不需要向井内放置硬件设施，通常仅需将化学注入管线与采油树的压井翼阀（Kill wing valve）连接并将化学药剂注入井内。
- 井口和采油树维护是比较复杂的作业，其复杂程度取决于井口状态。每年的定期维护只需润滑和试压，有时也对井下安全阀进行压力试验。
- 钢丝作业（Slickline）用于回收遗失在井下的工具、井径切割、下放和回收井塞、设置和移除钢丝可回收阀和记忆测井。
- 连续油管（Coiled Tubing，CT）用于直接向井底注化学药剂，如循环或化学清洗。当井筒偏差过大无法依靠重力下放工具或无法使用钢丝牵引器时，钢丝作业的任务也由连续油管来完成。
- 增产作业（Stimulation）采用压裂、补充射孔、洗井和控制出砂量等措施扩大油井的出油通道，提高油井的渗透率，从而提高油井产量。

干树井的修井作业通常由其管理平台（生产平台或井口平台）上配备的钻机（具有钻井功能的生产平台）或修井机（不具备钻井能力的生产平台）完成的，而湿树井的修井作业则需依赖于修井船来完成。根据作业能力和设备，修井船可分为两大类——修井船（Well intervention vessel，见图 9-52）和增产作业船（Stimulation vessel，见图 9-53）。修井船又分为有隔水管修井船和无隔水管修井船，有隔水管修井船采用传统的修井技术和设备，可以完成全部修井作业，因此，船体尺寸较大，一般为 160m。如 Aker Solution 的"Skandi Aker"号[见图 9-52（a）]船长 156.9m；喜力能源公司（Helix Energy Solutions）的"Helix 534"号（见图 9-54）船长 167.9m。无隔水管修井船是一种轻型修井船，适用于不需要抽出油管、不需要

(a)　　　　　　　　　　　　(b)

图 9-52　修井船

（a）有隔水管修井船　（b）无隔水管修井船

图 9-53　增产作业船　　　　　　图 9-54　修井船 Helix 534

下钻杆的小修作业,由于没有安装隔水管作业,因此,大钩荷载较小,配备的是轻型井架,从而船体主尺寸较小,一般为120m。

有隔水管修井船采用修井隔水管将海底井口与修井船连接,修井隔水管的下端配有与钻井隔水管的底端总成(LMRP)相似的修井机具——修井隔水管系统(Intervention Riser System,IRS)(见图9-55)。由于修井过程没有泥浆循环,因此,修井隔水管的尺寸(7.375 in)远远小于钻井隔水管(20 in)。这意味着,对修井船的可变甲板荷载要求远远小于钻井船,目前,修井船的最大可变甲板荷载为9 000t。

无隔水管修井船采用水下修井装置(见图9-56)将钢丝绳、电缆或连续油管等小尺寸工具放入井筒中完成修井作业(见图9-57)。水下修井装置由压力控制头(Pressure control head)、上部防喷管总成(Upper lubricator package)、防喷管(Lubricator tubula)、下部防喷管总成(Lower lubricator package)和下部修井装置(Lower intervention package)组成,如图9-58所示。

增产作业船主要执行井下酸化、压裂和防砂等提高渗透率的增产作业.其作业设备包括:支撑剂储存装置(Proppant storage)、海水过滤装置(Seawater filter)、液体添加剂装置(Liquid additives)、交联剂混合装置(Continuous gel mixing)、酸液储存装置(Acid storage)、混砂系统(Blending system)、低压泵送系统(Low pressure delivery)、液氮储存装置(Nitrogen storage)、高压泵送系统(High pressure pumps)和液氮泵送系统(Nitrogen pumps)以及连接这些装置和系统的管汇等。根据这些装置和系统的作业能力,增产作业船的设备有3种布置方案——甲板布置、轻度集成和高度集成。甲板布置方案将设备全部布

图 9-55　修井隔水管系统

图 9-56　水下修井装置

置在甲板上(见图 9-59),适用于小型酸化和压裂作业的轻型增产作业船通常采用该设备布置方案;轻度集成方案将作业设备布置在甲板上,而将液体储存系统布置在甲板下(见图 9-60);高度集成方案则将设备分 3 层布置,甲板上布置两层,甲板下一层。最上层为控制室/质量控制实验室和液体添加系统及储液罐等,第 2 层为高压泵送系统、液体混合系统(混砂和混酸)、散装液体添加剂系统、高压软管滚筒和酸罐等,最下层为各种添加剂、交联剂、支撑剂储存和添加系统(见图 9-61)。目前的增产作业船没有配备钻井装备,井下压裂时需要钻井(船)平台配合作业。因此,增产作业船的船型较小(船长<100m,船宽<20m)。

修井船的另一种船形采用了 Ulstein 公司开发的 X-船首(见图 9-62),目前,X-船首修井船主要用于无隔水管修井。

图 9-57　无隔水管修井

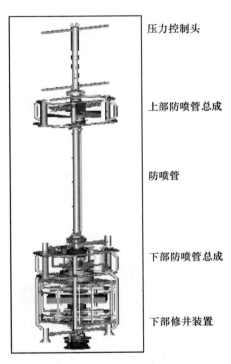

图 9-58　无隔水管修井装置

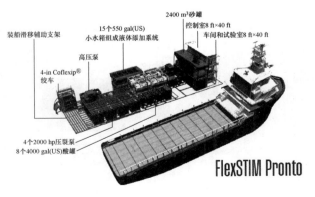

图 9-59　甲板布置方案

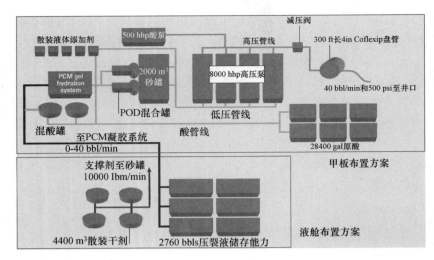

图 9-60　设备轻度集成布置方案

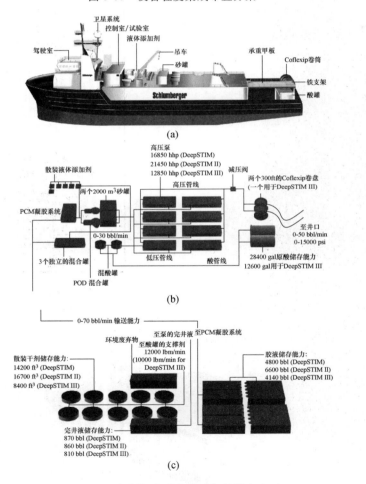

图 9-61　高度集成增产作业船的设备布置

（a）高度集成方案的一层甲板布置　（b）高度集成方案的二层甲板布置　（c）高度集成方案的甲板下设备布置

图 9-62　X-船首修井船

9.4.3　起重生活船

　　起重生活船包括船形和圆筒形两大类,船形结构水动力性能较差,但机动性能较好。因此,适合于从事那些需要频繁转场且每个作业地点的作业时间较短的生产维护作业。而圆筒形结构则正相反,其水动力性能较好,但机动性能较差。因此,适合于从事作业时间较长的生产维护作业。由于这两种起重生活船的上述特点,其数量远不及半潜式起重生活平台。

　　船形结构的起重生活船有单体船(见图 9-63)和双体船(见图 9-64)两种结构形式,其中单体船多为滚装渡轮改造而成,因此,目前全球唯有的几艘单体生活船与该船型相同(见图6-65),其船艏或船尾有舱门可通行车辆,以便于上下货物(见图 9-66),舱内则用于堆放货物及作业准备(见图 9-67)。

图 9-63　单体生活船

图 9-64　双体生活船

图 9-65　单体生活船 Patria Seaways

图 9-66　船艏舱门

　　双体生活船的结构形式兼有半潜式和船的特征,尽管该船型的开发商(Marine Assets Corporation,MAC)公司将其定义为紧凑型半潜船(Compact Semi-Submersible Vessel),但其较小的型宽(32m)和酷似船体的"立柱"还是呈现出了船的本质特征——横浪向水动力性能较差,且有舷墙设计;而缺少了半潜式结构的特征——较小的水线面和较小的长宽比(1.0～1.7)。唯一可以称其为半潜式的依据是其下船体的龙骨结构(见图 9-68),其结构酷似半潜式平台的浮箱,且整体位于水下。

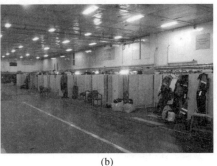

(a)   (b)

图 9-67　舱室结构及用途
(a)货舱　(b)更衣室

图 9-68　双船体的龙骨结构

圆筒形结构的生活平台是由 Sevan 公司开发的圆筒形 FPSO 改建而成的,因此,其壳体结构与 FPSO 相同(见 9.3.2 节)。目前,仅有的两座圆筒形生活平台采用 Sevan 300 设计,壳体直径为 60m,型深 27m,作业吃水 14m,甲板面积 2 200m²,100t 全回转吊机,配备了由 6 个全回转推进器组成的 DP-3 动力定位。两座平台的船名分别为 Arendal Spirit(见图 9-69)和 Stavanger Spirit(见图 9-70)。

(a)   (b)

图 9-69　圆筒形生活平台 Arendal Spirit
(a)改建　(b)试航

图 9-70 生活平台 Stavanger Spirit

9.5 系泊系统

9.5.1 概述

船形结构的系泊系统有分布式系泊（Spread Mooring）和单点式系泊（Single Point Mooring）两大类，其中，分布式系泊系统根据平台功能的不同而有悬链式（Catenary）、半张紧（Semi Taut）或张紧式（Taut）的区别。悬链式系泊系统主要用于起重铺管船等施工作业船舶和单点浮筒，而半张紧或张紧式系泊系统则用于 FPSO 等永久锚固的平台。单点系泊系统是考虑船的风向标效应而开发出的一种船形结构专用系泊形式，用于 FPSO/FLNG 等浮式生产储运设施。单点系泊系统又分为浮筒单点（Single Buoy System）和转塔单点（Turret Mooring）两大类。其中，转塔单点有固定式和浮式。此处的固定式和浮式定义与固定式平台和浮式平台的定义相同，即由基础平衡系统重力的为固定式，而由浮力平衡系统重力的为浮式；另一个区分固定式和浮式的特征是系统在正常服役条件下是否会产生刚体运动，固定式不产生刚体运动，而浮式则存在刚体运动。

固定式单点系泊系统的结构形式借鉴了桩基平台的设计理念，目前主要有两种形式——导管架式（见图 9-71（a））和单立柱式（见图 9-71（b））。其中，单立柱式的系泊刚臂（Yoke）位于水下（见图 9-72）。这两种结构的设计理念直接来自于常规导管架平台（见图 9-73（a））和简易导管架平台（见图 9-73（b））。固定式单点系泊系统仅适用于浅水，因此，本书不做详细介绍。

浮式单点系泊系统的结构形式很多，如悬链式锚腿系泊系统（Catenary Anchor Leg Mooring，CALM）、单锚腿系泊系统（Single Anchor Leg Mooring，SALM 或 Single Anchor

(a)　　　　　　　　　　　　　　　(b)

图 9-71 固定式单点系泊系统

（a）导管架式 （b）单立柱式

Leg System,SALS)、内转塔系泊系统(Internal Turret)、外转塔系泊系统(External Turret)、立管转塔系泊系统(Riser Turret)和可分离转塔系泊系统(Disconnectable Turret)。上述单点系泊系统可分为两大类——浮筒单点和转塔单点,它们既适用于浅水,也适用于深水,本章将对它们进行重点介绍。

图 9-72　单立柱式的水下结构

(a)　　　　　　　　　　(b)

图 9-73　导管架式海洋平台
(a)常规导管架平台　(b)简易导管架平台

9.5.2　分布式系泊系统

　　FPSO 的分布式系泊系统有两种布置方案——轴对称布置和差异化布置,两种方案的锚链形式有悬链式或张紧/半张紧式。轴对称布置用于圆筒形 FPSO(见图 9-74),就系泊性能而言,其布置方案与 Spar 平台相同,可采用三组或四组锚链的方案(见图 9-75),但考虑到穿梭油轮卸油时的风向标效应(见图 9-76),以三组方案为宜。至于锚链的结构与位形则与 Spar 平台或半潜式生产平台相同,均为永久锚固系统,此处不再赘述。

　　差异化布置则是专为船形 FPSO 开发的一种新型分布式系泊系统——差异化顺应式系

(a)　　　　　　　　　　(b)

图 9-74　圆筒形 FPSO 的轴对称分布式系泊系统
(a)五锚链组方案　(b)四锚链组方案

泊系统(Differentiated Compliance Anchoring System,DICAS)或多点系泊系统,该系统采用对称于船体中线面布置,也有三组和四组两种方案(见图 9-77)。其中,三组布置方案对FPSO的艏摇约束较小,艏摇响应较大,因此,仅适用于环境条件较温和的海域,如西非。多点系泊系统的锚链系船方式有两种形式——导缆孔系泊[见图 9-78(a)]和导缆器系泊[见图9-78(b)],导缆孔系泊与船舶系泊相似——锚链穿过导缆孔直接系泊于海底,而导缆器系泊则与半潜式平台相似——锚链经龙骨处的导缆轮系泊于海底。

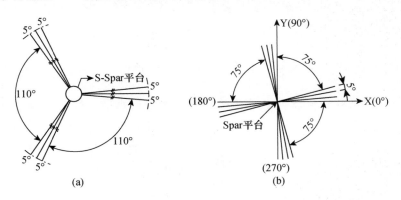

(a)   (b)

图 9-75   Spar 系泊系统方案
(a) 三组锚链方案   (b) 四组锚链方案

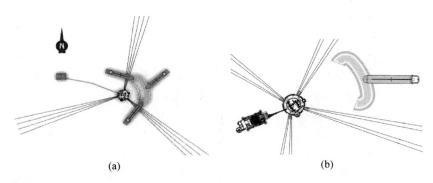

(a)   (b)

图 9-76   系泊系统对油轮风向标效应的影响
(a) 三组锚链方案   (b) 四组锚链方案

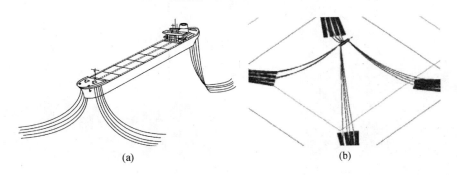

(a)   (b)

图 9-77   多点系泊的两种布置方案
(a) 三组系泊方案   (b) 四组系泊方案

 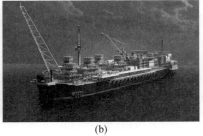

图 9-78　多点系泊的系船方式

（a）导缆孔系泊　（b）导缆器系泊

多点系泊的优点是成本低,但由于船形结构的横浪向水动力性能较差,因此,在环境条件较好的海域,可采用永久系泊;而在环境条件较差的海域则宜采用可分离(Disconnectable)系泊。目前,多点永久系泊 FPSO 应用最多的是西非和巴西,如尼日利亚的"Bonga"号(见图 9-79)和巴西的"Cidade de São Paulo"号(见图 9-80),两船均采用多点永久系泊系统,分别服役于尼日利亚 Bonga 油田的 1 250m 水深和巴西 Guara 油田的 2 140m 水深。其他海域也有采用多点永久系泊系统的 FPSO,但水深均小于 500m,其中,两艘水深大于 300m 的为挪威 Norne 油田的"Norne"号(380m,见图 9-81)和印度尼西亚 Terang Sirasun Batur 油田的"BW Joke Tole"号(300m,见图 9-82)。

采用多点可分离系泊系统的 FPSO 较少,目前,只有澳大利亚 Van Gogh 油田的"Ningaloo Vision"号(见图 9-83)和越南 Song Doc 油田的"Song Doc MV19"号(见图 9-84)。

图 9-79　FPSO "Bonga"号

图 9-80　FPSO "Cidade de São Paulo"号

图 9-81　FPSO "Norne"号

图 9-82　FPSO "BW Joke Tole"号

图 9-83　FPSO "Ningaloo Vision"号

图 9-84　FPSO "Song Doc MV19"号

9.5.3　浮筒单点

浮筒单点系泊系统是最早出现的单点系泊系统,它由一个浮筒及其定位系统和系泊 FPSO 的缆或刚臂组成(见图 9-85)。浮筒的定位方式有悬链式系泊(CALM)和单锚腿系泊 (SALM)。悬链式系泊的浮筒与 FPSO 的连接有柔性、刚性和半刚性三种形式,柔性连接采用系缆将 FPSO 系泊于浮筒上[见图 9-85(a)],刚性连接则采用刚臂将 FPSO 系泊在浮筒上 [见图 9-85(b)],而半刚性连接形式将刚臂置于水下,由锚链悬吊在 FPSO 上[见图 9-85 (d)]。CALM 的输油方式也随浮筒与 FPSO 的连接方式不同而不同,柔性连接形式采用漂浮在水面上的软管(见图 9-86)输油,而刚性和半刚性连接则依托刚臂将输油软管连接到平台上。

单锚腿系泊有柔性和刚性两种形式(见图 9-87),柔性单锚腿系泊的浮筒由一根垂直锚

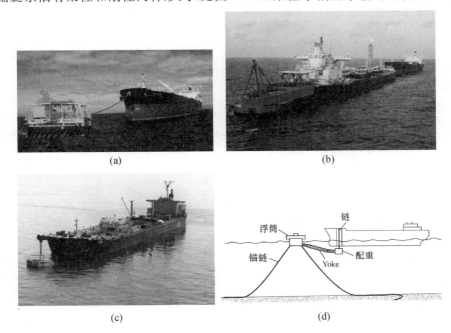

图 9-85　悬链式浮筒单点系泊系统

(a)系缆浮筒单点　(b)刚臂浮筒单点　(c)软刚臂浮筒单点　(d)半刚性浮筒结构

301

图 9-86　浮筒单点的漂浮输油软管

(a)

(b)

图 9-87　单锚腿浮筒单点系泊系统

（a）柔性单锚腿系泊浮筒单点　（b）刚性单锚腿系泊浮筒单点

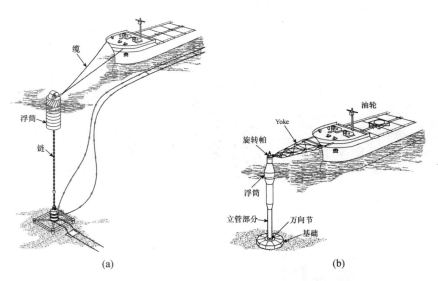

(a)　　　　　　　　　　　　　　(b)

图 9-88　单锚腿浮筒单点系泊系统的结构形式

（a）柔性单锚腿系泊系统结构　（b）刚性单锚腿系泊系统结构

链锚固于海底基座上，并由双缆系泊油轮/FPSO［见图 9-88（a）］；而刚性单锚腿系泊系统的浮筒由一根立柱垂直锚固于海底基座上，立柱与浮筒为一刚性连接的整体结构，浮筒与油轮/FPSO则由一刚臂连接［见图 9-88（b）］。由于单锚腿的形式不同，其输油方式也不同。柔性单锚腿的运动幅度较大,不宜采用立管与海底终端连接,因此,浮筒仅仅作为油轮/FPSO的系泊装置,输油软管直接与海底基座上的海底管线终端连接[见图 9-88(a)]。刚性单锚腿结构的锚腿是钢管,通过万向节与海底基座连接,因此,立管穿过锚腿连接到浮筒上,输油软管则依托油轮/FPSO 的系泊刚臂连接浮筒与油轮/FPSO。

　　浮筒单点的核心结构是浮筒,它除了要提供足够的浮力外,还需提供油轮/FPSO 的系泊力。此外,由于油轮/FPSO 的风向标效应,浮筒的定位结构与系泊油轮/FPSO 的结构应能够相对转动。目前,实现这一功能的方法有两个——浮筒转动或系缆架/刚臂转动(见图9-89)。浮筒转动的结构有两种设计方案——圆形浮筒和方形浮筒(见图 9-90);而系缆架转动的结构则只能采用圆形设计(见图 9-91)。

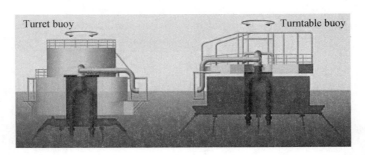

图 9-89　浮筒单点的系泊结构旋转方案

 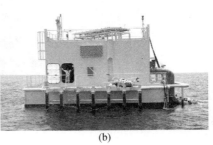

(a)　　　　　　　　　　　　　(b)

图 9-90　不同的转动浮筒设计方案

(a)圆形浮筒单点　(b)方形浮筒单点

图 9-91　系缆架转动的输油管线结构

由于油轮/FPSO的风向标效应，与其连接的输油软管也必须相应地调整方位，因此，浮筒的输油管线需固定在转动结构上（见图9-92），而立管则与浮筒的定位结构连接（见图9-93）。为了保证浮筒两部分相对转动时不间断地输油，浮筒定位结构上的管线与转动结构上的管线之间通过一个旋转接头（见图9-94）连接。

(a)   (b)

图 9-92   输油软管与浮筒的连接方式
（a）输油管线固定在转动的浮筒上   （b）输油管线固定与转动的系缆架上

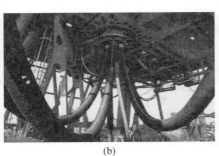

(a)   (b)

图 9-93   立管与浮筒的连接方式   图 9-94   旋转接头
（a）立管连接在定位的内筒上   （b）立管连接在定位的浮筒上

悬链式锚腿浮筒单点的定位系统是分布式系泊系统，其锚链的位形可根据水深条件选择悬链式或张紧/半张紧式（见图9-95），它们的锚链结构（链-缆-链）及系泊性能与多点系泊系统的相应结构相同，此处不再赘述。

单锚腿浮筒单点适用于浅水，此处不做详细介绍。

9.5.4   转塔单点

转塔单点系泊系统是结构形式最多且在FPSO等船形装备中应用最广泛的一种系泊系统，其转塔可位于船体内（见图9-96），称为内转塔（Internal Turret），也可以位于船体外（见图9-97），称为外转塔（External Turret），内、外转塔均采用分布式系泊系统定位（见图9-98）。

内转塔有两种结构形式——塔式内转塔和锥形浮筒内转塔（见图9-99），两种结构均有永久系泊和可分离系泊两种形式（见图9-100和图9-101），塔式内转塔的可分离系泊结构是一个分布式系泊的浮筒，浮筒与塔身快速连接和分离［见图9-102(a)］；锥形浮筒内转塔则采

图 9-95　CALM 的浮筒系泊系统

（a）悬链式锚链　（b）张紧式锚链

图 9-96　内转塔

图 9-97　外转塔

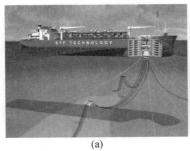
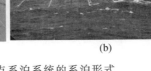

图 9-98　转塔单点系泊系统的系泊形式

（a）内转塔分布系泊　（b）外转塔分布系泊

用浮筒整体脱离船体的可分离结构［见图 9-102（b）］，分离后的系泊浮筒漂浮在水下 30～50m 的位置等待下一次连接（见图 9-103）。由于锥形浮筒内转塔位于水下，因此，也称其为水下转塔。水下转塔又分为水下生产转塔（Submerged Turret Production，STP）和水下装

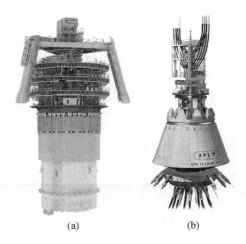

（a）　　　　　（b）

图 9-99　内转塔的不同结构形式
（a）塔式内转塔　（b）锥形浮筒内转塔

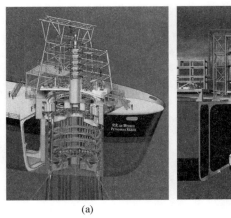

（a）　　　　　　（b）

图 9-100　塔式内转塔
（a）永久系泊式　（b）可分离式

载转塔（Submerged Turret Loading，STL），水下生产转塔用于 FPSO，而水下装载转塔则用于 FSO。因此，两者的结构部分是相同的（见图 9-104），区别仅在于配管系统。FPSO 不仅从水下生产系统输入油气，还要完成注水和水下生产系统的控制任务，而 FSO 则单一地输入成品原油。因此，水下生产转塔的配管系统较水下装载转塔的配管系统要复杂的多（见图 9-105）。

　　立管转塔（Riser Turret Mooring，RTM）是转塔单点的一种特殊形式（见图 9-106），是可分离转塔单点，它的塔式转塔位于一根垂直漂浮在水中的钢管上，形似一根立管，立管转塔由此而得名。立管转塔采用系泊于钢管下端的分布式系泊系统定位[见图 9-106（b）]，因此，转塔与 FPSO 采用柔性连接（见图 9-107），以顺应转塔的运动。

(a)　　　　　　　　　　(b)

图 9-101　锥形浮筒内转塔

（a）永久系泊式　（b）可分离式

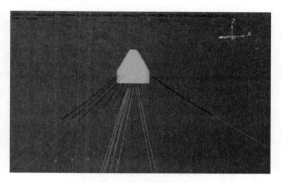

(a)　　　　　(b)

图 9-102　可分离内转塔的分离结构

（a）塔式内转塔　（b）锥形浮筒内转塔

图 9-103　内转塔分离后漂浮于水中

(a)　　　　　　　　　　(b)

图 9-104　锥形浮筒内转塔的结构部分

（a）水下生产转塔　（b）水下装载转塔

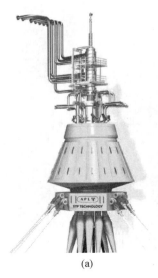

(a)　　　　　　　　　　　(b)

图 9-105　锥形浮筒内转塔的配管系统

（a）水下生产转塔　　（b）水下装载转塔

可分离转塔大大拓展了 FPSO 的应用范围,使环境条件恶劣的海域应用 FPSO 成为可能。如美国的墨西哥湾曾禁止使用 FPSO 技术从事海洋油气开发,是可分离转塔技术解禁了 FPSO,目前,已有两艘 FPSO 服役于墨西哥湾的深水油气开发,2012 年投产的"BW Pioneer"(见图 9-108)是墨西哥湾首次采用 FPSO 开发深水油气田。我国南海的陆丰 22-1 油田的睦宁号 FPSO(现已退役,见图 9-109)也采用了可分离式内转塔单点系泊系统(见图 9-110)。

(a)　　　　　　　　　　(b)

图 9-106　立管转塔系泊系统

（a）立管转塔　　（b）系泊形式

图 9-107　立管转塔与 FPSO 的

柔性连接形式

转塔单点的关键部件是旋转接头(Swivel,见图 9-111),其主体结构固结于转塔塔身,而滑环固结于船体,从而实现不间断地油、气、水输送,与电机的定子与转子通过电刷滑环连续导电的原理相似。这就保证了当 FPSO 发生风向标效应时,油井生产不受影响。

图 9-108　墨西哥湾的第一艘 FPSO

图 9-109　睦宁号 FPSO

图 9-110　睦宁号的 STP

图 9-111　旋转接头

第 10 章

立管系统

10.1　引言

　　立管和脐带缆是联系海底油井与水面设施的纽带和桥梁,立管为海底油井和水面设施之间提供油、气、水的输送,而脐带缆则为水面设施控制海底生产系统提供电、液、气的大通道。立管和脐带缆是深水油气开发的特有装备,尽管浅水油气开发装备中也有立管,但与深水立管不可同日而语,其结构形式和水动力性能几乎发生了质的变化。而脐带缆则是浅水油气开发装备中不曾见到的全新装备,是伴随着水下生产系统的诞生而出现的专用装备。因此,它是柔性开发系统的关键装备。

　　深水生产立管的形式随开发模式的不同而不同,刚性开发模式(干树模式)的采油立管为刚性立管,也称为顶张式立管(Top Tensioned Riser,TTR),输出立管为柔性立管,也称为悬链式立管(Catenary Riser)。悬链式立管的管体有钢管和复合管两种,钢管的悬链式立管称为钢悬链式立管(Steel Catenary Riser,SCR)。由于悬链式立管能够吸收水面设施较大的运动,因此,它也是柔性开发系统的输入输出立管。柔性开发模式(湿树模式)没有采油立管,采油树直接安装在海底井口上,由采油树流出的油气经管汇(Manifold)汇集并经水下生产系统初级分离、(天然气)压缩后由立管系统输送至水面设施,经水面设施处理的油再通过穿梭油船/LNG/LPG(FPSO/FLNG)或柔性立管(其他生产平台)输送至陆地终端。这意味着,柔性开发模式没有刚性立管,而其柔性立管系统也不是单一的悬链线式,还包括自由站立式组合立管(Free Standing Hybrid Riser,FSHR)。自由站立式组合立管也是由顶部的拉力张紧而独立地矗立在水中的,因此,其结构和力学属性可归类于顶张式立管。

　　深水钻/修井立管也是一种刚性立管,其结构和力学属性应归类于顶张式立管。由于它的主要功能是隔离海水和钻井泥浆/修井液,因此,业内形象地称其为钻井隔水管。本章分刚性立管和柔性立管两大类介绍深水立管系统的结构及性能,脐带缆的结构和力学属性与复合管相似,因此,将其归类于柔性立管一节介绍。

10.2 顶张式立管

10.2.1 钻/修井立管

钻井立管与修井立管的功能是相同的——隔水,钻井平台与修井平台也相同——半潜式或船形结构。因此,其结构形式与力学性能相似,它们的主要区别在于尺寸和立管底端总成(LMRP)。由于钻井泥浆中夹带的岩屑,钻井立管的尺寸较大,一般为20英寸,而一般的修井立管仅为7~8英寸。此外,钻井立管需要一些辅助管线来实现保持泥浆循环压力以及防止井喷等功能。因此,钻井立管配有一些卫星管(见图10-1)。为了减小立管的自重,从而减小顶张力,通常在标准立管段上配置浮力块(见图10-2)来增大立管的浮力。

由于钻井立管需要频繁地拆装,为了缩短立管安装的非钻井时间,钻井立管采用法兰连接(生产立管和张力腿采用螺纹连接)。由于传统的法兰采用螺栓连接(图10-3),仍影响立

图 10-1 钻井立管的管系结构

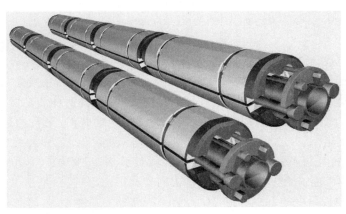

图 10-2 钻井立管的标准立管段

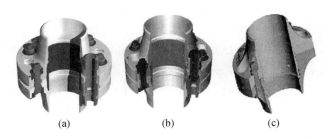

图 10-3 法兰接头

(a) LoadKing 4.0 法兰接头 (b) RF 法兰接头 (c) HM F 型法兰接头

管的安装速度,因此,目前的钻井立管已普遍采用卡式连接(图 10-4)的快速接头。

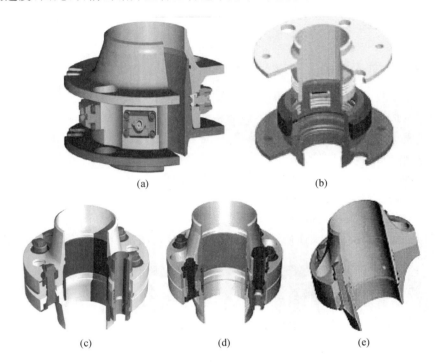

(a)　　　　　　　　　　　　　　(b)

(c)　　　　　　(d)　　　　　　(e)

图 10-4　快速卡口接头

(a) MR-6E 型爪式接头　(b) MR-6H SE 卡扣接头　(c) CLIP 型卡箍接头　(d) 尾闩式接头　(e) QM FC 型接头

钻井船和半潜式钻井平台在风、浪、流的作用下将产生地大幅度地运动,系泊缆和动力定位只能将钻井船/平台的水动力响应控制在一定的范围内(系泊系统定位约为水深的 5%~7%),而钻井船/平台的垂荡补偿系统仅用于补偿大钩荷载(钻杆的钻压),因此,钻井立管仍然需要应对一定范围内的钻井船/平台运动。为了避免钻井船/平台的运动引起钻井立管顶张力的大幅度变化,钻井立管的顶部配置了张紧器(见图 10-5)和伸缩接头(见图 10-6)。此外,在钻井立管的两端还分别设有万向接头或柔性接头(见图 10-7),以缓解由于钻井船/平台的偏移引起的弯曲应力。顶部的柔性接头通常与分流器连接(见图 10-8),因此,也称为分流器柔性接头(Diverter FlexJoint)。底部的柔性接头与立管底端总成(Lower Marine Riser Package,LMRP,见图 10-9)连接,LMRP 主要由环形防喷器[Annular BOP,见图 10-10(a)]和闸板防喷器[Ram BOP,见图 10-10(b)]组成。如果需要,也可以在钻井立管的中部增加一个柔性接头[见图 10-7(b)]。立管底端总成直接与海底井口连接,因此,从分流器到立管底端总成形成了一根完整的钻井立管,见图 10-11。为了保持钻井泥浆的循环压力,钻井立管系统中需接入一个填充阀(见图 10-12)。

深水立管的涡激振动(VIV)问题是影响立管服役并造成立管损伤的主要因素,因此,深水立管的涡激振动抑制装置已经成为立管结构的一部分。通常,涡激振动抑制装置仅安装在位于流速较大(水面下不足百米的水深范围,南海内波活动范围为 100~150m)的立管段。钻井立管一般采用尾流罩[见图 10-13(a)]和螺旋侧板[见图 10-13(b)]抑制涡激振动。为了便于钻井立管运输、存放及安装(自动排管),尾流罩和螺旋侧板均采用可快速安装和拆除的连接方式,并与钻井立管同步安装和拆除。

图 10-6　钻井立管伸缩接头

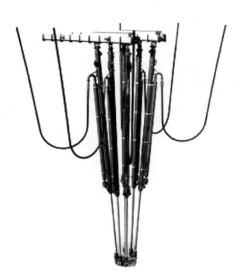

图 10-5　钻井立管张紧器

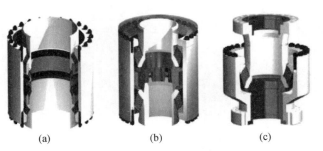

(a)　　　　　　　(b)　　　　　　　(c)

图 10-7　钻井立管柔性接头

(a) 分流器柔性接头　(b) 中部柔性接头　(c) 底部柔性接头

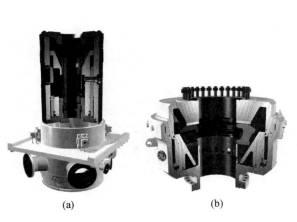

(a)　　　　　　　(b)

图 10-8　钻井立管分流器

(a) FS 型分流器　(b) MSP 型分流器

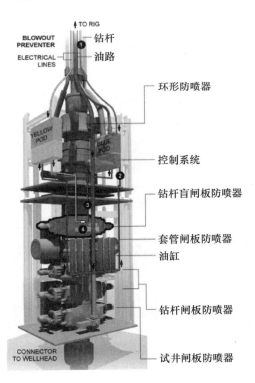

图 10-9　立管底端总成

313

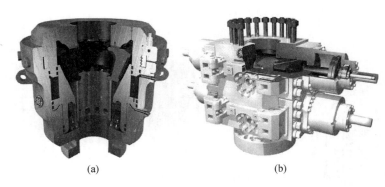

(a)　　　　　　　　　(b)

图 10-10　钻井防喷器

（a）环形防喷器　（b）闸板防喷器

图 10-11　钻井立管系统

图 10-12　填充阀

(a)   (b)

图 10-13　钻井立管的涡激振动抑制装置

（a）尾流罩　（b）螺旋侧板

10.2.2　采油立管

采油立管被称为顶张式立管（Top Tensioned Riser，TTR），是深水开发中唯一一个连接水面采油树和海底井口的立管，是生产立管中唯一的刚性立管，因此，干树开发模式也被称为刚性开发模式。

采油立管由油管（Tube）和套管（Casing）组成，油管和套管的组合方式有管中管［见图10-14（a）］和平行管［见图10-14（b）］两种方式。其中，管中管结构又有单套管和双套管两种设计，分别称为单屏（Single casing）和双屏（Dual casing）立管。目前，顶张式立管主要采用双套管结构。

顶张式立管采用螺纹连接，其安装方式与钻杆接长方法相似，可由钻/修井机完成立管的连接。早期的顶张式立管采用与钻杆相同的螺纹形式，即立管的两端分别为外螺纹和内螺纹，两立管首尾连接［见图10-15（a）］。此种连接的内螺纹的外径大于管体外径，形成一凸台而存在应力集中问题。同时，外螺纹采用焊接形式与管体连接，降低了应力集中处的管材力学性能，为应力集中问题雪上加霜。为消除变径处的应力集中，一种新的螺纹连接形式出

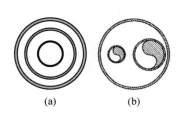

(a)   (b)   (a)   (b)

图 10-14　TTR 截面形式　　　　　　图 10-15　TTR 的连接方式

（a）管中管　（b）平行管　　　　　（a）内外螺纹连接　（b）套袖连接

现了——"套袖"连接[见图 10-15(b)]，它采用一个内螺纹套袖将两个外螺纹的立管段连接成一体。这样不仅消除了变径引起的应力集中，而且避免了螺纹连接处的焊接连接。

　　螺纹连接是顶张式立管现场安装的唯一连接形式，即顶张式立管不采用现场焊接的方式接长。为了缩短海上作业时间，同时减少螺纹接头损伤及泄露的可能性，可根据水面设施和安装设备的能力，将螺纹接头的立管段制造的尽可能长，螺纹之间的管体采用焊接方式接长。顶张式立管不采用现场焊接的方式安装，因此，不存在现场焊接和水平焊缝的焊接问题。

　　顶张式立管的主要作用是保护和支撑油管，其矗立在水中的方法与钻井立管相同——顶部张紧，但采油立管的张紧方式除了张紧器（见图 10-16）之外，还有浮筒。传统张紧器仅用于张力腿平台，而浮筒则用于 Spar 平台。Spar 平台之所以采用浮筒为采油立管提供顶张力，原因是传统的张紧器占用的空间较大，从而受到 Spar 平台中央井的限制。随着紧凑型张紧器的问世，Spar 平台顶张式立管的浮筒将被张紧器所替代，特别是在超深水条件下，浮筒的长度受到 Spar 平台壳体尺寸的限制，张紧器将是最好的替代产品，这也是 Spar 平台及其顶张式立管的发展趋势。目前，顶张式立管张紧器的行程为 30～35ft，因此，顶张式立管只能应用于水动力性能较好的水面设施，如张力腿平台和 Spar 平台。而这两种平台的适用水深小于半潜式平台，因此，为了适应极深水开发的需要，人们正在致力于改进半潜式平台的垂荡性能，以期能够应用顶张式立管，这就是干树半潜的由来。当然，也有人提出了适用于半潜式平台的干树立管——垂直通路顺应式立管（Complient Vertical Accessing Riser，CVAR）的概念（见图 10-17）。该立管系统与顶张式立管具有完全相同的功能——采油，以及便于修井的优点，但结构性能与顶张式立管不尽相同，其柔性远远大于顶张式立管。因

(a)　　　　(b)

图 10-16　TTR 张紧器

（a）传统张紧器　（b）紧凑型张紧器

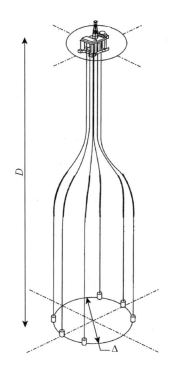

图 10-17　CVAR 立管

此,能够吸收水面设施较大的运动响应。由于其顺应式部分(中段的弯曲部分)的浮力(由浮力块提供)承担了部分的立管重量并提供所需的张力,因此,大大减小了立管顶部的张力,从而为极深水的干树开发创造了条件。

由于张力腿平台和 Spar 平台的水动力性能较好,因此,顶张式立管的下端不需要设置万向接头,与海底井口采用固定式连接。为了承受较大的固定端弯矩,顶张式立管与井口连接处设置了锥形接头(见图 10-18)。顶张式立管的整体结构如图 10-19 所示。

顶张式立管相当于水下井口的延伸,因此,干式采油树直接安装在顶张式立管的顶端。为了避免平台运动的影响,采油树与平台并非刚性连接,而是采用柔性软管将采油树连接到生产甲板的油气处理设施上(见图 10-19),以吸收平台与顶张式立管之间的相对运动。

图 10-18　TTR 锥形接头

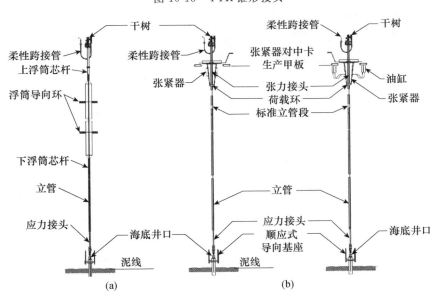

图 10-19　TTR 结构
(a) Spar 平台 TTR　(b) 张力腿平台 TTR

顶张式立管的顶张力是保持其正常服役的关键参数,即保证在水位变化和水面设施垂荡运动的过程中,通过张紧器的调整,立管任何部位不会因负张力引发压溃或因过张力造成损伤。对于目前常用的 X65/X80 钢管,设计顶张力系数一般取 1.2～1.6,即立管水中重量的 1.2～1.6 倍。由于目前的顶张式立管设计分析软件都是按照截面刚度等效的方法将油管、内套管和外套管等效为外径与外套管相同(保证水动力荷载相等)的单层管来计算的,且基于拉压刚度(EA)等效或弯曲刚度(EI)等效得到的单层管截面参数是不同的,因此,有限元方法的计算结果与立管各功能管的实际受力状态是有差异的,设计时需根据各功能管的顶部连接方式来分配顶张力并分别验证各功能管的实际张力系数。

10.2.3 自由站立式组合立管

自由站立式立管(Free Standing Hybrid Riser,FSHR)是水下生产系统与水面设施(FPSO 和半潜式生产平台)联系的立管系统(见图 10-20),其结构原理与顶张式立管相同——依靠顶部张力矗立在水中,由于立管顶端位于水面设施外侧,故称之为自由站立式立管。由于自由站立式立管是由刚性立管和跨接软管两部分组成,因此,也称其为组合立管塔(Hybrid Riser Tower,HRT)。

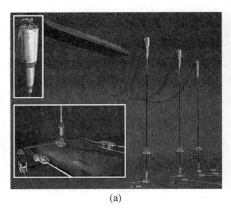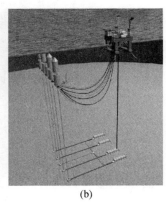

(a)　　　　　　　　　　　　　(b)

图 10-20　自由站立式立管

(a) FPSO 与 FSHR　(b) 半潜式平台与 FSHR

由于没有水面设施依托,自由站立式立管的顶张力由浮筒提供。FSHR 的浮筒与立管有两种连接方式——刚性连接和柔性连接。刚性连接方式与 Spar 顶张式立管的浮筒连接方式相同——浮筒内配置芯杆[见图 10-21(a)],芯杆与立管刚性连接,其特征是连接水面设施的跨接软管位于浮筒顶端,见图 10-20(a)。柔性连接方式采用钢链连接浮筒和立管[见图 10-21(b)],其特征是连接水面设施的跨接软管位于浮筒的下方,见图 10-20(b)。与顶张式立管不同的是,自由站立式立管并不与海底井口连接,而是由桩基固定于海底。因此,其整体结构与顶张式立管相似,但管体组成与顶张式立管不同。自由站立式立管一般采用卫星管结构(见图 10-22),其芯管直径较大,用于油气输送或注水,而环绕其周围的是气举线等辅助管线,包括控制海底生产系统的电、液、气管缆。为了减小立管的重量以减小顶张力,立管外部配置了浮力块(见图 10-23)。

自由站立式立管可以解决大水深条件下,应用柔性立管带来的困难(大张力),同时,也可以避免应用单点系泊系统给 FPSO 建造和系统维护带来的麻烦。

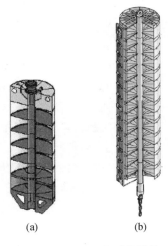

图 10-21　FSHR 的浮筒结构

（a）刚性连接浮筒　（b）柔性连接浮筒

图 10-22　FSHR 的管系结构

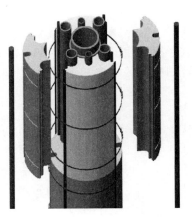

图 10-23　FSHR 的浮力块配置

10.2.4　水动力性能

　　顶张式立管的水动力性能包括波浪响应、涡激振动（VIV）和参数振动，波浪响应和涡激振动是横向分布荷载作用下的张力梁弯曲振动，而参数振动则是水面设施垂荡引起的立管轴向振动。由于上述 3 种动力响应是相伴发生的，因此，3 种运动之间是相互耦合的。此外，由于深水立管的长细比较大，属于大柔性结构，其大位移和大变形的水动力响应使得结构的非线性和流固耦合的非线性均较强。一些水动力性能甚至向传统理论发起了挑战，因为传统理论不曾涉及此类大柔性结构，如深水立管的涡激振动问题。

　　顶张式立管的水动力性能与传统梁式构件水动力性能的最大区别在于它的高价模态和多模态振动，以及不同自由度之间的耦合振动和强非线性的流固耦合振动，包括横向两个自由度涡激振动的耦合和浪致振动与涡激振动的耦合以及横向弯曲振动与轴向参数振动的耦

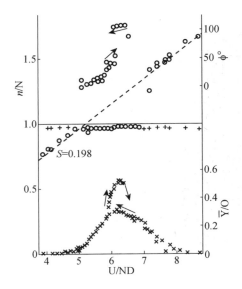

图 10-24　涡旋泄放频率与
约化速度的关系曲线

合。由于流固耦合的影响,某个自由度的振动将影响其他自由度的水动力荷载。这一点在涡激振动中表现的尤为明显——顺流向的振动将改变流体的相对运动速度,从而改变涡泄频率和涡激力的大小,这就意味着顺流向振动改变了横流向涡激升力的频率和幅值。因此,传统的涡激振动理论不能准确地描述深水顶张式立管的涡激振动特性。传统涡激振动理论认为:圆柱体涡激振动的轨迹为"8"字形,即顺流向振动频率是横向振动频率的两倍,从而由强迫振动理论推知,顺流向的脉动拖曳力频率是横流向涡激升力的两倍。同时,传统涡激振动理论也认为:顺流向振动响应远远小于横流向响应,因此,传统的尾流振子模型通常仅考虑横流向的涡激振动响应。而深水立管的涡激振动则表现出了与传统理论不完全一致的特征,即流固耦合的作用不仅表现在涡激振动的锁定现象——在锁定区,涡旋泄放频率不呈线性增长,而保持(在结构固有频率)不变(见图 10-24),即不符合斯托罗哈尔(Strouhal)定律所表达的涡旋泄放频率与流经圆柱体的流体流速关系

$$f_s = \frac{St \cdot U}{D} \tag{10-1}$$

式中:f_s——涡旋泄放频率,也称为斯托罗哈尔频率(Hz);

　　St——斯托罗哈尔数(Strouhal Number),与雷诺数有关(见图 10-25);

　　U——流速(m/s);

　　D——圆柱体直径(m)。

而且表现在非锁定区的同频率振动特征——椭圆形运动轨迹,如图 10-26 所示。在非锁定区,顺流向振动响应位移在一定的流速条件下接近横流向振动位移,在有螺旋侧板的条

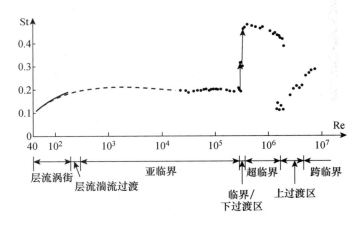

图 10-25　斯托罗哈尔数与雷诺数的关系曲线

件下（深水立管一般均采用螺旋侧板抑制涡激振动），顺流向振动甚至大于横向振动（见图 10-27）。导致深水顶张式立管这一特殊涡激振动响应的原因是大位移造成的强流固耦合现象——结构大幅度运动对圆柱体的流动分离和尾流场产生了强烈的调制作用，从而改变了涡泄模式和涡泄频率。

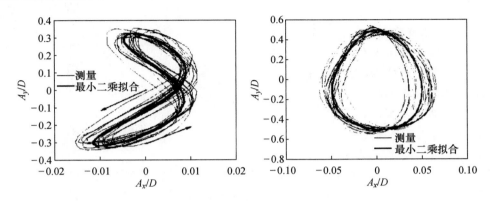

图 10-26 锁定区和非锁定区的 VIV 轨迹

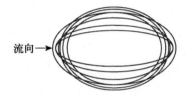

图 10-27 有螺旋侧板圆柱体的非锁定区 VIV 轨迹

1. 结构模型

描述顶张式立管水动力特性的动力学模型是分布荷载作用下的梁复杂弯曲振动模型（浪致振动和涡激振动）和张力梁的轴向振动模型（参数振动）。由于深水顶张式立管的大长细比和跨长位移比（位移约为 1.0D～1.2D），因此，采用欧拉梁模拟深水顶张式立管具有足够的精度。因此，深水顶张式立管的横向弯曲振动可表示为

$$\bar{m}\,\frac{\partial^2 \vec{v}(z,t)}{\partial t^2} + c\,\frac{\partial \vec{v}(z,t)}{\partial t} + EI\,\frac{\partial^4 \vec{v}(z,t)}{\partial z^4} - T\,\frac{\partial^2 \vec{v}(z,t)}{\partial z^2} = \vec{f}(\vec{U},\dot{\vec{U}},t) \qquad (10\text{-}2)$$

式中：$\vec{v}(z,t)$——顶张式立管横向位移矢量；

$\bar{m}$——顶张式立管单位长度质量；

c——结构阻尼系数；

EI——顶张式立管等效截面抗弯刚度；

$\vec{U}$——流体水质点速度；

$\dot{\vec{U}}$——流体水质点加速度；

T——顶张式立管轴向力；

z——顶张式立管轴向坐标；

$\vec{f}(\vec{U},\dot{\vec{U}},t)$——浪流引起的横向荷载。

式(10-2)是梁的复杂弯曲振动方程,对于实心梁式结构,式中的结构参数是没有异议的。而顶张式立管是空心梁式结构,服役状态下,其空腔内充满了非常压的流动液体或气体,使得式中轴力 T 的确定成为一个值得讨论的问题。一种观点认为,T 应取顶张式立管截面上的有效张力:

$$T_e = T_{tw} - p_i A_i + p_o A_o - \rho_i A_i u_i^2 \tag{10-3}$$

式中:T_{tw} ——管臂张力;

p_i ——管内流体压力;

p_o ——管外流体(海水)压力;

A_i ——内径截面积;

A_o ——外径截面积;

ρ_i ——管内流体密度;

u_i ——管内流体速度。

注意,式(10-3)中内压和内流速度对管道轴向力的影响是负的,即在管壁张力不变的条件下,管内流体的压力越大,截面的有效张力越小;管内流体的流速越大,截面的有效张力越小。而张力引起的几何刚度是正的,即张力越大,梁的弯曲刚度越大,这可以从弦乐的调音来说明,乐师们通过调整琴弦的张紧程度来改变其音质即弯曲振动频率的高低,琴弦张的越紧,其音质即频率越高。这意味着,管内流体的压力越大或管内流体的流速越大,顶张式立管的弯曲刚度越小,这一结果与我们的生活常识不符。一个最简单的例子是:当一个软管内充满有压力的流体时,软管会变得比较硬而不是相反,这意味着内压使软管的整体刚度增大而不仅仅是管壁刚度增大,由此可以推论,管内流体的压力将使管道的弯曲刚度增大。另一个例子是消防水龙带,当高压水充满水龙带喷涌而出时(灭火状态),水龙带会挺直如一根硬质材料的管线,而流速减小的过程中(停止灭火),水龙带会逐渐弯曲,这意味着,管内流体的流速使得水龙带的整体刚度增大而不仅仅是管壁刚度,由此可以推论,管内流体的流速将增大管道的弯曲刚度。这一分析结论得到了实验的验证,图10-28为作者完成的试验数据,受实验条件的限制,取得的试验点数较少,但反复实验的结果却是一致的,即随着流速的增大,管道的固有频率有所提高而不是降低。

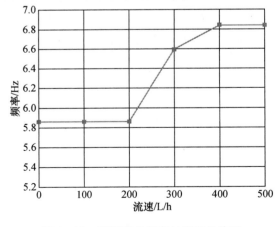

图 10-28　管道固有频率与流速的关系

由上面的分析,作者认为应采用管壁张力:

$$T_{tw} = T_e + p_i A_i - p_o A_o + \rho_i A_i u_i^2 \tag{10-4}$$

来计算顶张式立管的几何刚度。

式(10-4)中不仅内压和内流速的影响符合上面两个普通而又常见的现象,而且外压的影响更符合实际了,即如果有端帽效应,则外压将减小管壁张力,这也是可以通过生活常识来证明的。当我们将一根两端封闭的空心圆柱体置于水中时,圆柱体的端面将受到静水压力的作用而使管壁产生压应力。由此可以推论,在有端帽效应时,外压将使管壁张力减小。此外,从压杆稳定原理出发,也不难推知,管道受压时(负张力),其弯曲刚度将减小,失稳为其极端状态——微小扰动无法复原(弯曲刚度为零)。

由式(10-3)可知,顶张式立管的截面有效张力是通过管壁张力计算的,因此,采用式(10-4)无法计算管壁张力。为此,可以下式来计算管壁张力

$$T_{tw} = T_{top} - \overline{m}(h-z) + p_i A_i - p_o A_o + \rho_i A_i u_i^2 \tag{10-5}$$

式中:T_{top}——设计顶张力;

h——水深。

式(10-5)仅适用于具有端帽效应时的顶张式立管壁张力计算,即内流被封闭在立管内。如果立管内的流体定常流动,则式(10-5)简化为

$$T_{tw} = T_{top} - \overline{m}(h-z) + \rho_i A_i u_i^2 \tag{10-6}$$

值得指出的是,管内流体的流速对管道刚度的影响只有在流速较大时才比较明显。而原油的黏稠度较大,即使在高温(50%~100℃)条件下,其最大流速也仅为 3m/s,而经济流速为 1.2~1.5m/s。轻质原油的经济流速较高,如大庆原油的经济流速为 1.5m/s。因此,对于顶张式立管和油气输入输出立管,不考虑内流流速的影响所引起的误差在工程允许的范围内。

由于张紧器的补偿作用不会完全消除立管顶端的运动,因此,通过张紧器支撑在平台上的顶张式立管的弯曲振动将受到平台运动的影响。不同于参数振动的是,当立管发生弯曲振动时,其顶端的扰动并不会引起参数振动(端部轴向参数变化引起的轴向振动),而是引起横向挠度的变化(见图 10-29),即参数激扰引起的弯曲振动。

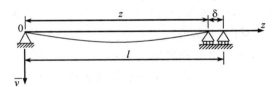

图 10-29　顶张式立管顶端移位引起的弯曲变形

由图 10-29 可推导出考虑参数激扰时的顶张式立管弯曲振动模型:

$$\overline{m}\frac{\partial^2 \vec{v}(z,t)}{\partial t^2} + c\frac{\partial \vec{v}(z,t)}{\partial t} + EI\frac{\partial^4 \vec{v}(z,t)}{\partial z^4} - T\frac{\partial^2 \vec{v}(z,t)}{\partial z^2} = \vec{f}(\vec{U},\dot{\vec{U}},t) + GA_s\kappa\frac{\partial \delta(z,t)}{\partial z}$$

$$\tag{10-7}$$

式中:G——立管截面剪切模量;

κ——立管弯曲曲率;

A_s——立管横截面有效剪切面积,$A_s = k \cdot A$;

k——剪切不均匀系数;

A——立管横截面积;

$\delta(z,t)$——立管顶端位移。

2. 荷载模型

顶张式立管的海洋环境荷载包括波浪荷载和海流荷载,波浪荷载可采用 Morison 公式:

$$f_w = \frac{D}{2}C_D\rho(\vec{u}-\vec{v})\,|\,\vec{u}-\vec{v}\,| + \frac{\pi D^2}{4}\rho(C_M\dot{\vec{u}} - C_a\dot{\vec{v}}) \tag{10-8}$$

式中：C_D ——拖曳力系数；

　　　C_M ——惯性力系数；

　　　C_a ——附加质量系数，$C_a = C_M - 1$；

　　　ρ ——海水密度；

　　　D ——立管外径；

　　　$\vec{u}, \dot{\vec{u}}$ ——波浪的水质点速度和加速度；

　　　$\vec{v}, \dot{\vec{v}}$ ——立管横向运动的速度和加速度。

计算，而海流荷载则包括顺流向的定常阻力＋脉动拖曳力和横流向的定常升力和涡激升力。

其中，定常阻力和升力引起立管的静态偏移，而涡激升力和脉动拖曳力则引起立管的弯曲振动（涡激振动）。

定常阻力可由式（10-8）的第一项计算得到，其中 $\vec{u}$ 为定常流流速 U。定常升力可按下式计算：

$$f_L = \frac{1}{2}\bar{C}_L \rho D U^2 \qquad (10\text{-}9)$$

式中：$\bar{C}_L$ ——升力系数。

定常升力是由边壁效应引起的，即当圆柱体横流向的两侧空间不对称时，如一侧有固定面时（见图 10-30）。此时，圆柱体两侧的流动不对称，引起驻点向空间狭窄的一侧偏移，且空间小的一侧流体挤压阻塞，从而造成流动分离不对称，空间小的一侧流动分离滞后，产生压差，即不平衡力。在流速不变的条件下，圆柱体距固定面越近，受挤压流体脱离圆柱体的位置越靠后，即分离点约远，从而不平衡力越大。因此，式（10-9）的升力系数 $\bar{C}_L$ 与圆柱体和固定面的距离 e 有关，此外，也与雷诺数和流畅剖面形状有关（见图 10-31）。

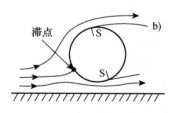

图 10-30　定常升力产生的条件

定常流速引起的涡激升力和脉动拖曳力是由于圆柱体尾流处交替的涡旋泄放（见图 10-32）而产生的，涡旋脱落后会在流场中继续运动一段距离后消失，从而形成了涡街（见图 10-33），被称为卡门涡街（Karman Vortex Street）。

关于涡激升力和脉动拖曳力的计算，国内外的研究人员基于各自的研究工作提出了多种方法，其中尾流振子模型是最广泛应用的方法。然而，这个最古老最声名显赫的方法应用于海洋深水立管涡激振动分析时遇到了挑战，被大位移流固耦合的强非线性所困扰。为此，一些学者提出了修正的尾流振子模型，以期解决大位移流固耦合的强非线性问题。

作者经过大量的研究认为，尾流振子模型是基于尾流处的流体以固体振子的形态与圆柱体相互作用的假定而建立起来的。在小位移条件下，其误差在工程允许的范围内。但大位移条件下，尾流处的"振子"已被圆柱体扰动而不复存在，再用"振子"来模拟尾流处的流体反作用其误差将大大超出工程允许的范围。为此，作者提出了一个考虑流固耦合效应的海洋深水立管 VIV 分析的涡激升力和脉动拖曳力模型：

$$f_D = \frac{1}{2}C_D \rho D (U - \dot{x})^2 \sin \omega'_s t \qquad \text{非锁定区} \qquad (10\text{-}10)$$

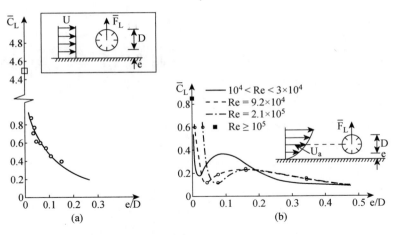

图 10-31　定常升力系数与圆柱体和固定面距离的关系
(a) 均匀流　(b) 剪切流

$$f_D = \frac{1}{2}C_D\rho D(U - \dot{x})^2 \sin2\omega'_s t \qquad 锁定区 \qquad (10\text{-}11)$$

$$f_L = \frac{1}{2}C_L\rho D(U - \dot{x})^2 \sin\omega'_s t \qquad\qquad (10\text{-}12)$$

其中:

$$\omega'_s = 2\pi\frac{St(U - \dot{x})}{D} \qquad\qquad (10\text{-}13)$$

式中: $\dot{x}$ ——顶张式立管弯曲振动的顺流向速度。

式(10-13)以流体与结构的相对速度计算涡旋泄放频率,考虑了流固耦合的影响,物理意义更明确。分析式(10-13)可知,当流场的流速一定时,由于圆柱体顺流向的往复运动,流场与结构的相对速度是波动的,因此,涡旋泄放频率以斯托罗哈尔频率为平衡点上下波动,是一个窄带随机数(见图 10-34)。图 10-34(a)是试验结果,图 10-34(b)为式(10-12)的计算结果,其中 $\dot{x}$ 采用了试验的实测值。

对于设计者来说,在初设阶段采用式(10-10)~ 式(10-12)的荷载模型是不经济的,而频域方法快速计算往往是首选的,因此,作者通过反复的分析试验,提出了一个考虑流固耦合效应的涡激升力谱模型:

$$S(f) = 2\times10^6\rho U^2\left(\frac{U}{f_nD}\right)^{-5}\left(\frac{f}{f_n}\right)^9 e^{-2206.3\left(\frac{U}{f_nD}\right)^{-5}\left(\frac{f}{f_n}\right)^6} \qquad (10\text{-}14)$$

式中: f_n ——结构固有频率。

由于试验条件的限制,试验模型仅以一阶频率振动,故式(10-17)是基于圆柱体一阶单模态振动得到的,图 10-35 给出了采用式(10-14)计算得到的试验模型响应谱与试验结果的比较。应用于高阶多模型振动的海洋深水立管时,应对每一阶可能参与的模态分别计算其升力谱及响应,然后叠加得到总响应谱。

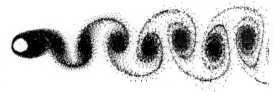

图 10-32　圆柱体尾流处的涡旋泄放　　　　图 10-33　冯·卡门涡街

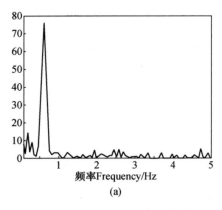
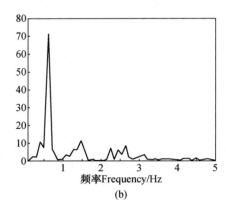

图 10-34　涡激升力谱

（a）试验结果　（b）计算结果

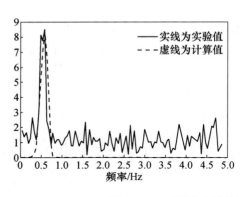
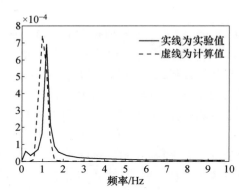

图 10-35　不同流速时的计算响应谱与试验结果比较

　　此前讨论的荷载模型为单个弹性圆柱体的涡激升力和脉动拖曳力,由于涡激升力和脉动拖曳力是由圆柱体尾流处的涡旋泄放引起的,且涡旋脱落后形成了涡街,因此,当多个弹性圆柱体排列成阵列时(Spar 平台顶张式立管、张力腿平台顶张式立管和自由站立式组合立管),如果来流方向垂直(平行)阵列面时,阵列中的圆柱体将形成串列和并列的几何构型。串列和并列圆柱体的波浪荷载可采用考虑柱群效应的计算方法来解决,此处不再赘述,而串列和并列圆柱体的涡激力(涡旋泄放引起的涡激升力和脉动拖曳力)的计算至今尚未见到可行的解决方案。

　　研究表明,当下游圆柱体处于上游圆柱体的涡街路径内,下游圆柱体的横流向振动对上游圆柱体的涡街起到了调制作业,"束缚"了上游圆柱体的尾涡使其不能正常发散,并与下游圆柱体脱落的涡旋合并(见图 10-36),从而引发下游圆柱体的涡激升力增大[见图 10-37(a)],图中圆柱体 1 为上游圆柱体,圆柱体 2 为下游圆柱体),且两圆柱体的涡激升力相位差为 180°。而两圆柱体的脉动拖曳力均值小于单个圆柱体,上游圆柱体的方差与单个圆柱体相当,但下游圆柱体的方差却远远大于单个圆柱体,而均值也远远小于单个圆柱体[见图 10-37(b)]。此外,串列弹性圆柱体的涡激升力和脉动拖曳力频率均低于单个弹性圆柱体。

对于并列弹性圆柱体,两圆柱体的涡旋脱落对称于垂直两圆柱体所在平面的中线面(见图 10-38),因此,两圆柱体的涡激升力相位相差 180°,大小均与单个圆柱体相当[见图 10-39(a)]。

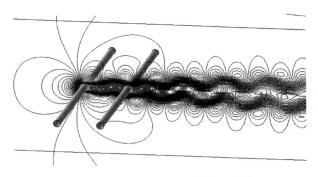

图 10-36　串列弹性圆柱体的涡迹线

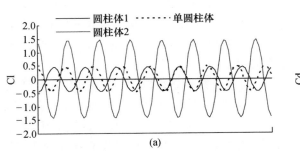

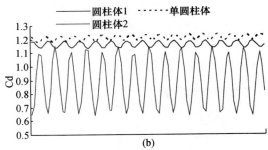

图 10-37　串列圆柱体涡激升力和脉动拖曳力比较
(a)涡激升力　(b)脉动拖曳力

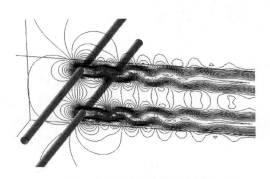

图 10-38　并列圆柱体的涡迹线

而两圆柱体的脉动拖曳力大小相等相位相同，均大于单个圆柱体[见图10-39(b)]。与串列弹性圆柱体不同的是，并列弹性圆柱体的涡激升力和脉动拖曳力频率均高于单个弹性圆柱体。

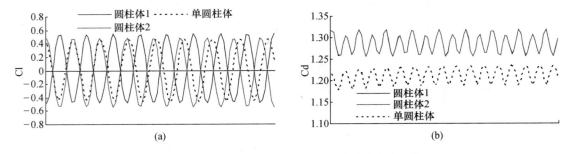

图 10-39　并列圆柱体的涡激升力和脉动拖曳力比较
（a）涡激升力　（b）脉动拖曳力

10.3　悬链式立管

10.3.1　简单悬链式立管

简单悬链式立管是最早应用的一种柔性立管，主要用于海底生产系统与水面生产设施的连接和水面生产设施的输出立管。因此，它是一种生产立管，用于油、气、水的输运，可用于湿树或干树开发模式。由于一些半潜式生产平台是由钻井平台改造而来，因此，一些读者可能会看到半潜式钻井平台上悬挂悬链式立管的图片。

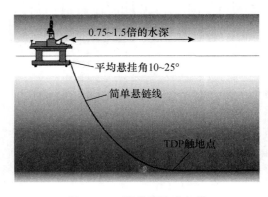

图 10-40　简单悬链式立管

简单悬链式立管（见图 10-40）有复合管和钢管两种管体材料，它们的英文缩写都是SCR。由于最初应用的简单悬链式立管的管体材料是复合管，因此，如果没有特殊说明，简单悬链式立管（Simple Catenary Riser，SCR）就代表复合管立管，而称钢管的简单悬链式立管为钢悬链式立管（Steel Catenery Riser，SCR）。钢悬链式立管是为了解决复合管立管不适应深水高温高压油气田开发的需要而发展起来的一种低成本立管系统，它不仅解决了深水高温高压油气田开发的油气输运问题，而且解决了大直径复合管制造的难题。更令油公司青睐的是，它的造价远远低于复合管，从而大大降低了深水油气开发的成本。因此，钢悬链式立管技术自问世以来发展迅速，得到了广泛的应用，以至于 SCR 几乎成为钢悬链式立管的专用缩写，如果没有特别说明，SCR 就表示钢悬链式立管。

　　复合管是一种由金属或非金属扁带绕制而成的层状管材（见图 10-41），按照各功能层之间的接合方式,复合管又有粘结和非粘结之分。由于非连续的截面特性,复合管不能采用焊接方法现场连接,而是采用法兰连接。复合管两端的法兰不是普通的金属管焊接法兰,而是与复合管配装的定制法兰(见图 10-42),被称为端部接头(End fitting)。目前,端部接头只能在复合管制造厂配装,而不适宜现场加装。因此,复合管是订制产品,而不是出厂后供选购的产品。

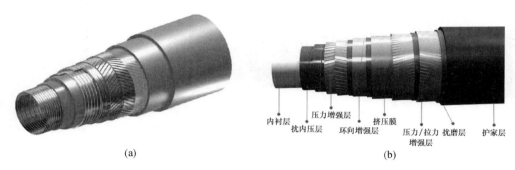

内衬层　压力增强层　挤压膜
扰内压层　环向增强层　压力/拉力　扰磨层　护家层
增强层

(a)　　　　　　　　　　(b)

图 10-41　复合管结构
(a) 金属材料复合管　　(b) 非金属材料复合管

　　复合管的开发初衷是为了克服均质刚性管弯曲刚度大和均质柔性管强度低的缺点,因此,其开发目标是弯曲刚度小且强度高。为此,金属复合管应运而生,它利用金属扁带螺旋缠绕产生的间隙来降低管体的弯曲刚度,而发挥金属扁带长度方向的高强度性质来保证管材的强度。由此可知,复合管的各功能层缠绕角度(扁带轴与管体轴的夹角)是不同的,以承担不同的内力。如承受内外压的功能层缠绕角度较大(螺距较小),主要承担压力引起的环向应力;而承受轴向力的功能层则正好相反——缠绕角度较小(螺距较大),主要承担张力引起的轴向应力。由于螺旋缠绕结构具有明显的不对称性质,因此,主要的承载功能层一般采用双向缠绕的两层结构,以减小复合管的不对称性并增加抗扭能力。

　　金属复合管由骨架层(Interlocked carcass)、内压护套层(Internal pressure sheath)、压力铠装层(Interlocked pressure armour)、内(外)抗拉铠装层(Inner & Outer tensile armour layer)、保温层(Insulating layer)和外护套(Outer sheath)组成(见图 10-43),其中,骨架层采用较其他功能层薄而宽的金属扁带缠绕而成,扁带两侧反向翻卷并相互咬合形成链状结构(见图 10-44)。为了减缓摩擦引起的功能层磨损,金属材料复合管的各功能层之间均设置了

图 10-42　复合管端部接头

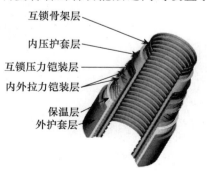

互锁骨架层
内压护套层
互锁压力铠装层
内外拉力铠装层
保温层
外护套层

图 10-43　复合管功能层组成

抗磨层,抗磨层一般采用高分子材料挤压包覆而成。

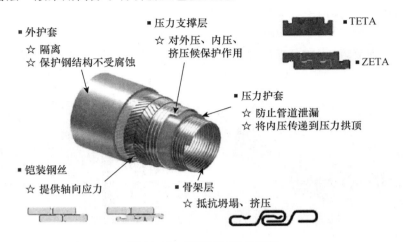

- 外护套
  - ☆ 隔离
  - ☆ 保护钢结构不受腐蚀
- 压力支撑层
  - ☆ 对外压、内压、挤压候保护作用
- 压力护套
  - ☆ 防止管道泄漏
  - ☆ 将内压传递到压力拱顶
- 铠装钢丝
  - ☆ 提供轴向应力
- 骨架层
  - ☆ 抵抗坍塌、挤压
- TETA
- ZETA

图 10-44　骨架层的咬合结构

非金属材料复合管具有成本低、重量轻和耐腐蚀等优点,因此,受到业界的关注。它采用玻璃纤维或碳纤维等高强纤维作为增强材料,通过树脂类固化剂将高强纤维固结形成扁带缠绕而成。非金属复合管由内衬层(Liner extrusion)、抗挤压层(Anti-extrusion layer)、压力增强层(Pressure reinforcement layer)、环向增强层(Hoop reinforcement)、挤压膜(Membrane extrusion)、压力/拉力增强层(Pressure/Tensile reinforcement)、抗磨层(Anti-wear layer)和护套层(Jacket extrusion)组成[见图 10-41(b)]。非金属材料复合管的各功能层之间也设有隔离层,以防止纤维扁带的磨损。

由于复合管的刚度远远小于端部接头的刚度,为了避免弯曲变形集中在复合管与端部接头连接处而引发屈曲,在端部接头处设有限弯器(Bending stiffener),限弯器是一个非金属的锥形套管(见图 10-45),其刚度小于端部接头而大于复合管,它的大头端套在端部接头上,从而使端部接头和复合管连接处的弯曲刚度连续过渡。

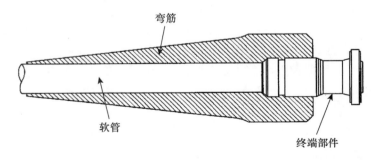

弯筋

软管

终端部件

图 10-45　复合管限弯器

钢悬链式立管的管体由钢管和保温层组成,由于钢悬链式立管与海底管线是一个整体结构,因此,其保温形式也完全相同。目前,钢悬链式立管的保温形式有 3 种——管中管保温、湿式保温和电加热保温(见图 10-46)。

管中管保温[见图 10-46(a)]是较早出现的一种保温形式,它是在两层钢管的环形空间

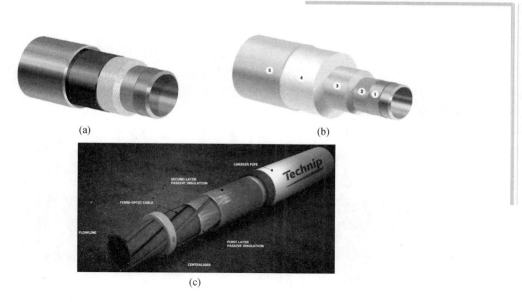

(a)   (b)

(c)

图 10-46　钢悬链式立管保温结构

（a）管中管保温　（b）湿式保温　（c）电加热保温

　　充填聚合物泡沫材料形成保温层,如聚氨酯泡沫和聚丙烯泡沫,其外层钢管的作用是为保温层提供抗压和抗磨功能。由于其结构形式酷似三明治,因此,也被称为三明治保温管。

　　湿式保温[见图 10-46（b）]是在管中管保温的基础上发展起来的一种新型保温结构,其结构形式与陆地上的保温管线相似——保温材料直接包覆在钢管外,保温层直接暴露于海水,因此,称其为湿式保温。由于没有外层钢管的保护,为了承受深水的高压环境和海底磨损,湿式保温采用了复合管的设计理念——不同功能层组合的多层保温结构,包括防腐层、

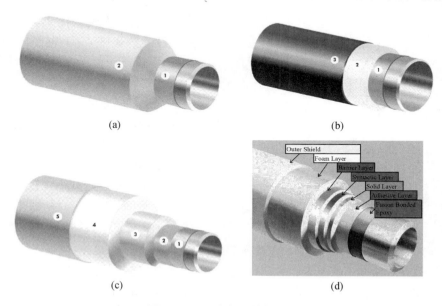

(a)   (b)

(c)   (d)

图 10-47　湿式保温结构形式

（a）两层保温结构　（b）3 层保温结构　（c）5 层保温结构　（d）7 层保温结构

黏结层、硬质聚合物层、泡沫保温层和外保护层。目前,湿式保温有不同数量的功能层(见图10-47),以适应不同的水深环境。为了增加湿式保温结构的抗压能力,湿式保温的泡沫保温层借用了混凝土的理念——基体材料+填充骨料(见图10-48)。目前,湿式保温的基体材料主要是合成泡沫,填充骨料主要是空心玻璃小球(直径约为0.1~0.2mm)和空心玻璃纤维小球(直径约为6~12mm)。

电加热保温[见图10-46(c)]是采用电偶加热的原理实现管线保温的,为了减少热损失,在电加热带内、外侧设置了两层被动绝热层,并通过对中环来定位,以确保外壳与内管之间的保温空间均匀。

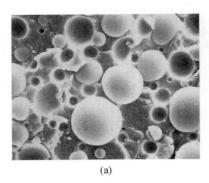

(a)

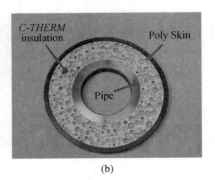

(b)

图 10-48　空心小球增强的泡沫保温材料

(a) 玻璃小球增强　(b) 玻璃纤维小球

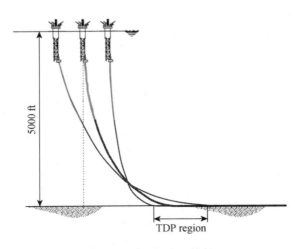

图 10-49　简单悬链式立管触地区

简单悬链式立管是一条从水面设施直接悬垂至海底的立管,由于它与海底管线是一条整管,因此,在立管与海底管线的分界点具有最大的曲率,这个最大的曲率点被称为触地点(Touch Down Point,TDP)。由于水面设施的运动将带动简单悬链式立管的运动,因此,触地点在管线上不是一个确定的点,而是在一个长度范围内变化的点,这个范围被称为触地区(Touch Down Zone,TDZ)。触地区的两个端点分别是水面设施位于远端(简单悬链式立管平面内远离海底管线端,触地点曲率小于静平衡位置时的曲率)的触地点和水面设施位于近端(简单悬链式立管平面内靠近海底管线端,触地点曲率大于静平衡位置时的曲率)的触地点(见图10-49)。

由于触地点的曲率不仅绝对值大,而且变化幅度也大,因此,它是简单悬链式立管的关键位置,设计时必须给予特殊的考虑,特别是钢悬链式立管的触地点成为该结构疲劳设计的薄弱点。简单悬链式立管的另一个结构薄弱点是连接水面设施的顶点(Top end),由于波浪作用和水面设施运动的影响,顶端的弯曲疲劳成为设计的薄弱点。为了减小钢悬链式立管顶点的弯距,通常采用柔性接头(见图 10-50)来实现这一目标,即钢悬链式立管通过柔性接头连接到立管悬挂组件上,并悬挂在立管托架上(见图 10-51)。

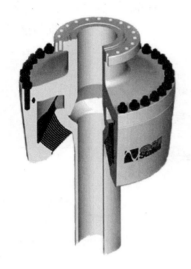

图 10-50　SCR 柔性接头

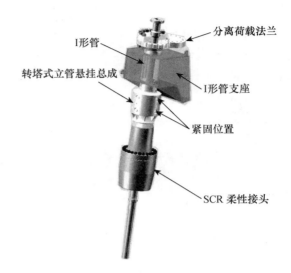

分离荷载法兰

I形管

转塔式立管悬挂总成

I形管支座

紧固位置

SCR 柔性接头

图 10-51　SCR 与平台连接形式

10.3.2　陡/缓(S)波立管

由于复合管抗拉强度较低,导致简单悬链式立管的应用水深受到限制。此外,简单悬链式立管的触地点与海床的相互作用导致复合管的外护套磨损,一旦外护套破损,则复合管的抗拉层将暴露于海水,从而引起腐蚀和磨损。为了解决复合管作为立管的深水应用,设计人员提出了陡波(Steep wave)和缓波(Lazy wave)立管以及陡 S 形(Steep S)和缓 S 形(Lazy S)立管的解决方案,如图 10-52～图 10-55 所示。

陡波和缓波立管以及陡 S 形和缓 S 形立管采用浮力块将简单悬链式立管的下半段托起形成卧式 S 形曲线,由于曲线形状酷似波形,故而称之为陡波或缓波立管,又称为陡 S 形或缓 S 形立管。由于立管的下半段重力由浮力块的浮力来平衡,从而减小了由立管顶张力平衡的自由悬垂段重量,从而减小了立管的顶张力。此外,通过合理的设计,可以将水面设施的运动全部由立管顶端至浮力块的自由悬垂段立管来吸收,从而避免了立管触地区由于运动引起的磨损和疲劳损伤。因此,陡波和缓波立管以及陡 S 形和缓 S 形立管不仅解决了简单悬链式立管深水应用的大张力问题,而且解决了简单悬链式立管触地区的磨损和疲劳问题。因此,即使复合管的抗拉强度能够提供足够的顶张力以支撑简单悬链式立管,为了避免触地区的磨损和疲劳损伤,复合管立管应避免采用简单悬链式立管,而采用陡波或缓波立管以及陡 S 形或缓 S 形立管,这是目前深水油气开发工程的常用做法。

陡波立管和缓波立管的区别在于立管与海底终端的连接方式,如果水面设施距海底终端较近,立管的海底端直接连接到海底终端(见图 10-52),即立管无触地区,则称之为陡波立管。反之,如果水面设施距海底终端较远,立管需要通过海底流线段(海底管线)连接到海底终端,从而形成了触地区(见图 10-53),则称之为缓波立管。陡 S 形和缓 S 形立管是陡波和缓波立管的另一种实现方法,它采用一个弧形支架和浮力块支撑立管的浮托段,以保持浮托立管段的曲线形状,且弧形支架锚固于海底。因此,陡 S 形和缓 S 形立管似乎与陡波和缓波立管是同一结构形式的两种不同实现方法。

陡波和缓波立管广泛应用于 FPSO 的单点系泊系统(见图 10-56)和其他柔性开发系统。对于复合管立管的极深水应用,当采用陡波或缓波仍无法满足顶张力对复合管抗拉强度的要求时,可采用在自由悬垂段增设浮力块以减小管线重力的方法来减小顶张力以满足复合

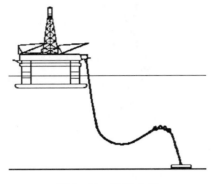

图 10-52　陡波立管

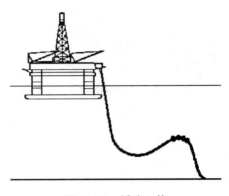

图 10-53　缓波立管

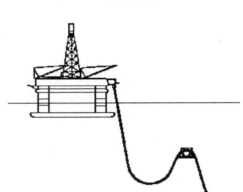

图 10-54　陡波 S 形立管

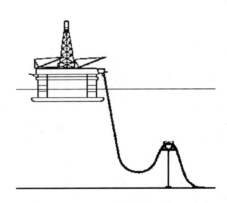

图 10-55　缓 S 形立管

图 10-56　单点系泊系统与缓波立管

管抗拉强度的要求。当然,增设浮力块将增大立管的水动力荷载,从而降低立管的水动力性能,这也给设计提出了新的挑战。Wellstream 公司对此解决方案正在开展相应的研究,以寻求合理的设计方案。

10.3.3 水动力性能

悬链式立管的水动力性能包括浪致振动响应和涡激振动响应,由于悬链式立管的静态位形为曲线,且简单悬链式立管的悬垂段运动将引起流线段的运动,因此,悬链式立管的水动力性能与顶张式立管有较大的区别。

简单悬链式立管区别于顶张式立管的两个显著特征是出平面运动的刚体摆动和平面内运动的与海床相互作用,刚体摆动将引起触地点(TDP)的水平弯曲运动,与海床相互作用将引起触地区(TDZ)的垂向弯曲运动,从而对简单悬链式立管的触地区造成损伤。

简单悬链式立管的水动力荷载可采用顶张式立管的相应荷载模型,此处不再赘述,本节将重点介绍简单悬链式立管的结构模型及其水动力分析方法。

由于简单悬链式立管的曲线位形,因此,应采用曲线坐标(见图 10-57)来建立其结构模型:

$$\rho \ddot{r} + c \dot{r} + (EIr'')'' - (\lambda r')' = q \tag{10-15}$$

式中:ρ——立管密度;

$\quad \lambda$——Lagrange 乘子,$\lambda = T - EI\kappa^2$;

$\quad \kappa$——立管曲率,$\kappa^2 = -r' \cdot r'''$;

$\quad c$——阻尼系数;

$\quad r$——位移向量;

$\quad q$——荷载向量。

式(10-15)是简单悬链式立管的弹性运动方程,即弯曲运动方程,而对于简单悬链式立管出平面运动,除弯曲运动外,还包括悬垂段(Sagbend)绕悬挂点 O 和触地点 D 连线的刚体摆动(见图 10-58)。基于图 10-58 的模型可得到简单悬链式立管出平面运动的刚体摆动方程在垂直摆动轴平面的投影:

$$(\overline{m} + \overline{m}_a)s^2\ddot{\alpha}_r + c_a s^2\dot{\alpha}_r + \overline{m}gc_1 s\alpha_r = q_z\sqrt{s_1^2 + s_2^2} + q_x c_2 s_3 \tag{10-16}$$

式中:$\overline{m}_a$——立管单位长度的附加质量;

$\quad s$——垂直摆动轴平面内,摆动轴到立管的距离,$s = \sqrt{s_1^2 + s_2^2 + s_3^3}$;

$\quad s_1, s_2, s_3$——s 的 x, y, z 轴分量,$s_1 = x_B - x_A$,$s_2 = y_B - y_A$,$s_3 = z_B - z_A$,其中,x_A,y_A, z_A, x_B, y_B, z_B 分别为点 A 和点 B 的坐标;

$\quad \alpha_r$——垂直摆动轴平面内的摆动角;

$\quad c_a$——附加阻尼系数;

$\quad g$——重力加速度;

$\quad c_1, c_2$——摆动轴单位矢量 $\omega(= c_1\vec{i} + c_2\vec{j} + c_3\vec{k})$ 的 x, y 轴分量:

$$c_1 = \frac{x_D - x_O}{d}, \quad c_2 = \frac{y_D - y_O}{d}, \quad c_3 = \frac{z_D - z_O}{d},$$

$$d = \sqrt{(x_D - x_O)^2 + (y_D - y_O)^2 + (z_D - z_O)^2}$$

其中,$x_O, y_O, z_O, x_D, y_D, z_D$ 分别为点 O 和点 D 的坐标。

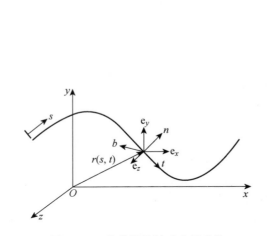

图 10-57　曲线梁的随动坐标系统

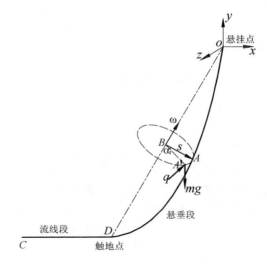

图 10-58　简单悬链式立管刚体摆动模型

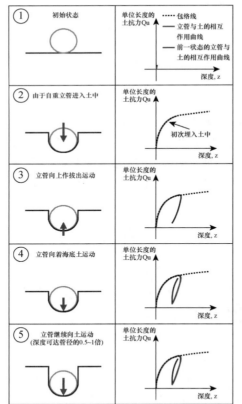

图 10-59　SCR 与海床相互作用

刚体摆动引起的简单悬链式立管出平面运动幅度约为弯曲位移的 30％左右,这 30％的运动幅度虽然不增大悬垂段的弯矩,但这部分运动将增大触地点的水平弯矩。而触地点的垂向弯矩则受流线段(Flowline)与海床相互作用的影响,因此,流线段与海床相互作用模型对于准确地模拟流线段与海床的相互作用是十分重要的,包括海床土的刚度模型。

流线段与海床相互作用应采用弹性基础梁来模拟,即:

$$\rho \ddot{r} + c\dot{r} + (EIr'')'' - (\lambda r')' = q - k_s r$$

$$(10\text{-}17)$$

式中:k_s ——海床刚度。

简单悬链式立管与海床的相互作用将导致海床土液化,从而形成管沟(见图 10-59),而管沟中的液化土(见图 10-60)将对流线段拔出产生阻力,被称之为吸力(见图 10-61)。吸力的大小与管道的拔出速度和位移有关(见图 10-62),因此,与简单悬链式立管平面内的运动(从而引起流线段的运动)有关。设计时,通常采用三折线的海床土吸力模型(见图 10-63)。

图 10-60　SCR 位于管沟内的液化土中

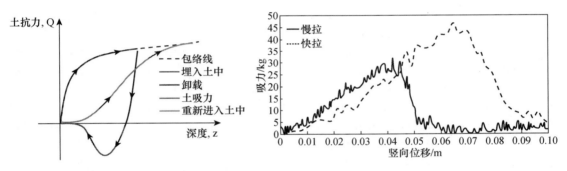

图 10-61　SCR 与海床相互作用力学模型　　　　　图 10-62　海床土吸力曲线

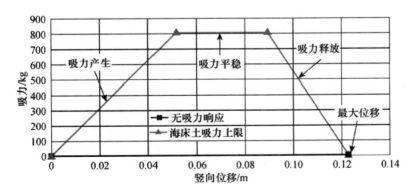

图 10-63　海床土吸力模型

　　由于简单悬链式立管出平面运动引起流线段与海床土的摩擦和平面内运动引起的流线段与海床相互作用进而形成的管沟,钢悬链式立管出平面运动将受到摩擦力和管沟阻力的作用,从而引起触地点较大的水平弯矩,设计计算时应给予特别的关注。通常取管沟的参考深度为1.5倍的管径。

参考文献

[1] Sang-Woo Lee, Young-Woo Kwen, Young-Min Kim and Man-Soo Kim. Introduction of Structural Design and Construction of FLNG[C]. Proceedings of International Offshore and Polar Engineering, Anchorage, Alaska, USA, 2013, pp943-949.

[2] Ruxin Song, Pascal Streit. Design of the World's Deepest Hybrid Riser System for the Cascade & Chinook Development[C]. Offshore Technology Conference, Houston, USA, 2011, OTC21338.

[3] Francisco E. Roveri, Paulo Ricardo F. Pessoa. FREE STANDING HYBRID RISER FOR 1800 M WATER DEPTH[C]. Proceedings of 24th International Conference on Offshore Mechanics and Arctic Engineering, Halkidiki, Greece, 2005, OMAE2005-67178.

[4] Hodjat Shiri. Influence of seabed trench formation on fatigue performance of steel catenary risers in touchdown zone[J]. Marine Structures, 2014, 36:1-20.

[5] V. C. Mello, V. T. Lacerda, M. M. Paixao, C. V. Ferreira, M. G. G. Morais. Roncador P-52 Hybrid Riser Review: Key Concepts, Construction and Installation Challenges[C]. Offshore Technology Conference, Houston, USA, 2011, OTC21226.

[6] Michele A. L. Martins, Eduardo N. Lages, Eduardo S. S. Silveira. Optimal Design Approach of Compliant Vertical Access Risers[C]. Proceedings of International Offshore and Polar Engineering Conference, Rhodes, Greece, 2012, pp123-130.

[7] 畅元江,陈国明,鞠少栋. 国外深水钻井隔水管系统产品技术现状与进展[J]. 石油机械,2008,36(9):205-209.

[8] Peter James Simpson, Stael Ferreira Senra and Enrique Casaprima Gonzalez. Petrobras P-55 SCR Design-Challenges and Technical Solutions[C]. Proceedings of International Offshore and Polar Engineering Conference, Lisbon, Portugal, 2007, pp770-775.

[9] Christopher D Bridge and Hugh A Howells. Observations and Modeling of Steel Catenary Riser Trenches[C]. Proceedings of International Offshore and Polar Engineering Conference, Lisbon, Portugal, 2007, pp803-813.

[10] Ali Nakhaee, Jun Zhang. Trenching effects on dynamic behavior of a steel catenary riser[J]. Ocean Engineering, 2010, 37: 277-288.

[11] J. Zeng, L. Vanvik, C. Kang. A Project Oriented and Technology Robust Dry Tree Semi Concept[C]. Offshore Technology Conference, Houston, USA, 2013, OTC23912.

[12] John Murray, Arcandra Tahar and Chan K. Yang. Hydrodynamics of Dry Tree Semisubmersibles[C]. Proceedings of International Offshore and Polar Engineering Conference, Lisbon, Portugal, 2007, pp2275-2281.

[13] Cheng-Yo Chen, Xiaoming Mei, and Trevor Mills. Effect of Heave Plate on Semisub-mersible Response[C]. Proceedings of International Offshore and Polar Engineering Con- ference, Lisbon, Portugal, 2007, pp2217-2221.

[14] Rodolfo Trentin Gon? alves, Guilherme Feitosa Rosetti, André Luís Condino Fujarra, Kazuo Nishi-

moto. Vortex-Induced Yaw Motion (VIY) of a Large-Volume Semi-Submersible Platform[C]. Proceedings of International Offshore and Polar Engineering Conference, Rhodes, Greece, 2012, pp572-578.

[15] Bin Xie, Wenhui Xie and Zhe Jiang. A New Concept of a Deepwater Tumbler Platform[C]. Proceedings of International Offshore and Polar Engineering Conference, Rhodes, Greece, 2012, pp1012-1017.

[16] Zhining Bai, Longfei Xiao, Yufeng Kou and Lijun Yang. Research on Vortex Induced Motion of a Deep Draft Semisubmersible with Four Rectangular Columns[C]. Proceedings of International Offshore and Polar Engineering, Anchorage, Alaska, USA, 2013, pp469-475.

[17] XL. Qi , GS. LV, Y. Luo, WQ. Zhu, YG. Zhang. Model Test and Simulation of a New Concept of Dry Tree Semi-Submersible[C]. Proceedings of International Ocean and Polar Engineering Conference, Busan, Korea, 2014, pp985-992.

[18] Nagan Srinivasan, R. Sundaravadivelu, R. Selvakumar, Rahul Kanotra. INNOVATIVE HARSH ENVIRONMENT DRY-TREE SUPPORT SEMI-SUBMERSIBLE FOR ULTRA DEEPWATER APPLICATIONS[C]. Proceedings of the 28th International Conference on Ocean, Offshore and Arctic Engineering, Honolulu, Hawaii, USA, OMAE2009-80085.

[19] Anis Hussain, Edwin Nah, Rain Fu, Apurva Gupta. MOTION COMPARISON BETWEEN A CONVENTIONAL DEEP DRAFT SEMI-SUBMERSIBLEAND A DRY TREE SEMI- SUBMERSIBLE[C]. Proceedings of the 28th International Conference on Ocean, Offshore and Arctic Engineering, Honolulu, Hawaii, USA, OMAE2009-80006.

[20] Chan K. Yang, John Murray, Hanseong Lee. A TRUSS SEMISUBMERSIBLE OPTIMIZED FOR THE POST KATRINA ENVIRONMENT IN GULF OF MEXICO CORRELATED WITH MODEL TEST[C]. Proceedings of the 28th International Conference on Ocean, Offshore and Arctic Engineering, Honolulu, Hawaii, USA, OMAE2009-79717.

[21] Bonjun Koo, Jang Whan Kim. Hydrodynamic Interactions and Relative Motions Analysis for Installation of an Extendable Draft Platform[C]. Proceedings of the 28th International Conference on Ocean, Offshore and Arctic Engineering, Honolulu, Hawaii, USA, OMAE 2009-79503.

[22] Alaa M. Mansour. FHS SEMI; A SEMISUBMERSIBLE DESIGN FOR DRY TREE APPLICATIONS[C]. Proceedings of the 28th International Conference on Ocean, Offshore and Arctic Engineering, Honolulu, Hawaii, USA, OMAE 2009-79303.

[23] Arcandra Tahar, Lyle Finn. VORTEX INDUCED MOTION (VIM) PERFORMANCE OF THE MULTI COLUMN FLOATER (MCF)-DRILLING AND PRODUCTION UNIT[C]. Proceedings of the 30th International Conference on Ocean, Offshore and Arctic Engineering, Rotterdam, The Netherlands. 2011, OMAE2011-50347.

[24] Alaa M. Mansour, Laurence Upston, Yaming Wan. DRY AND WET TREE DAMPER CHAMBER COLUMN SEMISUBMERSIBLE DESIGN IN HARSH ENVIRONMENT[C]. Proceedings of the 30th International Conference on Ocean, Offshore and Arctic Engineering, Rotterdam, The Netherlands. 2011, OMAE2011-49729.

[25] Qi Xu. A NEW SEMISUBMERSIBLE DESIGN FOR IMPROVED HEAVE MOTION, VORTEX-INDUCED MOTION AND QUAYSIDE STABILITY[C]. Proceedings of the 30th International Conference on Ocean, Offshore and Arctic Engineering, Rotterdam, The Netherlands. 2011, OMAE2011-49118.

[26] Johyun Kyoung, Chan-Kyu Yang, Kostas Lambrakos, Jim O'Sullivan. MODEL TESTS WITH

THE HVS SEMISUBMERSIBLE FOR DRY TREE APPLICATION[C]. Proceedings of the 33rd International Conference on Ocean, Offshore and Arctic Engineering, San Francisco, California, USA OMAE2014-23965.

[27] Zhi Yung TAY, Petyo Rumenov POPOV, Vasil Zhivkov YORDANOV, Hoang Dat NGUYEN. HYDROELASTIC ANALYSIS FOR EXTENDED-COLUMN OF EXTENDED DRAFT SEMI-SUB-MERSIBLE[C]. Proceedings of the 33rd International Conference on Ocean, Offshore and Arctic Engineering, San Francisco, California, USA OMAE2014-23335.

[28] Alaa M. Mansour, Chunfa Wu, Dhiraj Kumar, Ricardo Zuccolo. THE TENSION LEG SEMISUB-MERSIBLE (TLS): THE HYBRID TLP-SEMISUBMERSIBLE FLOATER WITH THE SPAR RESPONSE[C]. Proceedings of the 33rd International Conference on Ocean, Offshore and Arctic Engineering, San Francisco, California, USA OMAE2014-23533.

[29] Qi Xu, Jang Kim, Tirtharaj Bhaumik, Jim O'Sullivan, James Ermon. VALIDATION OF HVS SEMISUBMERSIBLE VIM PERFORMANCE BY MODEL TEST AND CFD[C]. Proceedings of the 31st International Conference on Ocean, Offshore and Arctic Engineering, Rio de Janeiro, Brazil, 2012, OMAE2012-83207.

[30] Neil Williams. OPTIMIZED GLOBAL SIZING APPROACH FOR GULF OF MEXICO PRODUC-TION SEMISUBMERSIBLE[C]. Proceedings of the 31st International Conference on Ocean, Off-shore and Arctic Engineering, Rio de Janeiro, Brazil, 2012, OMAE2012-83114.

[31] Brian Roberts, Chunqun Ji, Jim O'Sullivan, Terje Eilertsen. A Novel Platform for Drilling in Harsh High-Latitude Environments[C]. AADE National Technical Conference and Exhibition, Houston, Texas, 2007, AADE-07-NTCE-73.

[32] Florence Gaubil, Pierre-Armand Thomas, Colin Hough, Hugh Howells, Jean-Christophe Oudin. Review of Dry Tree Well Conductor Tensioning for a Deep Draft Semi-Submersible[C]. Proceedings of the 8th Offshore Symposium, Houston, USA, 1999, pp17-45.

[33] Atle Steen, Mike Tognarelli, Lixin Xu, Hugh Banon. DRY TREE SEMISUBMERSIBLE OPTIONS FOR DEEPWATER PRODUCTION[C]. Proceedings of the 21st International Conference on Off-shore Mechanics and Arctic Engineering, Oslo, NORWAY, 2002, OMAE2002-28619.

[34] Apurva Gupta, John Murray, Bin Li, Harish Mukundan, Anis Hussain. USE OF A STEM DEVICE FOR VIV MITIGATION ON A DRY TREE SEMI-SUBMERSIBLE[C]. Proceedings of the 28th In-ternational Conference on Ocean, Offshore and Arctic Engineering, Honolulu, Hawaii, USA, OMAE2009-80010.

[35] J. Halkyard, J. Chao, P. Abbott, J. Dagleish, H. Banon, K. Thiagarajan. A Deep Draft Semisub-mersible with a Retractable Heave Plate[C]. Offshore Technology Conference, Houston, USA, 2002, OTC 14304.

[36] Subrata Chakrabarti_, Jeffrey Barnett, Harish Kanchi, Anshu Mehta, Jinsuk Yim. Design analysis of a truss pontoon semi-submersible concept in deep water[J]. Ocean Engineering 2007, 34: 621-629.

[37] ZHU Hang, OU Jinping, ZHAI Gangjun. Conceptual Design of a Deep Draft Semi-Submersible Plat-form with a Moveable Heave-Plate[J]. Journal of Ocean University of China, 2012 11 (1): 7-12.

[38] Binbin Li, Jinping Ou. An Effective Method to Predict the Motion of DDMS Platform with Steel Cat-enary Riser[C]. Proceedings of International Offshore and Polar Engineering Conference, Beijing, China, 2010, pp521-528.

[39] Hisham Moideen, Arun G. Antony, Young-Chan Park, Mohammed Islam, Paul Herrington, Ken

Huang, John Halkyard. Gulfstar Spar VIM Responses in Flume Tank[C]. Offshore Technology Conference, Houston, USA, 2013, OTC24207.

[40] S. Sudhakar, S. Nallayarasu. INFLUENCE OF HEAVE PLATE ON HYDRODYNAMIC RESPONSE OF SPAR[C]. Proceedings of the 30th International Conference on Ocean, Offshore and Arctic Engineering OMAE2011, Rotterdam, The Netherlands, OMAE2011-49565.

[41] Dominique Roddier, Tim Finnigan. INFLUENCE OF THE REYNOLDS NUMBER ON SPAR VORTEX INDUCED MOTIONS (VIM): MULTIPLE SCALE MODEL TEST COMPARISONS [C]. Proceedings of the 28th International Conference on Ocean, Offshore and Arctic Engineering, Honolulu, Hawaii, USA, OMAE2009-79991.

[42] B. J. Koo, M. H. Kim, R. E. Randall. Mathieuinstability of a spar platform with mooring and risers [J]. Ocean Engineering, 2004, 31: 2175-2208.

[43] L. Taoa, B. Molinb, Y.-M. Scolanb, K. Thiagarajan. Spacing effects on hydrodynamics of heave plates on offshore structures[J]. Journal of Fluids and Structures, 2007, 23: 1119-1136.

[44] 肖丽娜,许靖,杨楠,范亚丽. 一种新型立柱式平台的垂荡板设计[J]. 船舶工程,2013,35(1): 99-102.

[45] Neil Williams, Homayoun Heidari, Sean Large. THREE-COLUMN TLP CONCEPT FOR MARGINAL FIELD DEVELOPMENT[C]. Proceedings of the 28th International Conference on Ocean, Offshore and Arctic Engineering, Honolulu, Hawaii, USA, OMAE2009-80170.

[46] Homayoun Heidari. NOVEL TLP CONCEPT FOR ULTRA-DEEPWATER FIELD DEVELOPMENT[C]. Proceedings of the 28th International Conference on Ocean, Offshore and Arctic Engineering, Honolulu, Hawaii, USA, OMAE2009-80191.

[47] Jun-Ho Song, Gi-Jae Kim, Kyung-Seok Lee and Man-Soo Kim. Introduction of Hull Construction for Big Foot E-TLP[C]. Proceedings of International Offshore and Polar Engineering Anchorage, Alaska, USA, 2013, pp845-851.

[48] Neil Williams, Homayoun Heidari, Sean Large, Nagaraju Rangaraju, Jim Byrne. FOURSTAR: A Novel Battered Column TLP Concept[C]. Proceedings of International Offshore and Polar Engineering Conference Lisbon, Portugal,2007, pp138-143.

[49] S. Chandrasekaran, A. K. Jain. Triangular Configuration Tension Leg Platform behaviour under random sea wave loads[J]. Ocean Engineering, 2002, 29: 1895-1928.

[50] N. D. P. Barltrop. Floating Structures: a guide for design and analysis[M]. Oilfield Publication Inc., Houston, USA, 1998.

[51] William L. Leffler, Richard Pattarozzi, Gordon Sterling. Deepwater Petroleum Exploration & Production[M]. PennWell Corporation, USA, 2003.

[52] Moo-Hyun Kim. Spar Platforms: Technology and Analysis Methods[M]. American Society Civil Engineering, Virginia, USA, 2012.

[53] 董艳秋. 深海采油平台波浪载荷及响应[M]. 天津:天津大学出版社,2005.

数据图片资料来源网站

[1] https://www.offshore-technology.com.
[2] https://en.wikipedia.org.
[3] http://www.modec.com.
[4] http://www.dockwise.com.
[5] http://www.sofec.com.
[6] http://www.rigzone.com.
[7] http://www.sbmoffshore.com.
[8] http://akersolutions.com.
[9] http://www.marin.nl.
[10] http://aoghs.org.
[11] http://www.technip.com.
[12] http://fpso.com.
[13] http://www.petrocenter.com.
[14] https://www.anadarko.com.
[15] http://tbpetroleum.com.br.
[16] http://www.fmctechnologies.com.
[17] http://www.bluewater.com.
[18] http://www.houston-offshore.com.
[19] http://www.offshoremoorings.org.
[20] http://www.mcdermott.com.
[21] http://www.offspringinternational.com.
[22] http://www.proceanic.com.
[23] http://www.statoil.com.
[24] http://reinertsen.com.
[25] http://www.bp.com.
[26] http://www.upstreamonline.com.
[27] http://www.offshore-mag.com.
[28] http://www.shippingexplorer.net.
[29] http://www.saipem.com.
[30] http://www.viking-systems.net.
[31] http://www.offshoreenergytoday.com.
[32] http://xq60.hrbeu.edu.cn.
[33] http://www.seadrill.com.
[34] http://petrowiki.org.
[35] http://maritime-connector.com.
[36] http://www.osx.com.br.
[37] http://www.vcreporter.com.

[38] http://www.petroleumworld.com.

[39] https://libraries.ou.edu.

[40] http://www.captainsvoyage-forum.com.

[41] http://www.nedcon.ro.

[42] http://www.oceanstaroec.com.

[43] http://www.imca-int.com.

[44] http://www.globalsecurity.org.

[45] http://www.mustangeng.com.

[46] http://www.deltamarin.com.

[47] http://www.subseaiq.com.

[48] http://www.rigkids.com.

[49] http://bentley.ultramarine.com.

[50] http://www.cotecinc.com.

[51] http://en.wison.com.

[52] http://www.amogconsulting.com.

[53] http://www.geographic.org.

[54] http://www.flexlng.com.

[55] http://www.helderline.nl.

[56] http://forum.petro-china.com.

[57] http://hmc.heerema.com.

[58] http://worldmaritimenews.com.

[59] http://omnioffshore.com.

[60] http://flickeflu.com.

[61] http://flickrhivemind.net.

[62] http://www.kvaerner.com.

[63] http://nom.nb.no.

[64] http://svitzer-coess.com.

[65] http://www.shipsandoil.com.

[66] http://www.foxoildrilling.com.

[67] http://www.treesfullofmoney.com.

[68] http://www.oilrig-photos.com.

[69] http://www.ocean-rig.com.

[70] http://www.petrocenter.com.

[71] http://www.drillingcontractor.org.

[72] http://www.enscoplc.com.

[73] http://www.dolphindrilling.no.

[74] http://www.deepwater.com.

[75] http://www.diamondoffshore.com.

[76] http://www.noblecorp.com.

[77] http://www.atwd.com.

[78] http://www.awilcodrilling.com.

[79] http://www.caspiandrilling.com.

[80] http://www.nadlcorp.com.

[81] http://www. nov. com.

[82] http://www. stena-drilling. com.

[83] http://www. cosl. com. cn.

[84] http://www. qgog. com. br.

[85] https://workoverrigs. com.

[86] http://www. jdc. co. jp.

[87] http://www. odebrechtoilgas. com.

[88] http://www. odfjelldrilling. com.

[89] http://www. jspl. com. sg.

[90] http://www. songaoffshore. com.

[91] http://www. pacificdrilling. com.

[92] http://vantagedrilling. com.

[93] http://www. sevandrilling. com.

[94] http://www. ship-technology. com.

[95] http://www. infield. com.

[96] http://www. maerskdrilling. com.

[97] https://www. flickr. com.

[98] http://www. hortonwison.

[99] http://www. fredolsen. com.

[100] http://www. bwoffshore. com.

[101] http://www. fpso. net.

[102] http://www. helixesg. com.

[103] http://www. islandoffshore. com.

[104] http://www. marinetraffic. com.

[105] http://www. vesseltracker. com.

[106] http://www. exmaroffshore. com.

[107] http://www. ceona-offshore. com.

[108] http://www. halliburton. com.

[109] http://www. bumiarmada. com.

[110] http://www. sance. fi.

[111] https://www. geoilandgas. com.

[112] http://oilstates. com.

[113] http://www. sevanmarine. com.

[114] http://abarrelfull. wikidot. com.

[115] http://co. williams. com.

[116] http://www. prosafe. com.

[117] http://www. floatel. se.

[118] http://www. axisoff. com.

[119] http://www. oosinternational. com.

[120] http://logiteloffshore. com.

[121] http://www. apl. no.

[122] http://www. nov. com.

OPR 杭州欧佩亚海洋工程有限公司
Hangzhou OPR Offshore Engineering Co., Ltd.

欧佩亚（OPR）是国内领先的一站式海洋工程技术服务商，为客户提供海洋管道和立管、水下生产系统、海洋工程装备和船舶的设计、咨询、测试、制造、安装、总承包、检测维修、完整性管理等专业服务。

经营范围

工程设计和咨询

欧佩亚能为客户提供海底管道和立管、水下钢结构、水下井口、水下采油树系统、水下管汇和PLET/PLEM、水下跨接管、水下连接器自升式钻井平台、海上风机安装平台、自升平台升降系统、海工吊机、管子自动化处理系统、防喷器与采油树处理系统、隔水管处理系统、储油罐、单点系泊系统、海洋工程船和其他船舶的设计和咨询服务。

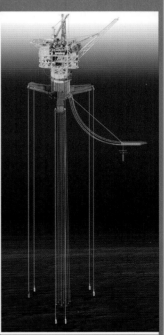

海洋管道和立管

管业制造

增强型热塑复合管

内衬管

地址：杭州市余杭区文一西路998号海创园7幢5-7层
电话：0571 8860 6550　　　　　　　传真：0571 8860 6550
网址：www.opr-inc.cn　www.opr-inc.com　邮箱：service@opr-inc.cn

www.richtechcn.com

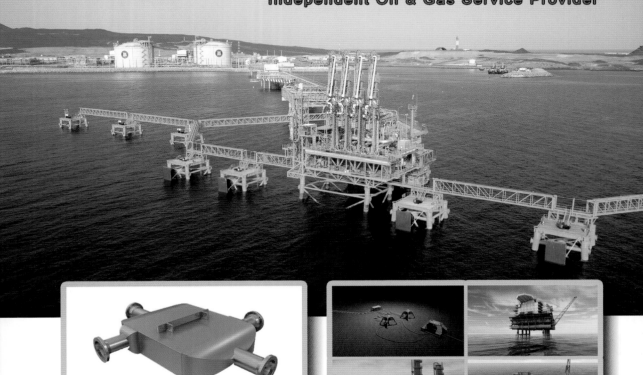

YOUR PARTNER IN CHINA
Independent Oil & Gas Service Provider

紧凑型换热器（利策自研）

业务范围 >>>>>>>

◆ 设计及咨询：覆盖全产业链的独立咨询及工程设计，为油公司及作业者提供专业解决方案

◆ 工程总包业务：为客户提供EPC总包交付业务。从设计、采办、建造、运输安装到调试完成一站式交付。

◆ 结合对市场需求的判断，及技术发展趋势的研究，截至2015年末，我们推出了以下5项核心产品，包括：

A. 高技术船舶：FSRU再气化模块

B. 核心配套设备：水下机器人ROV、紧凑型换热器、带控制系统的水下管汇

C. 智能化设计：浮式平台一体化设计软件MR.DAVE

上海利策科技股份有限公司
SHANGHAI RICHTECH ENGINEERING CO.,LTD.

地址：上海市虹梅路1905号远中科研大楼9层
电话：021-64850066

 亨通光电

亨通集团，是服务于光纤光网和电力电网及网络建设运营、新能源、新材料、金融、投资等多元领域的创新企业，拥有全资及控股公司50多家，产品覆盖120多个国家和地区。是中国光纤光网、电力电网领域系统集成商，跻身中国企业500强。

江苏亨通海洋光网系统有限公司是亨通光电（股票代码 600487）建立的海缆研发和生产基地，已成功完成世界 500 强马石油 80km 项目等。亨通海洋专注于海底光缆、海底电缆、光纤复合海底电缆、接头盒等海洋工程线缆产品及附件的研发和生产，为客户提供跨洋通信、海底观测网、海上石油平台系统解决方案和工程服务。

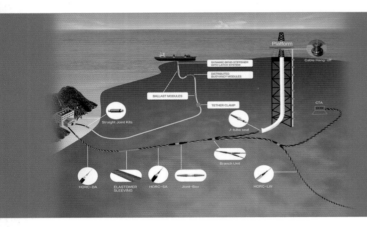

海上油气平台通信系统解决方案
offshore oil and gas platform communication system solutions

UJ 认证

有中继海底光缆
Repeartered Submarine Optical Cable

UQJ 认证

无中继海底光缆
Unrepeatered Submarine Optical Cable

兰州海默科技股份有限公司

　　位于中国甘肃省兰州市，2010年在深圳证券交易所创业板成功挂牌上市。海默科技在多相流计量领域拥有超过20年的技术积累，是国际市场上主要的多相流量计供应商之一，已获准成为阿曼石油(PDO)、阿布扎比石油 (ADCO)、壳牌、道达尔、康菲、中海油和中石油等二十多家国内外主流石油公司的合格供应商。

　　自2015年申报的科技部十三五科技重大专项课题"水下多相流量计样机研制"项目也已获得批复。截止2016年8月，海默科技依据国际规范API 6A和API 17D等，已完成水下多相流量计的总体方案研究与论证、详细技术方案设计，以及原理样机的加工。该设备设计压力为10000psi，适应水深1500m。预计在2017年会完成包括静水压、气压、压力温度循环、高压舱等各种苛刻测试，以及国际权威第三方认证。

欢迎访问　**www.haimo.com.cn**

地址：甘肃省兰州市城关区张苏滩593号　　邮箱：sales@haimo.com.cn
电话：0931-8553388　　　　　　　　　　传真：0931-8553789

上海振华重工集团（南通）传动机械有限公司

www.zpmcgearbox.com

以大型减速箱、大型锚绞机、钻井平台抬升减速箱和桩腿齿条等生产制造为主，同时有能力从事大型回转轴承及动力定位系统的生产制造。

目前公司生产的系列产品主要有：电动和液压锚机系统、海洋平台桩腿及提升系统、铺管船张紧器、动力定位系统。其中锚机系统负载能力为5t~500t，容绳量可达7000m；海洋平台升降系统可满足各种负载能力设计制造要求，单套机构的额定载荷从200t~500t之间均可供用户选择，并可提供CCS、ABS、DNV等各国船级社的证书，驱动方式、结构形式和功能设定可根据不同用户实际情况和要求进行最优方案设计。

地址：南通市经济技术开发区团结河东路1号　邮箱：jiangjunhai@zpmc.net
电话：0513-85999155　　85999700-8047　　传真：0513-85998063

深圳赤湾胜宝旺工程有限公司
Shenzhen Chiwan Shengbawang Engineeing Co.,td.

　　深圳赤湾胜宝旺工程有限公司（CSE）是一家中外合资的股份有限公司，其三家股东分别是中国海洋石油投资控股公司（持有36%的股份）；新加坡CSE HOLDING控股公司（持有32%的股份）；深圳赤湾石油基地股份有限公司（持有32%的股份）。

　　公司位于深圳赤湾港东岸，坐拥185,000平方米的制作场地和406米长的码头岸线，码头前沿平均水深为9米，场地可用于大型海洋石油天然气导管架、平台、模块、系泊系统、海底设备、压力容器、处理撬块和海上风力发电设备的陆地建造。建造场地内配备多台180吨至750吨大型履带吊，大跨距龙门吊，数控切板机，数控切管机，大型卷板机，以及各类先进的焊接设备和NDT设备。公司拥有1000多名国内外各级管理人才，技术人才及技术工人，年生产量逾50,000吨，是国内经验丰富的海洋工程项目的建造专家。

通讯地址：广东省深圳市蛇口赤湾3路2号赤湾大厦　　联系人：黄英 女士

电话：86 755 2682 7636　　传真：86 755 2669 4928　　邮箱：service@szcse.com

该船总长 93.4m、型宽 22m、型深 9.5m、设计航速 18kn（实际航速 18.46kn），是我国新一代集深海抛锚、拖曳定位、平台供应功能于一体的海洋工程船舶，可为海上平台提供拖带、深海起抛锚、供应淡水、燃油、散料和平台守护等服务，具有对外进行消防、浮油回收及支持 ROV 水下机器人功能。"海洋石油 691"在"海洋石油 681"的基础上还增装了 100 t 主动升沉补偿深海吊机、直升机平台、250 t A 字架和压载水处理装置，总体指标达到海工船标准。

"海洋石油 691"号深水三用工作船

武昌船舶重工集团有限公司
WUCHANG SHIPBUILDING INDUSTRY GROUP CO.,LTD.

地址：湖北省武汉市武昌区张之洞路 2 号　邮编：430060

电话：027-68887174/7175/7176/7177/7178

传真：027-88077801

邮箱：wsqls@163.com

该型船是武船为新加坡 OTTO 公司建造，由挪威乌斯坦设计公司完成送审设计及详细设计工作，武船完成生产设计。该船总长 83.4m、型宽 18m、型深 8.0m，最大航速不低于 14.5kn。

PX121H 平台供应船

该船机舱设四台柴油发电机，左舷侧柴油发电机自由端带 FIFI 对外消防泵动力输出，船中货罐舱后设由注氮气 / 淡水空舱保护的四个低闪点液体和回收油共用舱，船尾左右舷各设全回转变频可调螺距推进器一台。为改善船舶操纵性能（尤其是进出码头时的回转性能），船首特设两台可调螺距管隧式侧推。

该船主要用于运输干散料、液体散料货物（包括货物燃油、货物淡水、泥浆、盐水、回收油和 43℃ 以下低闪点液体）、管道和其他货物，具有海上功能定位（DP2）、浮油回收和对外消防等功能。